Otto Hahn

Vom Radiothor zur Uranspaltung

Otto Hahn
1879 – 1968
77jährig in Bonn im Jahre 1956

Otto Hahn

Vom Radiothor zur Uranspaltung

Eine wissenschaftliche Selbstbiographie

Reprint der 1. Auflage
Mit einer Einführung von Kurt Starke
und mit 40 Bildern
Herausgegeben von Dietrich Hahn

Friedr. Vieweg & Sohn Braunschweig/Wiesbaden

CIP-Titelaufnahme der Deutschen Bibliothek

Hahn, Otto:
Vom Radiothor zur Uranspaltung: e. wiss. Selbstbiographie /
Otto Hahn. – Reprint d. 1. Aufl. von 1962 / mit e. Einf. von
Kurt Starke. Hrsg. von Dietrich Hahn. – Braunschweig;
Wiesbaden: Vieweg, 1989
ISBN 978-3-528-08413-4 ISBN 978-3-663-06827-3 (eBook)
DOI 10.1007/978-3-663-06827-3

Dieses Buch ist der Reprint von

Otto Hahn, Vom Radiothor zur Uranspaltung
© Friedr. Vieweg & Sohn, Braunschweig 1962,

ergänzt durch eine Einführung von Prof. Dr. Kurt Starke, Marburg und durch neues Bildmaterial, zusammengestellt von Dietrich Hahn, Ottobrunn. Sämtliche Bilder entstammen dem Archiv des Herausgebers.

Der Verlag Vieweg ist ein Unternehmen der Verlagsgruppe Bertelsmann.

Buchbinderische Verarbeitung: Hunke + Schröder, Iserlohn

ISBN 978-3-528-08413-4

Dietrich Pletz
(1919 – 1944)
zum Gedenken

Inhaltsverzeichnis

Vorwort des Herausgebers

„Eine reizvolle und sehr klare Darstellung seiner ganzen Lebensarbeit“ [1] schrieb Lise Meitner 1964 über Otto Hahns erste Autobiographie „Vom Radiothor zur Uranspaltung“. Und Hans Joachim Born und Fritz Straßmann, beide Schüler und Assistenten von Otto Hahn, ergänzten später: „Daß ihm als Chemiker die Entdekkung der Spaltung schwerer Atomkerne gelang, war die Erfüllung eines arbeitsamen Lebens und die Krönung unermüdlicher Forschertätigkeit. Für die Jüngeren kann und sollte er ein Anruf sein zu steter Besinnung auf das Wesentliche im Leben und in der Forschung. Aus der Geschichte seines Weges, wie er sie selber aufgeschrieben hat, ist einfach und klar zu lernen, worauf es ankommt bei wissenschaftlicher Arbeit.“[2]

Ich danke Dr. Frank Lube, Björn Gondesen und dem Verlag Friedrich Vieweg, daß sie anläßlich des 50. Jahrestages der Entdeckung der Uranspaltung diese um einen repräsentativeren Bildteil erweiterte Neuedition der Orginalausgabe von 1962 herausbringen, „diesem nüchtern-sachlichen und wegen Deiner unbestechlichen Objektivität wissenschaftsgeschichtlich so wertvollen Buch“[3], wie Walther Gerlach einmal an Otto Hahn geschrieben hat.

„Vom Radiothor zur Uranspaltung“ – kurz nach seinem Erscheinen bereits international rezensiert und wenige Jahre später auch in amerikanischer, englischer und italienischer Ausgabe lieferbar – hat auch heute, ein Vierteljahrhundert später, nichts von seiner Authentizität verloren, und dürfte im Zeitalter der weltweiten öffentlichen Diskussion über die Kernenergie eine neue aktuelle Dimension erreichen. Vielleicht ist es daher sinnvoll und im Interesse des neu hinzugekommenen Lesers, in diesem Zusammenhang auf einige exemplarische Besprechungen hinzuweisen, die ich in dem Band „Otto Hahn in der Kritik“[4] 1981 publiziert habe. Aus allen diesen Äußerungen ist leicht zu erkennen, wie groß das Bedürfnis nach wissenschaftlich fundierter und kompetenter Sachinformation aus erster Hand schon damals gewesen ist. Und Otto Hahn, ein Meister der präzisen, deutlichen, schnörkellosen Sprache, war für den Bereich „seiner“ Radiochemie wohl sicherlich einer der berufensten Autoren.

1 Lise Meitner: Otto Hahn zum 85. Geburtstag. In: Naturwissenschaften 51, Heft 5, 1964. S. 97.

2 Hans Joachim Born und Fritz Straßmann: Otto Hahn. In: Radiochimica Acta, 9/2, 3, 1968. Siehe auch: Walther Gerlach: Otto Hahn – Ein Forscherleben unserer Zeit. Stuttgart 1984. (Große Naturforscher, Band 45), S. 5.

3 Walther Gerlach: Otto Hahn zum 85. Geburtstag. In: Mitteilungen aus der Max-Planck-Gesellschaft, 1/2, 1964. S. 2–10.

4 Dietrich Hahn (Hrsg.): Otto Hahn in der Kritik. München 1981. S. 17–29.

Für die instruktive und auf persönlichem Erleben beruhende Einführung zu dieser Neuausgabe möchte ich Professor Kurt Starke, Marburg, einem der wenigen noch lebenden Schüler Otto Hahns, herzlich danken. Aus seinem Beitrag wird auch etwas von jener Atmosphäre fühlbar, die das Hahnsche Kaiser-Wilhelm-Institut für Chemie besonders in den 30er und 40er Jahren vor anderen Instituten auszeichnete: der Geist der Liberalität, des freien wissenschaftlichen Dialogs.

Ich widme dieses Buch dem Andenken meines in Norditalien gefallenen und auf dem Deutschen Soldatenfriedhof in Costermano am Gardasee bestatteten einzigen Onkels Dietrich Pletz (1919–1944, stud. rer. nat.), dessen Grab Otto Hahn 1963 besuchte und von dem er einmal sagte: „Er hätte – wie viele seiner Generation – ein guter Wissenschaftler werden können, aber ein sinnloser Krieg hat auch diesem begabten jungen Menschen ein vorzeitiges Ende gesetzt." Und während er dies sprach, wurden sein Gesicht sehr ernst und seine Stimme langsam leiser. Es war einer jener seltenen Momente, in denen ich meinen Großvater weinen sah.

Ottobrunn, im Mai 1988 *Dietrich Hahn*

*Einführung zur Neuausgabe**

Die Neuausgabe von Otto Hahns Biographie gibt Anlaß, sie durch Erinnerungen eines seiner Schüler einleiten zu lassen, der vor 50 Jahren den spektakulären Nachweis der Uranspaltung in Berlin-Dahlem miterleben konnte. Otto Hahn selbst schrieb sie aus nächster Nähe, die nicht mehr zu unterbieten ist, aber das Buch war als Übersicht über seine wissenschaftlichen Arbeiten gedacht und enthält daher relativ wenig Persönliches. Es wäre bedauerlich, wenn dem Autor der Einleitung die gleiche Beschränkung auferlegt würde. Ehemaligen Mitarbeitern fällt es schwer, die am Institut verbrachten Jahre zu beschreiben, ohne gleichzeitig für Otto Hahn charakteristische Aussprüche und Anekdoten mitzuteilen, die am besten seine unvergeßliche Persönlichkeit veranschaulichen.

In den Jahren vor und nach dem 1. Weltkrieg machten der Chemiker Otto Hahn und die Physikerin Lise Meitner zahlreiche bedeutende Entdeckungen auf dem Gebiet der Radioaktivität. Herausgehoben seien nur das längstlebige Isotop des Elements Protactinium und das Uran Z, erstes und lange einziges Beispiel für eine Kernisomerie. Die in Jahrzehnten erworbenen Kenntnisse der Eigenschaften instabiler Atomarten, besonders des Radiums, sollten dann 1938 entscheidend für den letzten großen Erfolg werden.

Otto Hahn hatte 1905 das Institut von Rutherford in Kanada als am besten geeignet zur weiteren Ausbildung auf dem Gebiet der Radioaktivität gewählt. Dreißig Jahre später schien sein eigenes Institut in Berlin-Dahlem gleichermaßen geeignet. Bevor ich mich 1935 bei Hahn nach einem Arbeitsplatz erkundigte, war ich allerdings von einem meiner Universitätslehrer gewarnt worden, in einem der Kaiser-Wilhelm-Institute zu doktorieren, da „man dort nichts lernte". Angesichts knapper Mittel lockte dennoch das Gerücht, daß zerbrochenes Glasgerät nicht ersetzt werden müßte und daß Doktoranden sogar mit 50 Reichsmark monatlich entlohnt würden. Ganz entschieden lehnte Otto Hahn Bezahlung ab und nannte als besagte Geldquelle das benachbarte Kaiser-Wilhelm-Institut für Physikalische Chemie, das bereits politisch gleichgeschaltet worden war. Ein Vergleich der in den beiden Instituten zu erwartenden wissenschaftlichen und politischen Atmosphären führte zum nie bereuten Entschluß, Otto Hahn als Doktorvater zu wählen.

Das Periodische System der Elemente endete damals mit Uran und bot nur noch wenige ungefüllte Lücken. Dagegen schien die Erweiterung des Systems möglich, als 1934 die Bildung künstlich radioaktiver Nuklide durch Anlagerung von thermischen Neutronen bekannt wurde. Vom Entdecker Fermi durchgeführte Bestrah-

* von Kurt Starke, Marburg, im Mai 1988

lungen von Uran ließen die Entstehung von Beta-Zerfallsreihen und daher von Isotopen von Elementen jenseits des Urans vermuten. Nachweis von Transuranen war ein Thema wie geschaffen für die Arbeitsgruppe Hahn-Meitner, die bald durch Fritz Straßmann erweitert wurde.

Hahn hatte nicht das Bestreben, einen großen Stab von Mitarbeitern um sich zu sammeln. Er überließ einen Doktoranden zunächst einem anderen Institutsmitglied zur Mitarbeit in der angewandten Radiochemie, in der Hoffnung auf einen Effekt, aus dem sich eine Dissertation entwickeln könnte. Er erkundigte sich zwar alle paar Wochen nach Ergebnissen, aber meist wurden seine Besuche durch Frau Meitner abrupt abgebrochen mit den Worten: „Hähnchen, wir müssen messen". Man lernte bald, sich der immer gewährten Kooperation der übrigen Institutsmitglieder zu versichern, die mehr Wissen und Techniken vermittelten, als in einer einzigen Arbeitsgruppe hätten gelehrt werden können.

Während der Doktorarbeit diente zur Messung der Gamma-Strahlung ein schon Kaiser Wilhelm dem Zweiten vorgeführtes Elektroskop, das mit einem an den Kopfhaaren geriebenen und dadurch elektrisierten Hartgummistab aufgeladen wurde. Jedenfalls wurde keine Zeit für den Aufbau und die Einarbeitung in den Gebrauch komplizierter Meßapparaturen benötigt und die Promotion erfolgte 1937 nach heute unglaublichen zwei Jahren.

Inzwischen hatte sich als vergütete Tätigkeit im separaten Radiumhaus die etwa alle 10 Tage durchzuführende Herstellung der Radon-Beryllium-Neutronenquellen ergeben. Die Transuran-Gruppe Hahn-Meitner-Straßmann verwendete sie zusätzlich zu den Radium-Beryllium-Quellen zur Bestrahlung der Uran-Targets. Genügende Sorgfalt beim Umgang mit Radium verhütete Verschleppung von Radioaktivität in das Hauptgebäude. Man wurde dennoch von den Physikern mit gesundem Mißtrauen betrachtet und besonders Frau Meitner fragte jeden Radiochemiker oft: „Sind Sie aktiv?" Sie verweigerte jeden Händedruck, hat aber durch diese und andere Maßnahmen erfolgreich dazu beigetragen, die Kontamination der Meßräume und -geräte zu verhindern.

Der Vorschlag, die zeitraubende Radon-Trennung einem Laboranten zu übertragen, wurde von Otto Hahn nur zögernd akzeptiert. Aus Gründen der Sparsamkeit wurde ein Rentner vorgezogen, der noch Arbeit suchte, den anzulernen ich mich jedoch weigerte. Das ganze Institut verfolgte nun interessiert die vergeblichen Versuche von Fritz Straßmann, dem überforderten alten Herrn die radioaktive Meßtechnik beizubringen. Otto Hahn ließ es sich schließlich nicht nehmen, das Ergebnis selbst mitzuteilen: „Herr Starke, Sie haben doch recht gehabt. Na, ich habe ihm 100 Mark gegeben und da war er ganz zufrieden." Darauf wurde noch immer kein Laborant eingestellt, aber ein junger Mann, der sich dann ausgezeichnet eingearbeitet hat.

Die Anekdote bezeugt das Bestreben von Otto Hahn, auch eigene Irrtümer umgehend richtig zu stellen. Wer den sparsamen Umgang mit Institutsmitteln für übertrieben hält, sollte bedenken, daß Hahn vom NS-Staat finanzierte Projekte vermied. Der Einfluß von Regierungsstellen hätte u.a. seine Bemühungen erschwert, politisch gefährdete Mitarbeiter am Institut zu halten.

Die Ablieferung der Radon-Beryllium-Quellen bedeutete keine engere Zusammenarbeit mit der Transuran-Gruppe, so daß sich die Erinnerung an deren Versuche auf das beschränkt, was in Seminaren, beim Tee und bei gemeinsamen Spaziergängen zu den übrigen Institutsmitgliedern gelangte. Jedenfalls wurden bis 1938 zahlreiche Radionuklide als Isotope der Transurane 93 – 96 angesehen. Da es sich um unwägbare Mengen handelte, mußten sie mit sogenannten Trägerelementen abgeschieden werden. Es wurden solche gewählt, die ähnliche chemische Eigenschaften hatten, wie sie auf Grund des Periodischen Systems für die Transurane vermutet wurden. Wie wir heute wissen, verhalten sich diese völlig anders.

Da die Zahl der vermeintlichen Transurane sich ständig vermehrte, wurde ihre Unterbringung im Periodischen System immer schwieriger. Dennoch wurde in keinem Seminar die von Frau Ida Noddack schon an den Ergebnissen Fermis geübte Kritik ernst genommen, bei den Bestrahlungsprodukten könnte es sich auch um Isotope leichterer Elemente handeln. Ohne experimentelle Begründung ausgesprochen, mußte ihre Bemerkung wenig zur Nachprüfung anregen, denn nach der herrschenden theoretischen Vorstellung vom Atomkern war eine Uranspaltung energetisch unmöglich. Man kann nur spekulieren, ob deren Entdeckung beschleunigt worden wäre, wenn dennoch chemische Experimente durchgeführt worden wären, sei es auch nur um die Kritik als unberechtigt zu erweisen. Lebhaftere Diskussionen im Seminar entstanden über die Ergebnisse der Bestrahlung von Thorium. Es wurde die Abspaltung von Alpha-Teilchen postuliert und die Entstehung von Actinium und Radium, nahen Elementen diesseits des Urans, angenommen.

Die entscheidende Wende kam aus dem Labor der französischen Forscher Joliot-Curie, aus dem etwas unsicher über ein Bestrahlungsprodukt des Urans mit den Eigenschaften des Lanthans berichtet wurde und das daher für Actinium gehalten wurde. Nachprüfung der Resultate veranlaßte Hahns Gruppe, die Bildung auch von Radium zu vermuten und Fällungen mit Barium durchzuführen. Damit kam endlich als Träger für die unwägbaren Radionuklide ein Element zur Anwendung, mit dem Hahn jahrzehntelange Erfahrungen im Umkristallisieren seiner Verbindungen besaß. Radium, dem Barium im Ionenradius zwar ähnlich, wird trotzdem dabei an- oder abgereichert, wird also teilweise getrennt. Das bei der Bestrahlung von Uran entstandene vermeintliche Radium verblieb beim Barium, mußte also ein Isotop desselben sein. Es konnte nur durch Spaltung des Urankerns entstanden sein. Wäre der Prozeß jemals vorausgesagt worden, hätte er durch die genannte radiochemische Methode an Barium oder anderen Spaltprodukten leicht bewiesen werden können.

Ein Erlebnis deutet darauf hin, daß Otto Hahn die Gewißheit gekommen war, zwar nicht das Transuran-Problem gelöst, aber eine viel größere Entdeckung gemacht zu haben. Hahn war in Fragen der Dienstzeit nicht kleinlich, solange man begonnene Versuche zügig durchführte, so wie er selbst es tat. Ich hatte durch tägliches Abgießen des überstehenden Wassers einen Niederschlag auszuwaschen, der sich so langsam absetzte, daß man erkennen konnte, ob er vor ein oder zwei Tagen aufgerührt worden war. Prompt kam eines montags die freundschaftliche Mahnung: „Herr Starke, Sie waren gestern nicht da. Herr Straßmann und ich waren da, und Herr Götte war da, und es ist etwas ganz Schönes dabei herausgekommen". Hahn, der mit Begeisterung selbst experimentierte, hatte endlich wieder ein überzeugendes und daher schönes Ergebnis erhalten. Wie wenig schön einige Folgen seiner Entdeckung werden sollten, hat er damals noch nicht wissen können.

Über die Uranspaltung ließ Hahn im Institut zunächst nichts verlauten. Immerhin war er im Begriff zu behaupten, einen von Physikern als unmöglich angesehenen Kernzerfall durch rein chemische Methoden bewiesen zu haben. Der Prozeß mußte von physikalischer Seite theoretisch verständlich gemacht und experimentell bewiesen werden. Frau Meitner war ab Mitte 1938 nach der Besetzung Österreichs nicht mehr als Ausländerin geschützt gewesen und hatte ins Ausland fliehen müssen. Es entsprach Hahns Fairness, daß er sie Ende 1938, gleichzeitig mit der Abfassung der Veröffentlichung, benachrichtigte. Daß sie nicht mehr in ihrer ehemaligen Arbeitsgruppe diskutieren und dort Versuche mitanregen konnte, ist gewiß nicht ihre Schuld. Sie hat alsbald mit ihrem Neffen O.R. Frisch den Spaltprozeß erklärt. Die Nachricht von der Uranspaltung wurde von Bohr umgehend in die USA gebracht. Experimentelle Ergebnisse wurden dort schon erhalten und veröffentlicht, bevor die Mitglieder des Hahnschen Instituts Anfang 1939 von der Uranspaltung erfuhren und Versuche unternehmen konnten.

Die Transurane waren im wesentlichen Hahn, Meitner und Straßmann zur Bearbeitung überlassen gewesen. Nun begann weltweit eine lebhafte Forschung über die Möglichkeiten der Energiegewinnung durch Uranspaltung und drohende Verwendung in dem voraussehbaren Krieg. Hahn beschränkte sich auf die Aufklärung der Irrtümer, die ihm in den letzten Jahren unterlaufen waren. Befriedigt weist er in der Biographie auf die lange Liste der von ihm nun als Spaltprodukte identifizierten früheren „Transurane" hin. Er konnte sich so Geheimarbeiten entziehen.

Die meisten jüngeren Institutsmitglieder hatten die Wahl zwischen Geheimforschung für die Wehrmacht oder Einberufung als Soldat. Die immer noch nicht entdeckten Transurane wurden kriegswichtig, weil eines von ihnen theoretisch als leicht spaltbar vorausgesagt worden war. Hahn hätte sicher gerne die Suche nach Transuranen ohne Geheimhaltungszwang fortgesetzt. Er bestätigte erneut eines seiner Bestrahlungsprodukte als Uran-Isotop. Als Betastrahler mußte es ein Isotop des Elements 93 bilden. Mit dessen Nachweis im Jahre 1940 endete meine Mitarbeit im Kaiser-Wilhelm-Institut für Chemie. Die Suche nach dem nächstfolgenden Transuran 94 führte mich 1943 in das Labor von Frédéric Joliot-Curie, der mir versicherte, daß er gerade im Begriff gewesen wäre, die Uranspaltung zu publizieren, als Hahn sie bekannt gab. Angesichts der erwähnten französischen Ergebnisse, die die Wende in Hahns Untersuchungen herbeigeführt hatten, gibt es keinen Grund, an der Aussage zu zweifeln.

Er habe Glück gehabt, erklärte Hahn Jahre später bei einem Treffen. Sicher meinte er es auch in dem Sinne, daß ihm dieses Mal niemand zuvorgekommen sei. In seiner Biographie beschreibt er neidlos einen solchen Fall: Soddy hätte nicht so viele vergebliche Trennungsversuche von Isotopen gemacht wie er, aber jener hätte mehr Mut gehabt, den Begriff der Isotopie auszusprechen. Einen ihm 1921 entgangenen Nobelpreis hat Hahn dann doch noch erhalten, nachdem er vergeblich sein „Radium" vom Barium zu trennen versuchte und den Mut fand, es als Barium-Isotop zu bezeichnen.

Die Entdeckung der Uranspaltung war keineswegs ein zufälliger Glücksfall, sondern, nach langjähriger experimenteller Tätigkeit, ein verdienter Erfolg, der ihm noch vergönnt wurde, bevor ein Bombentreffer das Laboratorium zerstörte. Auch bei den gemeinsamen Arbeiten mit Straßmann und wenigen anderen hat Hahn möglichst viele chemische Operationen selbst ausgeführt, Meßergebnisse am Elektrometer oder Geiger-Zähler abgelesen, notiert und Punkt für Punkt auf Logarithmenpapier aufgetragen. Es gab keine automatische Registrierung, was bei entsprechenden Zerfallsraten Fortsetzung der Arbeit in die Nacht bedeutete. Die verfügbaren natürlichen Neutronenquellen waren relativ schwach, stärkere künstliche Quellen erst in Vorbereitung. Oft galt es, für kurzlebige Atomarten schnelle Trennmethoden auszuarbeiten, damit die Anfangszählrate der Probe den Nulleffekt des Zählers noch genügend überschritt. Die der Biographie beigegebenen Abfallkurven sind nur wenige Beispiele aus Tausenden über die Jahre durchgeführten Messungen.

Die Uranspaltung ist auf ziemlich mühsamem, chemischem Wege bewiesen worden. Daß Otto Hahn dazu physikalische Meßinstrumente benötigte, mag der Physik nahestehende Biographen verführen, ihn sozusagen zum Physiker ehrenhalber zu ernennen. Aber der Spaltprozeß ist nicht in einem physikalischen Meßinstrument zuerst beobachtet worden, sondern erst nach der Bekanntgabe bestätigt worden. Von theoretisch physikalischer Seite für unmöglich erklärt, wurde er nicht auf Grund des Kernmodells gesucht, sondern dieses mußte nach der Entdeckung verbessert werden, damit es den Prozeß verständlich machen konnte.

Als begeisterter Experimentator ließ sich Hahn am liebsten von seinen Beobachtungen leiten. Seit seinen kurzen, aber ihn offenbar prägenden Aufenthalten in England und Kanada blieb er der Radioaktivität verbunden. Im Institut betrachtete man Otto Hahn und Lise Meitner als hervorragende Forscher auf diesem Gebiet, obwohl sie nicht durch einen Nobelpreis ausgezeichnet worden waren, etwa für die

Entdeckung der Kernisomerie oder des Protactiniums. Wir jüngeren Institutsmitglieder sahen für uns erst recht keine Chance, da es „in der Radiochemie nichts mehr zu entdecken gab". Der fast 60-jährige Chef hat uns eines besseren belehrt.

Nach dem Titel seiner Biographie zu urteilen, hat sich Otto Hahn schlicht und korrekt als Entdecker der Uranspaltung betrachtet. Wie sich später ergab, findet dieser Prozeß geringfügig auch in der Natur, nicht nur durch Neutronenanlagerung, sondern sogar spontan statt. Die Bemühungen, die Kernspaltung mehr oder weniger explosiv verlaufen zu lassen, sind, vorwiegend im Ausland, schon während des Krieges und danach erfolgt, und Hahn hat dazu weder beitragen können noch wollen. Er hat sich nie als „Begründer des Atomzeitalters" gefühlt. Derartige Bezeichnungen setzen ihn unverdienterweise der Verteufelung durch Kernkraftgegner aus.

Otto Hahn hat nach seiner Internierung im April 1945 keine experimentelle Tätigkeit mehr aufgenommen. Er schließt sein Buch rückblickend mit der Bemerkung, er wäre der rapiden Entwicklung mit den ganz anderen Mitteln und der Vielzahl der dazu nötigen Mitarbeiter wohl nicht mehr gewachsen gewesen. Wahrscheinlich hätte ihm diese Art der Forschung, mit wenig Zeit für eigene Arbeit im Labor, keine Freude bereitet.

Otto Hahn konnte noch viele Jahre als Präsident der Max-Planck-Gesellschaft den Wiederaufbau deutscher Institute fördern. Er wurde berühmt, mit Ehrungen überhäuft. Seine Meinung war gefragt, und er hat noch in vielen Veröffentlichungen seine Erinnerungen an die Entdeckung der Uranspaltung und seine Gedanken über Mißbrauch oder nützliche Anwendung der Kernenergie mitteilen können. Da diese keine experimentellen Arbeiten waren, sind sie in seiner Selbstbiographie nicht zitiert worden. Dagegen bemühte er sich in für ihn typischer, fairer Weise, keine Publikationen seiner Mitarbeiter auszulassen, die ihm vielleicht in den Kriegs- oder Nachkriegswirren entgangen waren. So verschickte er entsprechende Manuskripte mit der Bitte um Kontrolle der Zitate.

Durch den Ruhm wurde Otto Hahn seinen früheren Mitarbeitern keineswegs entrückt. Er fand immer Zeit, einen von ihnen in Göttingen zu Besuch zu empfangen. Seine Teilnahme an einer Tagung gab Anlaß, möglichst viele zu einem Treffen mit ihm aufzufordern. So entstand noch einmal, wenigstens für einen Nachmittag, jene menschliche und wissenschaftliche Atmosphäre, wie sie in vielen Erinnerungen seiner Mitarbeiter übereinstimmend geschildert wird. Otto Hahns Selbstbiographie ist in einer Hinsicht unvollständig. Er liebte das Understatement und war der letzte, der, nicht einmal zwischen den Zeilen, angedeutet hätte, daß die unvergeßliche Atmosphäre in erster Linie durch ihn bestimmt worden war. Sein Freund Walther Gerlach hat sie kurz und treffend am besten geschildert: „Otto Hahn hat den Beweis erbracht, daß mit der hierarchischen Ordnung eines Instituts eine echte wissenschaftliche und menschliche Demokratie gelebt werden kann, wenn das Streben nach neuer Erkenntnis, Begeisterung für wissenschaftliche Mühen, Anerkennung und Freude am Erfolg *und* gegenseitige Achtung die Leitmotive sind."

Einleitung

Von verschiedenen Seiten wurde ich in den letzten Jahren aufgefordert, eine biographische Zusammenstellung meiner wissenschaftlichen Arbeiten aufzuschreiben, insbesondere, da ich ja durch mein Arbeitsgebiet an einer Entwicklung der Wissenschaft teilgenommen hätte, die sich aus dem kleinen Pflänzlein der Schwärzung der photographischen Platte durch ein Uranmineral zu dem großen Bau der Nutzbarmachung der Atomenergie entwickelt hat.

Die Menschen, die die Entdeckung der Radioaktivität im Jahre 1896 unmittelbar mitgemacht haben, sind nicht mehr unter uns. Als ich vor 58 Jahren durch einen glücklichen Zufall mit dem neuen Gebiet in Verbindung kam, da war seine Bedeutung zwar schon erkannt, aber es war den damals lebenden Chemikern doch noch etwas unheimlich, und die „klassischen Chemiker" konnten sich mit den neuen Erkenntnissen der Radioaktivität nur sehr schwer abfinden. So darf ich mich vielleicht zu denen rechnen, die die Entwicklung der Radiumforschung von ihren Anfängen an tätig miterlebt haben.

Es war die Frage, ob ich mit einer Übersicht über meine wissenschaftlichen Arbeiten meine vielen persönlichen Erinnerungen in einem einzelnen Buch darstellen könne, ohne dem wissenschaftlich interessierten Leser ein zu großes Buch zuzumuten. Ich habe mich also entschlossen, meinen wissenschaftlichen Werdegang ohne allzuviel Ballast aufzuschreiben. Im vorliegenden Buche sind deshalb nach einer kurzen Erinnerung an meine Jugendjahre im Anschluß an die verschiedenen Arbeitsstätten und nur bei besonderem äußeren Anlaß Einlagen persönlicher Art aufgenommen.

Vielleicht ist es mir noch vergönnt, die persönlichen Erinnerungen meines langen Lebens etwas ausführlicher zu erzählen.

Otto Hahn

I

Jugend- und Studienjahre

Ich wurde am 8. März 1879 in Frankfurt am Main geboren und erhielt dort meine Erziehung bis zum Beginn des Studiums. Meine Eltern gehörten nicht zu den Altfrankfurter Familien, sondern sie waren „Eingewanderte". Mein Vater, 1845 geboren, kam vom Lande, aus Gundersheim in Rheinhessen. Seine Eltern waren Landwirte und Weinbauern auf eigenem Hof, betrieben daneben eine Glaserei und machten für die Verglasung wohl auch die nötigen Fensterrahmen. Meine Mutter, gleichfalls 1845 geboren, stammte aus städtischer Umgebung; die Familie kam aus Norddeutschland. Kaufleute, teils auch Pastoren und andere „Studierte" gehörten zur Verwandtschaft.

Mein Vater fand seit früher Jugend keinen Gefallen an der Landwirtschaft. Da er neben zwei jüngeren Brüdern noch einen älteren hatte, dem das Leben auf dem Lande besser gefiel, übernahm dieser die Landwirtschaft und die Glaserei in Gundersheim. Meinen Vater zog es in die Fremde, und er ging zunächst als Glasergeselle auf Wanderschaft. Als er dies tat, war er nach damaligen Begriffen von Hause aus gut ausgestattet; er wußte, daß er pekuniär einen Rückhalt bei den Eltern hatte. Aber dennoch hatte er den Ehrgeiz, seinen Unterhalt selbst zu verdienen; zugleich lernte er das Leben der Handwerksgesellen auf der Wanderschaft kennen. Sie brachte ihn vom Norden Deutschlands bis in die Schweiz, und später konnte der Vater uns Kindern von seinen Wanderjahren viel Schönes und Interessantes über Welt und Menschen erzählen.

1866, also mit 21 Jahren, kam mein Vater nach Frankfurt in die Schönsche Glaserei in der Bockgasse am Liebfrauenberg. Die Lehr- und Wanderjahre lagen hinter ihm. Dramatisch konnte er von den aufregenden Tagen berichten, als die Preußen in die alte freie Hauptstadt einmarschierten und sie für Preußen annektierten.

Hier, in der Altstadt von Frankfurt, lernte er seine spätere Frau, meine Mutter, Charlotte geborene Giese kennen, die damals schon Witwe war. Sie wohnte mit ihrer verwitweten Mutter in unmittelbarer Nachbarschaft, am Liebfrauenberg. Mutter und Tochter hatten dort einen Mittagstisch für jüngere, gebildete, meist jüdische kaufmännische Angestellte. Dort lernte sie auch das vorzügliche Kochen, das später alle an ihr bewunderten. Der ersten Ehe meiner Mutter war ein Sohn, Karl, entsprossen. 1875 heiratete mein Vater die junge Witwe. Beide waren 30 Jahre alt. In dieser Ehe wurden meinen Eltern drei Söhne geboren, 1876 der Bruder Heiner, 1877 Bruder Julius, 1879 ich selbst. Der Stiefbruder Karl wurde später adoptiert, hieß dann also ebenfalls Hahn.

Nach wenigen Jahren konnte mein Vater die Schönsche Glaserei käuflich erwerben, und die ursprünglich kleine Glaserei wurde im Laufe der Zeit durch ein Spiegel- und Bildereinrahmungsgeschäft nebst Vergolderei erweitert. Gesellen verschiedener Arbeitsrichtung wurden eingestellt; der Handwerker wurde zum Unternehmer. Möglich war dies durch die Redlichkeit, den Fleiß und den Fortbildungsdrang der Eltern, die es bald zu einer gutbürgerlichen Existenz brachten.

Die schnelle Entwicklung von der bescheidenen Glaserei zu einem angesehenen Unternehmen hing beträchtlich von den politischen Umständen der damaligen Zeit ab. Frankfurt erlebte nach 1866 durch die Einverleibung in Preußen, besonders aber nach dem gewonnenen Krieg 1870/71, einen außerordentlichen Aufschwung, der sich in einer stürmischen Bautätigkeit auswirkte. Damals mußte bis in die Nacht hinein gearbeitet werden, und jeder tüchtige und fleißige Handwerker konnte seinen Gewinn in eigenen Liegenschaften anlegen.

Durch diese Umstände waren die Eltern schon nach einigen Jahren in der Lage, die viel zu kleine und enge Wohnung in der Bockgasse, in der ich geboren wurde, aufzugeben. Sie kauften ein älteres Wohn- und Geschäftshaus in der Töngesgasse 21, und hier spielte sich das Leben für uns vier Brüder in der frühen Jugend und Schulzeit ab.

An die Stätte meiner Geburt in der Bockgasse erinnere ich mich nur noch aus einigen späteren Besuchen, weil wir, als ich erst 1 oder 2 Jahre alt war, von dort fortzogen. Diese erste Wohnung muß äußerst eng gewesen sein. Wir vier Kinder schliefen in einem Alkoven, der kein Fenster nach der Straße hatte. Das Treppenhaus hatte eine hölzerne Wendeltreppe mit einem als Handgriff dienenden Seil. Im Erdgeschoß war die Glaserwerkstatt des Vaters.

Die neue Wohnung in der Töngesgasse war dagegen groß und geräumig und hatte Platz für uns vier Jungen. Die Wohnräume waren im 2. Stock, wir Buben wohnten im 3. Stock, dem Dachgeschoß, mit schrägen Fenstern. Ob da oben eine Heizmöglichkeit war, weiß ich nicht mehr. Benutzt wurde sie wohl nie. Ich erinnere mich, daß wir in kalten Wintern heißes Wasser zum Auftauen des Eises in den Waschschüsseln bekamen.

Die Erziehung von uns drei jüngeren Brüdern lag ganz in den Händen des ältesten Bruders Karl. Frühzeitig entwickelte er sein pädagogisches Talent. Er war streng, leicht erregbar, und wir hatten großen Respekt vor ihm. So hatten wir uns verpflichtet, nie mit den Straßenjungen der Steingasse, nach der unsere Wohnungsfenster gingen, zu spielen, weil diese aus viel niedrigerem Milieu stammten als wir. Wir hielten dieses Versprechen gewissenhaft ein. Karl selbst war für uns etwas Besonderes. Er besuchte das sehr gute Städtische Gymnasium, lernte also Griechisch und Latein. Später war er viele Jahrzehnte Oberlehrer für Latein und Griechisch am Goethe-Gymnasium in Frankfurt am Main. Wir drei

Die Eltern Otto Hahns.
Links: Charlotte Hahn, geborene Giese (1845 – 1905).
Rechts: Heinrich Hahn (1845 – 1922)

Die vier Brüder Hahn, 1882.
Von links: Heinrich, genannt Heiner, geb. 1876; Julius, geb. 1877; Otto, geb. 1879,
und der Stiefbruder Karl, geb. 1870

dagegen waren auf der Klinger-Oberrealschule, die ein bescheideneres Schülermaterial hatte. Heiner und Julius kamen mit dem „Einjährigen", der Berechtigung zum einjährigen Militärdienst, mit 15 Jahren aus der Schule, um zum Vater ins Geschäft zu gehen. Heiner war häufig der Erste in seiner Klasse, fleißig und strebsam. Julius war ebenso klug, aber „genialer", künstlerisch begabt.

Heiner und Julius erhielten eine gute allgemeine Ausbildung. Sie waren in jungen Jahren in Paris und in London, sahen etwas von der Welt, wenn sie im Ausland auch recht einfach leben mußten. Heiner blieb im eigentlichen Geschäft, das sich weiter ausdehnte und das heute unter dem Namen „Glasbau Heinrich Hahn" durch ihn und seinen Sohn Otto ein nicht nur in Frankfurt bekanntes Unternehmen ist.

Bruder Julius baute auf Grund seiner starken künstlerischen Interessen die Kunsthandlung Julius Hahn auf, die im eigenen Haus in der Kaiserstraße 6 in Frankfurt als Geschäfts- und Kunstauktionshaus bis zur Zerbombung bekannt war.

Was mich angeht, so war der Lieblingswunsch meines Vaters, daß ich Architekt werden sollte. Er interessierte sich sehr für das Bauen, hatte selbst einige Häuser gekauft und sie z. T. umgebaut, und er hoffte, daß ich gleiche Interessen hätte. Leider hatte ich gar kein Talent zum Zeichnen, keine künstlerische Phantasie und war daher zum Architekten denkbar ungeeignet. Dabei hatte ich als Obersekundaner in der Städtischen Fortbildungsschule offiziell Zeichenunterricht. Die geometrischen Konstruktionen machte ich ganz gut, aber Freihandzeichnen oder Entwerfen war unmöglich.

Verwöhnt wurden wir drei jüngeren Brüder in der Jugend nicht. Oft geübt, aber wenig beliebt war das Austragen eingerahmter Bilder an die Kundschaft, besonders am schulfreien Mittwoch und Samstag nachmittag und vor allem kurz vor Weihnachten, wo unser Hausbote die Arbeit allein nicht schaffte. Auch zum Sparen wurden wir erzogen. Ich erinnere mich, daß wir zu unserem Kaffee zwei Stück Zucker bekamen. Wenn wir nur eines nahmen, konnten wir das zweite sammeln, und der gesparte Zucker wurde dann von der Mutter zum Ladenpreis zurückgenommen.

Bis zum 14. Lebensjahr war ich ein ziemlich kränkliches Kind. Asthma, Angina, Diphtheritis, schließlich eine sehr bedrohliche Lungenentzündung hatte ich zu überstehen. Unermüdlich war die Mutter in ihrer Pflege. Sie wich bei meinen Fieberängsten nicht von meinem Bett. Zur Hilfe nahm sie katholische Schwestern, deren fromme Hingabe an ihren Beruf sie bewunderte. Von meinem 14. Jahr ab war ich gesund und bin seit dieser Zeit eigentlich nie mehr ernstlich krank gewesen.

In der Schule war ich ein ganz guter, aber niemals ein vorzüglicher Schüler. In der Sexta sprang ich vom 18. Platz in der Vorschule sofort auf den 3. Platz, weil ich unsere erste Fremdsprache, Französisch, gut lernte und gut aussprach. Es blieb dann immer beim 2., 3. bis 5. Platz. Erster war ich nie — im Gegensatz zu meinem Bruder Heiner.

Für Chemie fing ich in der Untersekunda, also in meinem 15. Jahr, an, mich etwas zu interessieren. In unserer Waschküche machte ich mit einem Freunde chemische Spielereien. Ernster wurde das Interesse aber erst in der Unter- oder Oberprima. Als Oberprimaner hörte ich ein Abendkolleg über „Organische Farbstoffe" im Physikalischen Verein (dem Vorläufer der Frankfurter Universität) bei Professor Martin Freund. (Die Oberprimaner höherer Lehranstalten waren zu diesem populären Kolleg zugelassen.) So konnte ich meinem Vater dann doch vorschlagen, Chemie zu studieren, statt Architekt zu werden. Er erklärte sich damit einverstanden.

Auf Anraten eines Freundes unserer Familie, eines Chemikers, wählte ich Marburg als erste Universität. Damit war eigentlich schon ausgedrückt, daß ich wohl in eine studentische Gemeinschaft eintreten würde. Am liebsten wäre ich zu einer Burschenschaft gegangen, aber die Eltern wünschten nicht, daß ich einer schlagenden Verbindung beitreten solle, und so trat ich in den Naturwissenschaftlich-Medizinischen Verein ein, der keine Bestimmungsmensuren schlug, aber sogenannte unbedingte Satisfaktion gab. Im Gegensatz zu manchen anderen „Wissenschaftlichen Vereinen" war der Zwang zum Biertrinken und der "Comment" bei uns ebenso groß wie bei den farbentragenden Verbindungen, und die Tendenz war die des Schielens zur Couleur. So wurde auch aus meinem Verein später die Verbindung mit Couleur, und noch später kam der Beitritt zu einem der schlagenden Verbände, zur Landsmannschaft.

Von Pflege der Wissenschaft war bei uns nicht sehr viel zu merken. So verlief meine Studentenzeit sorglos mit vielen vergnügten Stunden und frohen Erlebnissen; sorglos, weil ich nie vorhatte, Wissenschaftler zu werden und annahm, daß es für eine Stelle in der Industrie nicht nötig sei, mehr als das Hauptfach, nämlich Chemie, zu pflegen. Hätte ich meine spätere Entwicklung vorausgeahnt, dann hätte ich dem Nebenfach Physik und auch Mathematik doch mehr Zeit gewidmet. Für die anderen Nebenfächer Mineralogie und vor allem Philosophie bei den Neukantianern Cohen und Natorp habe ich in den späteren Semestern ziemlich fleißig gearbeitet, dank auch des guten Einflusses, den mein Konabiturient Georg Dahmer — der nicht meinem Bund angehörte und sich vom Alkohol ziemlich zurückhielt — vor allem durch sein Interesse an der Philosophie auf mich hatte.

Mein 3. und 4. Semester verbrachte ich in München, hörte neben der organischen Chemie bei Adolf v. Baeyer auch physikalische Chemie bei Prof. Muthmann und „spezielle anorganische Chemie" bei K. A. Hofmann. Aber sehr regelmäßig war mein Kollegbesuch in den chemischen Fächern nicht. Stattdessen

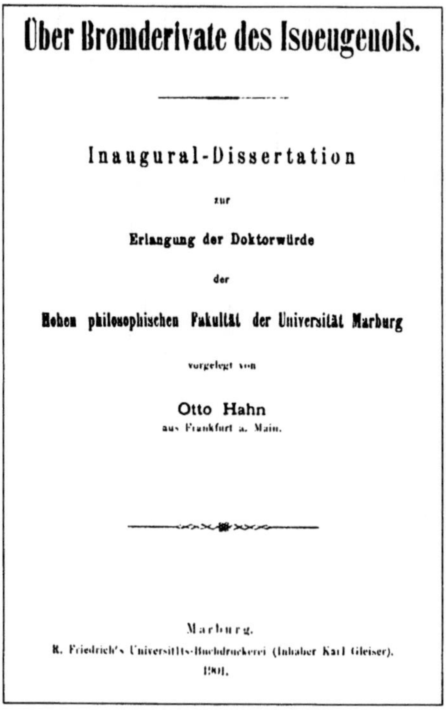

Über Bromderivate des Isoeugenols.

Inaugural-Dissertation

zur

Erlangung der Doktorwürde

der

Hohen philosophischen Fakultät der Universität Marburg

vorgelegt von

Otto Hahn

aus Frankfurt a. Main.

Marburg.

R. Friedrich's Universitäts-Buchdruckerei (Inhaber Karl Gleiser).

1901.

Titelseite der Dissertation, Marburg 1901 (links).
Otto Hahn als junger Doktor der Philosophie,
1901 (rechts)

Theodor Zincke (1844 – 1928)

hörte ich Kunstgeschichte mit Exkursionen in die Alte Pinakothek und ein paar andere allgemein interessierende Vorlesungen.

Im 5. Semester kam ich nach Marburg zurück. Die praktischen Arbeiten im Labor habe ich trotz „aktiv sein" immer fleißig durchgeführt. Nach dem damals neu eingeführten Verbandsexamen begann ich im 6. Semester meine Doktorarbeit bei Geheimrat Theodor Zincke über „Bromderivate des Isoeugenols". Ich fand dort ein oder zwei sogenannte Methylenchinone, für die sich mein Chef sehr interessierte. Im Juli 1901, also am Ende meines 9. Semesters, bestand ich das Doktorexamen mit der Note „Magna cum laude". In den Sommerferien 1901 machte ich dann noch meine Doktorarbeit fertig zum Druck.

Als ich, im Dezember 1961, mein 60. Doktorjubiläum feierte, erhielt ich einen Brief von Professor K. Freudenberg, Heidelberg, in dem er wie folgt schreibt:

Heidelberg, 25. November 1961

Lieber Herr Hahn!

Die Angewandte Chemie meldet, daß Sie Ihr 60stes Doktorjubiläum feiern. So etwas ist nicht allzu aufregend, wenn man in die Jahre kommt. Aber ich möchte doch daran anknüpfen, da ich dauernd mit Ihrer Doktor-Arbeit zu tun habe, die Sie mit Zincke seinerzeit in den Annalen veröffentlicht haben. Ihr gelbes bromiertes Chinonmethid aus Isoeugenol ist heute noch das beste kristallinische Beispiel dieser Körperklasse und wird von uns zu Modellversuchen immer wieder herangezogen, da wir bei der Dehydrierung des Coniferylalkohols, der zum künstlichen Lignin führt, auf Schritt und Tritt Chinonmethiden begegnen, die wichtige Zwischenprodukte dieses Vorganges sind. Sie sehen, daß Sie sich auch als Organiker nützlich gemacht haben.

Vielleicht wäre also auch etwas aus mir geworden, wenn ich bei der organischen Chemie geblieben wäre.

Am 1. Oktober trat ich als Einjährig-Freiwilliger ins 81. Infanterieregiment in Frankfurt a. M. ein. Natürlich wäre ich lieber zur Artillerie nach Frankfurt-Bockenheim gegangen, wo — wie damals wohl oft bei der leichten Artillerie — das Reiten wichtiger war als das Feldgeschütz. Aber die Artillerie war teurer für den Einjährigen; und da meine älteren Brüder alle bei der Infanterie gedient hatten, kam natürlich auch für mich nichts anderes in Frage. Den anfangs sehr anstrengenden Dienst hielt ich gut aus.

Wir waren vier Einjährig-Freiwillige in unserer Kompanie; außer mir ein junger, hübscher Kaufmann, Theodor Reisse, und zwei jüdische Kameraden, Belmont und Bacharach. Reisse und ich wurden wohl mit etwas mehr Respekt behandelt als die beiden anderen, Reisse, weil sein Vater Reserveoffizier im gleichen Regiment war, ich, weil ich „Dr. phil." war. Belmont und Bacharach waren menschlich sehr nette Kameraden, aber sehr gute Soldaten waren sie nicht, was sie auch gar nicht beanspruchten. Sie wußten, daß sie nicht befördert werden würden. Ich selbst, ebenso Reisse, wurde am 1. April „Gefreiter", am 1. Juli „Unteroffizier" und ging am 30. September als „Offiziersaspirant" ab. Als solcher machte ich in den kommenden Jahren die vorgeschriebenen Übungen, zuerst als Unteroffizier, dann als Vizefeldwebel und bestand dann die Reserveoffiziersprüfung. Ich konnte mich danach zum „Reserveoffizier" wählen lassen. Da ich damals aber schon Reisepläne hatte, verzichtete ich auf die Wahl. Bis dahin war ich: „Vizefeldwebel, Herr Otto Hahn"; danach war ich „der Vizefeldwebel Otto Hahn". Eine klare Unterscheidung! Meine drei Brüder sind Reserveoffiziere geworden.

Im großen und ganzen war meine Militärzeit eine anstrengende, aber gesunde und unbeschwerte Abwechslung. Das Studium war ja abgeschlossen, und Zukunftssorgen hatte ich keine. Noch während meiner Dienstzeit ließ mir mein Doktorvater Zincke sagen, daß ich ab 1. Oktober 1902 Vorlesungsassistent bei ihm werden könne, was ich sehr gerne annahm. Wenn man nämlich zwei Jahre Assistent bei Zincke war, dann konnte er einen leicht in Hoechst oder Griesheim oder Mainkur, also in eine der späteren IG-Firmen, empfehlen. Pläne zur rein wissenschaftlichen Laufbahn hatte ich nicht.

Meine Tätigkeit bestand darin, die Vorlesungen, die der Geheimrat jeden Morgen von 9—10 Uhr abhielt, vorzubereiten. Für die organischen Vorträge waren die experimentellen Vorbereitungen nicht sehr groß, aber in der anorganischen Vorlesung war doch allerhand zu tun. Ich hatte ein sehr schönes Vorschriftenheft von meinem Vorgänger übernommen, in dem die Experimente ziemlich genau beschrieben waren. Natürlich kam gelegentlich etwas Neues hinzu; das war aber nicht viel.

Jeden Morgen kurz vor 8 Uhr erschien ich im Institut. Wenige Minuten nach 8 Uhr kam der Geheimrat, um noch einmal zu sehen, ob alles vorbereitet sei, und dann konnte das Kolleg beginnen.

Obgleich ich kein sehr geschickter Experimentator war, gingen die Vorlesungen doch ganz gut, und Professor Zincke war zufrieden mit mir. Daneben setzte ich meine eigene Arbeit fort und assistierte bei den Arbeiten des Chefs bzw. seiner Doktoranden.

Während meiner Assistentenzeit wurde ich einmal von dem mit Theodor Zincke befreundeten Professor Roser aus den Farbwerken Hoechst nach Hoechst eingeladen, offenbar da man einen näheren Eindruck von mir bekommen wollte.

Es kam aber anders. Gegen Ende meiner zwei Jahre in Marburg besuchte Direktor Fischer von der Firma Kalle & Co., der Vater des späteren Nobelpreisträgers Hans Fischer, aus Biebrich am Rhein zu Professor Zincke. Er sprach von dem Wunsche der Firma, einen jungen Chemiker anzustellen, der gelegentlich im Ausland Verwendung finden solle und deshalb mindestens eine der Fremdsprachen durch einen vorherigen Aufenthalt im Auslande einigermaßen beherrschen müsse. Professor Zincke fragte mich, ob ich auf einen solchen Posten reflektiere. Wenn dies der Fall sei, dann riete er mir, etwa ein halbes Jahr nach England zu gehen, um Englisch zu lernen, wenn meine Eltern in der Lage seien, mir einen solchen unbezahlten Aufenthalt zu ermöglichen. Diese stimmten gern zu, und Professor Zincke schlug mir dann vor, nach London zu gehen, aber nicht ohne irgend eine vernünftige Tätigkeit. Er schrieb deshalb einen Brief an den Leiter des Chemischen Instituts im University College London, Sir William Ramsay, und fragte, ob er mir einen Arbeitsplatz in seinem Institut geben könne. Die Antwort war positiv.

Vor der Reise nach England fuhr ich zu Kalle & Co. nach Biebrich. Sie machten mir Aussicht auf die geplante Anstellung und teilten mir mit, sie würden mir zu gegebener Zeit endgültige Nachricht geben. So fuhr ich im September 1904 nach London.

II

In London bei William Ramsay

(Herbst 1904 bis Sommer 1905)

Da Sir William Ramsay noch auf einer Auslandsreise war, hatte ich Zeit, mir fast zwei Wochen lang London und seine Museen etwas genauer anzusehen als es mir später möglich war.

Im University College im Institut von Sir William traf noch ein weiterer Deutscher ein, und zwar Dr. Otto Sackur aus Breslau, der ebenfalls bei Ramsay arbeiten wollte. Ramsay gab uns nun verschiedene Arbeitsthemen. Herrn Sackur überreichte er ein Mineral und schlug ihm vor, es auf radioaktive Elemente zu untersuchen.

Mich selbst fragte Ramsay, ob ich über Radium arbeiten wolle, und als ich ihm sagte, daß ich von Radium gar nichts wisse, meinte er, das schade nichts, dann würde ich unbefangener an die Dinge herantreten. Er gab mir eine Schale mit etwa 100 g Bariumchlorid und teilte mir mit, in diesem sei Radium enthalten, etwa 10 mg. Ich solle nach der Methode von Madame Curie das Radium vom Barium trennen, reines Radium herstellen und durch eine Reihe organischer Verbindungen eine Atomgewichtsbestimmung des Radiums durchführen. Durch die organischen Verbindungen, wenn sie schön kristallisiert seien, hätte ich mehr Gewicht in der Hand und könne deshalb auch mit den verhältnismäßig geringen Radiummengen eine genaue Atomgewichtsbestimmung durchführen.

Ich dachte damals nicht weiter darüber nach, daß dies wohl eine ziemlich prekäre Arbeit werden könne.

So begann ich also, mich über Radium und radioaktive Messungen zu informieren; ich hatte ja zunächst sehr wenig Ahnung.

Auch mein Kollege Sackur begann das Mineral, das man ihm gegeben hatte, genauer zu untersuchen.

Nach einiger Zeit gab Sir William Ramsay Herrn Sackur und mir noch zwei Proben der Radioelemente Actinium und Emanium. Es hatte sich über diese beiden Substanzen eine Kontroverse entwickelt. Actinium war von Debierne entdeckt worden mit einer charakteristischen kurzlebigen Emanation, und das Element Emanium war von Giesel in Deutschland gefunden worden, ebenfalls mit einer kurzlebigen Emanation. Die chemischen Eigenschaften wurden von Giesel und Debierne aber verschieden angegeben. Man wußte nicht, ob es gleiche Substanzen seien oder verschiedene Elemente.

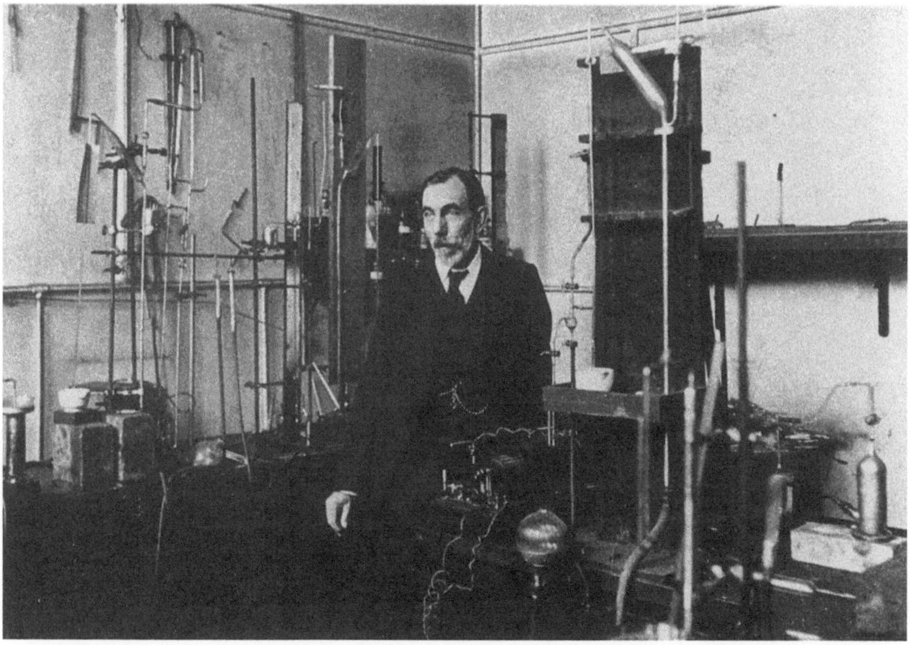

Sir William Ramsay (1852 – 1916) im Chemischen Institut des University College, London, 1904

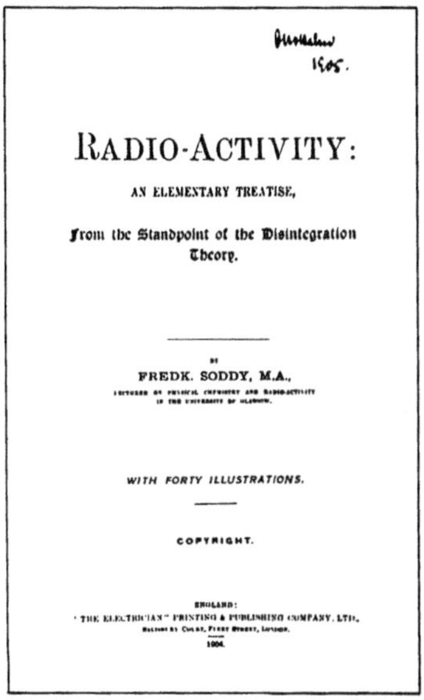

RADIO-ACTIVITY:

AN ELEMENTARY TREATISE,

From the Standpoint of the Disintegration Theory.

BY

FREDK. SODDY, M.A.,

WITH FORTY ILLUSTRATIONS.

COPYRIGHT.

ENGLAND:

"THE ELECTRICIAN" PRINTING & PUBLISHING COMPANY, LTD.,

1904.

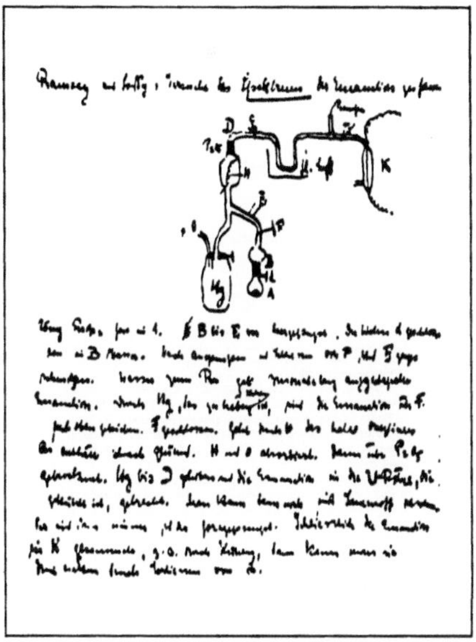

„Radio-Activity", Hahns wichtigstes Buch am Beginn seiner Laufbahn als Radiochemiker (links). Hahns Aufzeichnung von Ramsays und Soddys Versuchen „das Spektrum der Emanation zu fassen" (rechts)

Das Chemische Labor des University College.
„Das Labor hatte ein Glasdach mit rostigen Eisensprossen". (S. 19)

Jahrbuch der Radioaktivität und Elektronik

2. Band. Jahr 1905. Heft 3.

Originalabhandlungen.

Über ein neues, die Emanation des Thoriums gebendes radioaktives Element.[1])

Von O. Hahn.

Inhalt: I. Darstellung des Radiothoriums. 1. Einleitung: Fraktionierte Kristallisation des Baryumradiumgemisches bis zur ersten Abscheidung eines neuen Stoffes. 2. Festlegung der Thoriumnatur; Andere Methoden zur Trennung des „Radiothors" vom Radium. 3. Konzentration des Radiothoriums; Bestimmung der Stärke der Aktivität. — II. Eigenschaften des Radiothoriums. 1. Thorium X; 2. Emanation; 3. Induzierte Aktivität; 4. Chemische Eigenschaften. — III. Diskussion des Namens. Literaturangaben; Schluß.

Obgleich seit der vorläufigen Mitteilung über obiges Thema die Arbeit noch nicht zu einem abgerundeten Ganzen fertig gestellt worden ist, möchte ich doch schon jetzt einen eingehenden Bericht über das geben, was bis jetzt erreicht ist, da er den Abschluß und die Zusammenfassung meiner Tätigkeit im University College bildet, das ich jetzt zu verlassen gedenke.

Das Ausgangsmaterial war das an Thorium so reiche sog. kubische Mineral „Thorianit", das seit einigen Jahren auf Ceylon gefunden wird. Es findet sich nur recht spärlich, und im Jahre 1904 wurde die bis dahin verfügbare Menge, etwa 250 kg, von Sir William Ramsay käuflich erworben, der frühzeitig dessen stark radioaktive Eigenschaften erkannt hatte.

Die Aufarbeitung der Gesamtmenge geschah in der Fabrik von Tyrer and Co. in London. Die Menge stellte ein sehr reines Produkt

1) Mitteilung aus dem chem. Laboratorium des University College London.

Jahrb. d. Radioaktivität u. Elektronik. II. 17

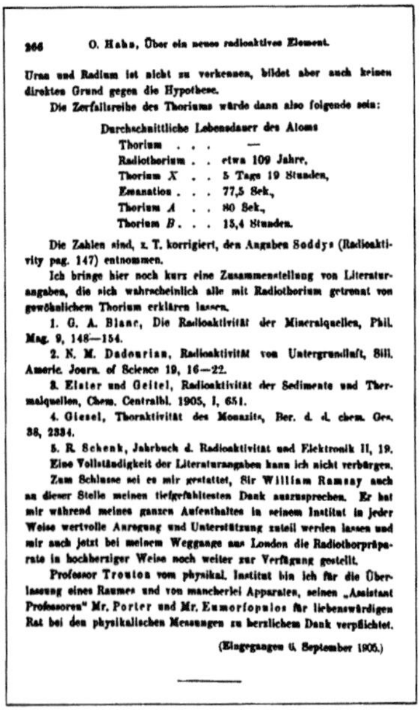

266 O. Hahn, Über ein neues radioaktives Element.

Uran und Radium ist nicht zu verkennen, bildet aber auch keinen direkten Grund gegen die Hypothese.

Die Zerfallsreihe des Thoriums würde dann also folgende sein:

	Durchschnittliche Lebensdauer des Atoms
Thorium . . .	—
Radiothorium . .	etwa 109 Jahre,
Thorium X . .	5 Tage 19 Stunden,
Emanation . . .	77,5 Sek.,
Thorium A . .	80 Sek.,
Thorium B . . .	15,4 Stunden.

Die Zahlen sind, z. T. korrigiert, den Angaben Soddys (Radioactivity pag. 147) entnommen.

Ich bringe hier noch kurz eine Zusammenstellung von Literaturangaben, die sich wahrscheinlich alle mit Radiothorium getrennt von gewöhnlichem Thorium erklären lassen.

1. G. A. Blanc, Die Radioaktivität der Mineralquellen, Phil. Mag. 9, 148—154.
2. N. M. Dadourian, Radioaktivität von Untergrundluft, Sill. Americ. Journ. of Science 19, 16—22.
3. Elster und Geitel, Radioaktivität der Sedimente und Thermalquellen, Chem. Centralbl. 1905, I, 651.
4. Giesel, Thoraktivität des Monazits, Ber. d. d. chem. Ges. 38, 2334.
5. R. Schenk, Jahrbuch d. Radioaktivität und Elektronik II, 19.

Eine Vollständigkeit der Literaturangaben kann ich nicht verbürgen.

Zum Schlusse sei es mir gestattet, Sir William Ramsay auch an dieser Stelle meinen tiefgefühltesten Dank auszusprechen. Er hat mir während meines ganzen Aufenthaltes in seinem Institut in jeder Weise wertvolle Anregung und Unterstützung zuteil werden lassen und mir auch jetzt bei meinem Weggange aus London die Radiothorpräparate in hochherziger Weise noch weiter zur Verfügung gestellt.

Professor Trouton vom physikal. Institut bin ich für die Überlassung eines Raumes und von mancherlei Apparaten, seinen „Assistant Professoren" Mr. Porter und Mr. Eumorfopulos für liebenswürdigen Rat bei den physikalischen Messungen zu herzlichem Dank verpflichtet.

(Eingegangen 6. September 1905.)

Die Entdeckung des Radiothoriums, im Jahrbuch der Radioaktivität und Elektronik, 1905
(Erste und letzte Seite)

Ramsay schlug uns vor, diese beiden Elemente in ihren radioaktiven Eigenschaften miteinander zu vergleichen, um festzustellen, ob es sich um identische Produkte handele oder um verschiedene Elemente.

Die uns zur Verfügung gestellten Präparate wurden abwechselnd in Papier eingewickelt, in eine mit Watte gefüllte Glasröhre gelegt und Luft über das Präparat hinweg in eine Meßröhre geblasen. Einige Sekunden nach dem Einblasen der Emanation wurde die Erdleitung des mit dem Meßrohr verbundenen Quadrantelektrometers aufgehoben. Die Elektrometernadel schlug aus, doch ihre Geschwindigkeit wurde zunehmend geringer in dem Maße, wie die Emanation zerfiel. Nach etwa einer halben Minute kam die Nadel zur Ruhe; die Leitfähigkeit der Röhre wurde ziemlich konstant, entsprechend der entstandenen „induzierten Aktivität". Um den zeitlichen Verlauf der anfänglich schnellen Geschwindigkeitsabnahme feststellen zu können, haben wir nach gleichen, durch die Schläge eines Metronoms gekennzeichneten Zeitabschnitten von je 1,3 s die Stellung des Nadelbildes auf der Skala durch Bleistiftstriche markiert. Durch diese verhältnismäßig einfache Methode gelang es uns, die Halbwertszeit zu prüfen, und sehr bald konnten wir feststellen, daß das Actinium und das Gieselsche Emanium die gleiche Emanation emittieren mit einer Halbwertszeit von etwa 3,9 s.

Zur Sicherheit verglichen wir auch noch die „induzierte Aktivität", die sich aus diesen Emanationen entwickelt, also das, was man heute den aktiven Niederschlag nennt, und fanden auch hier die gleichen Werte[1]).

Wir konnten also durch diese vergleichenden Feststellungen den endgültigen Beweis dafür erbringen, daß das Actinium von Debierne und das Emanium von Giesel, die unabhängig voneinander entdeckt worden waren, identische Substanzen waren. — Da Debierne seine Veröffentlichung zuerst gemacht hatte, mußte der Name Emanium fallen, obgleich die chemischen Eigenschaften sicherer und genauer von Giesel bestimmt worden waren.

1. *Radiothorium*

Nach Abschluß dieser Versuche, die nicht sehr lange dauerten, ging ich an die begonnene Anreicherung des Radiums aus dem Bariumchlorid heran. Sehr bald stellte sich aber heraus, daß in dem für Radium gehaltenen Präparat noch eine andere radioaktive Substanz enthalten sein müsse. Ich fand in den Laugen der Fraktionierung, die also eigentlich nur noch Reste des Radiums enthalten sollten, außer der langlebigen Emanation des Radiums eine stark emanierende aktive Substanz, die die kurzlebige Emanation des Thoriums abgab. Die Dar-

[1]) *O. Hahn* u. *O. Sackur*, Ber. d. Dt. Chem. Ges. **38**, 1943—1945 (1905).

stellung dieser Substanz oder die Anreicherung geschah dadurch, daß aus den leichter löslichen Laugen, von denen das Radium im wesentlichen abgetrennt sein mußte, mit etwas Eisen ein Ammoniakniederschlag ausgefällt und dieser dann genauer untersucht wurde. Es stellte sich aber bald heraus, daß diese Art Fraktionierung, nämlich die Fraktionierung nach der Curieschen Methode, bei der sich dann am Ende dieses Thoriumemanation abgebende Präparat abschied, offenbar nicht gut zum Ziele führte, denn immer wieder, wenn ich eine Zeitlang fraktioniert hatte, fand sich in den Laugen wieder die Thoriumemanation, woraus ich also schließen mußte, daß meine Abtrennung aus den ersten Kristallen nicht quantitativ erfolgt war.

Später konnte ich die Ursache dieses merkwürdigen Verhaltens erklären. Das die Thoriumemanation abgebende Element wurde aus dem vermeintlichen Radium dauernd nachgebildet. Es gelang mir, ein Präparat anzureichern, das mehr als 100 000mal so stark war als die gleiche Menge Thorium. Der Schluß lag nahe, daß die neue Substanz ein Umwandlungsprodukt des Thoriums war, das Thorium selbst wohl strahlenlos sei. — Ich nannte sie Radiothorium[1]).

Ramsay hatte Interesse an meiner Arbeit, obgleich er sich mit den radioaktiven Arbeiten selbst nicht weiter beschäftigte.

Das Arbeiten im Ramsayschen Institut war damals nicht ganz einfach. Ich mußte ja einen Platz haben, an dem ich meine chemischen Arbeiten, und einen anderen, an dem ich meine Elektroskopmessungen machte, um den Stand der Anreicherung des Radiothoriums festzustellen. Und da hatte ich das Glück, daß Professor Ramsay so freundlich war, mir einen sogenannten master-key zu geben, einen Schlüssel, der die verschiedenen Institute des University College aufschloß, nicht nur das Chemische. Ich konnte im Physikalischen Institut des University College auch einen Tisch in einem Vorbereitungsraum bekommen, auf dem ich mein Elektroskop unterbrachte. Da es aber auch hier sehr schwer war, tagsüber wegen der Vorbereitung zur Vorlesung Messungen zu machen, konnte ich nunmehr mit Hilfe dieses master-keys, dieses Hauptschlüssels, auch nachts ins Physikalische Institut gehen. So habe ich einige Monate lang meine Messungen des nachts, meist zwischen 10 und 11.30 Uhr, vorgenommen. Dort war ich ungestört und konnte ruhig arbeiten.

Gegen Ende meines Aufenthalts fragte mich Ramsay, was ich eigentlich für meine Zukunft plane. Ich erzählte ihm von meiner Bewerbung als Chemiker bei der Firma Kalle & Co. in Biebrich.

Ramsay schlug mir vor, nicht in eine Industriestellung zu gehen, ich hätte doch hier ein neues radioaktives Element entdeckt und sollte bei der Radioaktivität

---

1) *O. Hahn*, Ber. d. Dt. Chem. Ges. **38**, 3371—3375 (1905). *O. Hahn*, Jahrbuch Radioaktivität und Elektronik **2**, 1—34 (1905).

bleiben; dies sei ein neues zukunftsträchtiges Arbeitsgebiet, und zwar solle ich nach Berlin mit der größten deutschen Universität gehen. Dort wäre auch für ein solch neues Gebiet die Möglichkeit zur Entwicklung.

Als ich ihm sagte, daß ich in Berlin keinerlei Bekannte hätte und niemanden, an den ich mich wenden könne, meinte er, er habe dort seinen Freund Emil Fischer, den Direktor des Chemischen Instituts. Er schrieb ihm folgenden Brief:

London, d. 26/3/05

Lieber Freund!

Es ist nicht passend zu lange zu vertagen ehe ich nochmals an Sie schreibe. Die Zeit vergeht, hauptsächlich wenn man beschäftigt ist, ohne daß man es merkt. Jetzt aber habe ich einen Grund für's Schreiben, was ich Ihnen erklären will.

Vor einem Jahr habe ich etwa 5 Centner eines Minerals aus Ceylon gekauft, seiner Radioaktivität wegen; nach wiederholtem Schmelzen mit $NaHSO_4$ *blieb ein Rückstand, der* SiO_2, $BaSO_4$ *etc. enthielt. Derselbe wurde mit* Na_2CO_3 *geschmolzen,* SiO_2 *entfernt, und dann die Karbonate mit* HCl *aufgelöst. Dann wurde mit* H_2S *gesättigt, und viel* PbS *und andere Sulfide wurden entfernt. Die Radiumhaltigen Karbonate wurden nochmals niederschlagen, und sodann in* HBr *aufgelöst. Die ersten Operationen wurden von Dr. Denis ausgeführt; und ich habe die Karbonate Dr. Hahn übergeben, damit er die Bromide bereiten sollte, und das* $RaBr_2$ *auskrystallisieren sollte. Schöne Krystalle von* $BaBr_2$ *schieden aus; aber er bemerkte, daß die Radioaktivität sich vermehrte, nicht nur in dem weniger löslichen Theil, sondern auch in dem löslichen Theil. Eine lange Geschichte zu verkürzen, genug es zu sagen, daß es ihm gelungen ist einen neuen Körper — etwa 40 mg. — zu trennen, welcher Thorium Emanation abgibt, und welcher etwa 250,000 stärker radioaktiv ist als das Thorium. In den letzten Tagen ist es ihm sogar gelungen zu beweisen, daß eine Emanation vorliegt; und eine theilweise Trennung von der Th.-emanation von der neuen gemacht. Also haben wir vermuthlich das Bestandtheil von Thorium isoliert, und auch einen neuen Körper. Ich bin sehr frappiert gewesen über die Kühnheit, Geschicklichkeit, und Ausdauer von Dr. Hahn. Natürlich habe ich täglich mit ihm über seine Probleme gesprochen; aber ich fühlte, daß mein Antheil in der Sache so gering ist, daß es nur billig war, daß Hahn allein darüber publizieren sollte. Also habe ich seine vorläufige Mittheilung an die Royal Society in seinem Nahmen allein "communicated"; es wird bald in den "Proceedings" erscheinen, und ich werde dafür sorgen, daß sie einen Abdruck senden.*

Nun an die Sache: Hahn hat in München, auch bei Zincke in Marburg studiert. Er möchte habilitieren, und ich glaube es wäre gut, wenn er dasselbe bei Ihnen macht. Wäre es möglich, daß er in Ihrem Laboratorium während ein paar Jahren arbeitet? Er ist ein netter Kerl, bescheiden, ganz zu vertrauen und hoch begabt; und er ist mir sehr lieb geworden. Er ist und will Deutscher bleiben; und er ist mit allen Untersuchungsmethoden der Radioaktivität vertraut. Würden Sie rathen, daß er zu Ihnen kommt? Ich weiß daß Sie Ihr Laboratorium so vielseitig wie möglich machen wollen; haben Sie eine Ecke für ihn? Ich glaube daß er genügend Geld hat um zwei Jahre auszuhalten; er möchte natürlich schließlich eine Stelle erwerben, entweder an der Universität oder in einer Fabrik. Ich kann ihn stark empfehlen als einen der besten Arbeiter den ich kenne.

Emil Fischer antwortete Ramsay freundlich und bestellte mich in den großen Ferien 1905 zu sich in seine Wohnung, um mit mir zu sprechen. Er sagte mir, ich könne bei ihm einen Platz bekommen, wenn auch nicht als Assistent bei den Studenten, ich hätte ja ein Spezialgebiet. Er wäre bereit, mir in dieser Beziehung zu helfen.

Ich wurde dann aber doch ängstlich und sagte ihm, dann wäre es ja wohl besser, wenn ich mich vorher noch etwas genauer mit der Radioaktivität beschäftige. Sir William Ramsay hatte zwar außerordentlich bedeutende Arbeiten über seine Entdeckungen der Edelgase gemacht, in der Radiumforschung war er aber doch nicht so firm, daß ich noch viel bei ihm hätte lernen können.

Ich fragte meine Eltern, ob sie bereit seien, noch die Kosten für einen weiteren Auslandsaufenthalt zu tragen, da ich ja dort keine Einnahmen hatte, was sie taten.

So wandte ich mich an den in der Radiumforschung schon damals führenden Professor Ernest Rutherford in Montreal in Kanada mit der Anfrage, ob ich bei ihm noch etwa einen Winter oder ein gutes halbes Jahr arbeiten könnte. Als Beweis, daß ich schon radioaktiv gearbeitet habe, gab ich an, ich hätte bei Sir William Ramsay ein neues radioaktives Element entdeckt, das ich Radiothorium genannt habe.

Rutherford schrieb mir freundlich zurück, ich möge kommen, und dann könnten wir alles Weitere besprechen.

2. *Rückblick auf London*

Wenn ich an meinen Aufenthalt in London zurückdenke, so muß ich sagen, daß er für mich ein großes Glück bedeutete. Durch die Tatsache, daß das auf reines Radium zu verarbeitende Bariumsalz aus einem auch thoriumhaltigen

Mineral stammte, habe ich zwangsläufig das Radiothorium entdecken müssen. Dies bedeutete — vor allem auch durch die offenbar gute Meinung, die Ramsay von mir hatte — den Übergang von der organischen Chemie zur Radiumforschung, den Übergang von der Stellung eines Chemikers in der Industrie zur Hochschullaufbahn.

Andere Herren, die als ausländische Gäste damals mit mir im Ramsayschen Institut arbeiteten, hatten weniger Glück. Der mit besseren allgemeinen, vor allem theoretischen Vorkenntnissen versehene Otto Sackur konnte aus seinem Mineral kein neues Element finden, denn es war keines drin. Und ein japanischer Professor Ogawa hatte besonderes Pech. Er hatte bei Ramsay eine Untersuchung unternommen, die ihn zu der Annahme führte, daß er wirklich ein neues Element gefunden habe, etwa dem Zinn ähnlich, aber von diesem zu trennen sei. Ramsay und Ogawa waren davon so überzeugt, daß Ramsay in der Royal Society darüber einen Vortrag hielt, das Element sollte Nipponium heißen, nach Nippon/Japan. Es konnte nicht bestätigt werden.

Man durfte damals solche Irrtümer nicht zu tragisch nehmen. Bevor man durch das Kernmodell der Atome wußte, daß es nur 92 verschiedene chemische Elemente in der Natur geben konnte, wurden gelegentlich immer wieder „neue Elemente" entdeckt.

Während meines Aufenthalts in London lernte ich durch Professor Ramsay z. B. einen Professor Baskerville kennen. Er fragte mich, ob ich eine Stellung in seinem Institut in den USA annehmen möchte. Professor Baskerville glaubte, das Thorium getrennt zu haben in Berzelium, Carolinium, Neuthorium. Die chemisch einander so ähnlichen „Seltenen Erden" verführten zur Suche nach ähnlichen Erscheinungen bei anderen Elementen.

Ramsay war ein großer Optimist. Von den wunderschönen Arbeiten über die Edelgase brauchte nichts zurückgenommen zu werden. Aber auf den ganz anderen Gebieten der anorganischen Chemie und der Radioaktivität hatte er nicht die Erfahrung, die ihn vor Irrtümern schützen konnte. Vor allem in der Radioaktivität war niemand da, mit dem er sachlich hätte diskutieren können.

Mir selbst, der von den Grundlagen der Radiumforschung trotz fleißiger Arbeit auch nur wenig wußte, wäre fast auch etwas sehr Peinliches passiert.

Ich machte meine chemischen Trennungen in dem alten, sehr bescheidenen im Souterrain befindlichen Laboratorium des Instituts, in dem noch eine ganze Anzahl älterer Studenten arbeitete. Das Labor hatte ein Glasdach mit rostigen Eisensprossen. Zur Abscheidung und Messung des aktiven Niederschlags meiner Thorpräparate machte ich gelegentlich einen Schwefelwasserstoffniederschlag. Es fiel mir auf, daß ich bei der Wiederholung dieser Reaktion nach einiger Zeit immer wieder den Hauch eines Niederschlags bekam. Woher konnte er kommen?

Als ich Ramsay diese Beobachtungen erzählte, meinte er: "that is a new stuff" aus meinem sich umwandelnden Radiothor. Er schlug vor, in der Royal Society darüber eine kurze Mitteilung zu machen. Ich wurde aber ängstlich und bat ihn, es nicht zu tun, ich sei meiner Sache nicht sicher. In Wirklichkeit war der neue Stoff ein Teil des nicht zu vermeidenden staubigen Schmutzes, der von dem rostigen Dach herunterfiel.

Wir waren uns damals noch nicht klar, daß meine Präparate mengenmäßig als Element unwägbar waren und daß Umwandlungen daraus natürlich noch viel unwägbarer sein mußten. Das neue Gebiet der Radiumforschung schien eben noch „voller Merkwürdigkeiten" zu sein, und die Grundlagen der Rutherford-Soddyschen Atomumwandlungstheorie waren in ihren Konsequenzen dem Chemiker noch nicht bekannt. Deshalb der Entschluß, zu Rutherford zu gehen.

Menschlich war Sir William Ramsay von großer Freundlichkeit und einem besonderen Charme.

Von großem Interesse war für mich eine Einladung durch Sir William zu der jährlich einmal von der Royal Society veranstalteten „Conversazione". Ein großes gesellschaftliches Ereignis der Mitglieder der Royal Society mit ihren Damen, bei denen neuere Apparaturen gezeigt und Entdeckungen erwähnt, also die Fortschritte der Wissenschaft demonstriert wurden. Ramsay bat mich, bei dieser Gelegenheit mein neues Radiothor durch die Wirkung seiner Emanation auf einen Zinksulfidleuchtschirm in einer kleinen Kabuse zu zeigen, die durch einen Vorhang verdunkelt wurde.

Mit dem ausgeruhten Auge im Dunkeln konnte man in der Tat die hin- und herwebende Emanation sehen. In der nur sehr notdürftig verdunkelten Kabuse, in die von außen Licht eindrang, konnte ein aus dem Hellen kommender Interessent aber wirklich kaum etwas wahrnehmen. Immerhin hatte ich dadurch Gelegenheit, so berühmten Menschen, wie Lord Rayleigh, dem Mitentdecker des Edelgases Argon, Sir William Huggins und einigen anderen wissenschaftlichen Würdenträgern vorgestellt zu werden.

Vielleicht war dies, zusammen mit einer Mitteilung von Sir William in der Royal Society, der Anlaß zu einer Londoner Zeitungsnotiz, die mir damals ein Freund zuschickte:

> *A new Element*
>
> Very soon the scientific papers will be all agog with a new discovery which has been added to the many brilliant triumphs of Gower-street. Dr. Otto Hahn, who is working at University College, has discovered a new radio-active element, extracted from a mineral from Ceylon, named Thorianite, and possibly, it is conjectured, the substance which renders thorium radio-active. Its activity is at least 250 000 times as great as that of thorium, weight for weight. It gives off a gas (generally called an emanation), identical with the radio-active emanation from thorium.

Another theory of deep interest is that it is the possible source of a radio-active element possibly stronger in radio-activity than radium itself, and capable of producing all the curious effects which are known of radium up to the present. The discoverer read a paper on the subject to the Royal Society last week, and this should rank, when published, among the most original of recent contributions to scientific literature."

Auch die Kollegen im Ramsayschen Institut waren uns Deutschen gegenüber freundschaftlich gesinnt; nicht nur bei Sir William und Lady Ramsay, sondern auch bei den anderen Herren wurden wir eingeladen. An einem kleinen Chor, der von Professor Baly aus Institutsangehörigen zusammengestellt war, durfte ich teilnehmen und altenglische Madrigale mitsingen. Bei solchen Gelegenheiten lernte ich auch Miss Ramsay, die spätere Lady Tidy, etwas näher kennen.

So war mein Aufenthalt in London trotz fleißiger Arbeit auch abwechslungsreich und schön.

Da man das Leben nicht immer von der ernstesten Seite ansehen sollte, seien am Schluß einige mehr fröhliche Erinnerungen wiedergegeben, die mit Wissenschaft aber wenig zu tun haben.

Schon bei meiner ersten Ankunft in London hatte ich ein kleines Abenteuer. Ein Bruder von mir, der vor mir in London gewesen war, hatte mich in dem boarding-house angemeldet, in dem er gewohnt hatte. Er hatte mir auch gesagt, in welchen Bus ich einzusteigen habe, um vom Bahnhof in die Regents Park Road zu dem boarding-house zu kommen.

Ich kletterte also in den Bus, und zwar in den oberen Teil des doppelstöckigen Fahrzeugs, um gleich etwas von London sehen zu können.

Meine Eltern hatten mir außer einem Kreditbrief ein paar goldene 20-Shillingstücke mitgegeben.

Die Omnibusfahrt kostete 2 pence. Ich gab dem Schaffner mein Goldstück. Er sah es an und gab es mir zurück. Er sagte etwas, was ich nicht verstand. Ich reichte ihm das Geldstück wieder, ich hatte nichts anderes. Der Schaffner sagte wieder etwas. Ich wußte nicht, was tun. Die Leute guckten. Da rettete mein roter Baedecker die Situation. Ein Herr kam zu mir und sagte mir auf deutsch, der Schaffner dürfe oben auf dem Bus kein Gold annehmen, da er es hier oben durch seinen Klang nicht prüfen könne. Er schenkte mir die 2 pence. Ich habe den freundlichen Deutschen gelegentlich wiedergetroffen.

Mein Englisch spielte mir noch mehrfach Streiche.

Ich ging in einen barbers shop, um mich rasieren zu lassen. Mit etwas blasiertem Gesicht sagte ich: "shave please". Der Friseur antwortete mir in deutsch: „Wünschen der Herr mit oder auch gegen den Strich rasiert zu werden?"

Eines Tages ging ich zu einem "stationer shop", um mir einige Briefmarken zu kaufen. In vielen dieser Läden verkauften hübsche junge Damen die Marken. Ich bat um "ten half past two penny stamps". Das Fräulein lachte mich aus. Two pence half-penny heiße es, nicht halb 3 Uhr stamps. Das fröhliche Lächeln der Dame veranlaßte mich, diese völlig falsche Übersetzung gelegentlich zu wiederholen. Auch andere junge Damen sollten ihre Freude haben.

Aber nicht immer war die Reaktion auf mein Englisch so freundlich.

Auf Veranlassung von Lady Ramsay oder ihrer Tochter war ich eines Abends zu einer größeren, ziemlich offiziellen Dancing-Party eingeladen. Wir tanzten auf schönen, weichen Teppichen. Ich wollte meiner Tanzpartnerin etwas Freundliches erzählen und sagte ihr: "You here in England you dance on the carpet. We in our country prefer to dance on the naked bottom." Das sollte natürlich heißen, auf dem blanken Boden oder Parkett. Die Dame machte ein entrüstetes Gesicht und ließ mich stehen.

Ich ging zu dem ebenfalls anwesenden Sohn von Ramsay und teilte ihm meine Betroffenheit mit. Nachdem ich ihm meine Unterhaltung erzählt hatte, lachte er und klärte mich über sehr anstößiges Englisch auf. — Mit der jungen Dame war es aus.

III

In Montreal bei Ernest Rutherford

(Herbst 1905 bis Sommer 1906)

Auf Grund der Zusage von Professor Rutherford fuhr ich im September 1905 zunächst nach New York, blieb dort zwei oder drei Tage und fuhr dann weiter nach Montreal.

Ich stellte mich Rutherford vor; er zeigte mir das Macdonald Physics Building und seine und seiner Mitarbeiter Arbeitsräume, die im wesentlichen im Keller des Instituts lagen.

Am nächsten Tage ließ sich Rutherford etwas über das „neue Element" erzählen. Er schien etwas skeptisch zu sein. Ich konnte ihn aber überzeugen, daß ich nicht nur das viel schneller zerfallende, von Rutherford und Soddy entdeckte ThX in Händen hatte, sondern etwas Neues. Später gestand mir Rutherford, daß er anfangs nicht an das Radiothor geglaubt hatte. Er wurde in seiner Skepsis bestärkt durch das Urteil seines Freundes B. B. Boltwood von der Yale Universität, der ihm geschrieben hatte: "The substance of Hahn appears to be a new compound of Thorium X and stupidity". Rutherford und Boltwood hatten zu den damaligen radioaktiven Erfahrungen des Ramsayschen Laboratoriums kein großes Zutrauen. Das Radiothor wurde auch von Boltwood bald anerkannt. Aber wegen seiner Halbwertszeit entspann sich eine Kontroverse, die hier kurz erwähnt sei, weil sie etwa ein Jahr später zur Entdeckung eines anderen „Radioelements", des Mesothors, führte. Aus meinen direkten Aktivitätsmessungen zog ich den Schluß, daß das Radiothor eine Halbwertszeit von etwa zwei Jahren haben müsse. Boltwood seinerseits prüfte eine Anzahl Thorsalze des Handels und fand diese, im Vergleich zur Aktivität der Thorminerale, zu schwach; offenbar war das für die Strahlung des Thors im wesentlichen verantwortliche Radiothor nur zu etwa 50 % in den Boltwoodschen Salzen anwesend. Bei einer Halbwertszeit von zwei Jahren für die fehlende Substanz mußte sich aber ihre Nachbildung in wenigen Monaten elektroskopisch feststellen lassen. Boltwood fand aber diese Zunahme nicht und schloß daraus, daß meine Halbwertszeitbestimmung nicht richtig sein könne; das Radiothor müsse viel stabiler sein. Da jeder von uns behauptete, recht zu haben, schlug Rutherford eine persönliche Aussprache vor. Diese fand statt, und im Laufe der Unterhaltung sagte ich Boltwood, unsere Versuche ließen sich vielleicht miteinander in Übereinstimmung bringen, wenn man die Hypothese aufstellen würde, daß zwischen dem Thorium und dem Radiothor ein unbekanntes Radioelement längerer Halbwertszeit vorkomme. Wenn diese langlebige unbekannte Substanz bei der Herstellung der Thorsalze abgetrennt werde, dann wäre die zu langsame oder gar nicht nachzuweisende Zunahme der Aktivität seiner

Salze zu verstehen. Boltwood wandte nichts dagegen ein, betonte aber das rein Hypothetische meines Erklärungsversuchs. Wir schieden in voller Freundschaft.

1. *Thorium C, Radioactinium*

Sir William Ramsay hatte mir das von mir abgeschiedene und teilweise angereicherte Radiothor zur weiteren Arbeit geschenkt; außerdem das Actiniumpräparat, mit dem Dr. Sackur und ich in London gearbeitet hatten, als wir die Identität des „Emaniums" von Giesel mit dem Actinium von Debierne festgestellt hatten.

Rutherford selbst war damals im wesentlichen mit dem Studium der α-Teilchen beschäftigt, der Feststellung des Verhältnisses ihrer Ladung zu ihrer Masse. Danach konnten sie entweder einfach geladene Teilchen der Masse 2 oder doppelt geladene Teilchen der Masse 4 sein. Deshalb interessierten ihn auch die α-Teilchen, die von meinem Radiothor emittiert wurden. Er schlug mir vor, die Reichweiten der α-Teilchen des aktiven Niederschlags, möglichst auch die der α-Strahlen von Radiothor und ThX, also den Muttersubstanzen des aktiven Niederschlags, festzustellen.

Die maximale Reichweite von Präparaten, die in sehr dünner Schicht vorliegen, kann man durch Szintillationen der α-Strahlen auf einem Zinksulfidschirm feststellen. Bei einem einigermaßen parallelen Strahlenbündel ergibt sich die Reichweite aus dem Aufhören der Lichtblitze. Schon nach dieser Methode konnte ich feststellen, daß die α-Teilchen des aktiven Niederschlags von Thorium noch wesentlich schneller waren als die bisher schnellsten, nämlich des Radium C; ihre Reichweite war viel größer.

Sehr viel genauer war aber die von Bragg und Kleeman angegebene Methode zur Bestimmung der Reichweite der einzelnen α-Teilchen, bei der die Ionisationsstärke eines parallelen α-Strahlenbündels als Funktion von der Entfernung des aktiven Präparats von einem flachen Meß-Kondensator bestimmt wird[1]). Aus den Versuchen von Bragg und Kleeman hatte sich ergeben, daß die α-Teilchen der einzelnen radioaktiven Elemente einheitlich sind und durch ihre charakteristische Reichweite identifiziert werden können.

Bei den Aufnahmen dieser Bragg-Kleeman-Ionisationskurven mit dem aktiven Niederschlag des Radiothors ergab sich das unerwartete Resultat, daß statt des einen vermuteten α-Strahlers, damals ThB, von etwa 1 h Halbwertszeit ein zweiter vorhanden war, nämlich der schon bei den Szintillationsmessungen nachgewiesene mit etwa 8,6 cm Reichweite. Der aktive Niederschlag, dessen Zusammensetzung als aus dem „strahlenlosen" ThA von 10,6 h und dem ThB von

[1]) *W. H. Bragg* u. *R. O. Kleeman,* Philos. Mag. (6) **8**, 726 (1904).

Montreal, 1905: Ernest Rutherford (1870 – 1937) im Kreise seiner Mitarbeiter.
Obere Reihe, von links: G. Dunn, R. Lawrence, B. Gordon, L. Levi, R. W. Boyle,
Mittlere Reihe: R. K. McClung, Otto Hahn, A. S. Eve.
Untere Reihe: Max Levin, H. T. Barnes, John Cox, Ernest Rutherford

Ernest Rutherford vor seiner Alphastrahlen-Apparatur im McDonalds Physics Building der McGill University, mit den „Röllchen" von Otto Hahn. (S. 32)

55 min Halbwertszeit angenommen war, enthielt also ein offenbar sehr kurzlebiges neues Produkt Thorium C. Versuche, den neuen α-Strahler von dem bekannten Teil des aktiven Niederschlags abzutrennen, waren fehlgeschlagen. Deshalb der Schluß auf seine Kurzlebigkeit. Die damals von mir als ThC bezeichnete Substanz heißt heute C', sie hat eine Halbwertszeit von $3 \cdot 10^{-7}$ s!

Da damals jedes neue radioaktive Umwandlungsprodukt als ein „Element" bezeichnet wurde, war das Thorium C das zweite „neue Element" aus der Thoriumreihe[1]). Die Versuche über die α-Strahlen der Thoriumprodukte wurden dann auf das α-strahlende Radiothor, das ThX und die Thoremanation ausgedehnt und mit den Ergebnissen von Bragg und Kleeman am Radium verglichen[2]).

Neben diesen Versuchen über die α-Teilchen der Thoriumreihe beschäftigte ich mich auch mit dem mir zur Verfügung gestellten Actinium. Und hier hatte ich das Glück, wieder ein neues Produkt aufzufinden, das bei den im Rutherfordschen Institut durchgeführten Untersuchungen über die Zerfallsprodukte des Actiniums übersehen worden war. Es stellte sich als ein Zwischenprodukt zwischen Actinium und Actinium X heraus, also ganz analog dem Radiothor als Zwischenprodukt zwischen Thorium und Thorium X. Ich nannte die Substanz Radioactinium; sie zerfiel unter Emission von α-Teilchen in 19,5 d in das länger bekannte Actinium X[3]) [4]).

Mit dem Radioactinium hatte ich Rutherford gegenüber einen kleinen Triumph. Er hatte mir anfangs das Radiothor nicht glauben wollen. Ich rächte mich für sein Mißtrauen und fand bei ihm etwas Neues, was seinem chemischen Mitarbeiter Godlewsky entgangen war. Sein anfängliches Mißtrauen gegen das Radioactinium konnte ich schnell entkräften.

Im Anschluß an die beiden ausführlichen Arbeiten über die α-Strahlen der Thorium-Umwandlungsprodukte machte ich nun noch eine entsprechende über die der Actiniumreihe. Interessant ist eine Tabelle dieser Arbeit, in der die Reichweiten der Actinium- und der Thoriumprodukte nebeneinandergestellt wurden.

Bereich der α-Partikel cm	Produkt	Bereich der α-Partikel cm	Produkt
4,8	Radioactinium	3,9	Radiothorium
5,50	Actinium B	5,0	Thorium B
5,8	Actinium-Emanation	5,5	Thorium-Emanation
6,55	Actinium X	5,7	Thorium X
		8,6	Thorium C

[1]) *O. Hahn*, Phys. Z. **7**, 412—419 (1906).

[2]) *O. Hahn*, Phys. Z. **7**, 456—462 (1906).

[3]) *O. Hahn*, Ber. d. Dt. Chem. Ges. **39**, 605—607 (1906).

[4]) *O. Hahn*, Phys. Z. **7**, 855—864 (1906).

Die viele Jahre später festgestellte Isotopie der nebeneinander stehenden Glieder deutete sich im Jahr 1906 schon an.

Außer den bisher genannten Arbeiten, die z. T. erst nach meiner Rückkehr nach Deutschland publiziert wurden, konnte ich mich in Montreal aber auch noch an dem damaligen Spezialarbeitsgebiet von Rutherford beteiligen, seinen elektromagnetischen und elektrostatischen Messungen der Ablenkung der α-Strahlen. Durch das starke Radiothorium, das ich aus London mitgebracht hatte, konnte der aktive Niederschlag des Thoriums ganz analog dem des Radiums untersucht werden. Bei der gemeinsamen Arbeit, die Rutherford und Hahn über "Mass of the α-Particles from Thorium" im Philos. Mag. Oktober 1906 publizierten, ist mein Verdienst aber nur die Hilfestellung und Gewinnung des aktiven Niederschlags aus dem Radiothor[1]).

2. *Rückblick auf Montreal*

Als wohl ältestem der noch lebenden Schüler von Rutherford aus seiner Zeit in Montreal sei mir erlaubt, einige persönliche Erinnerungen an meinen damaligen Aufenthalt hier aufzuschreiben.

Schon sehr bald nach meiner Ankunft im Rutherfordschen Laboratorium war ich glücklich über die Atmosphäre und den Arbeitsgeist im Institut. Die Zahl der Schüler von Rutherford war noch nicht groß. So konnte er sich um jeden Einzelnen kümmern, und er tat dies auch fast jeden Tag. Diese Schüler haben damals alle zu der stürmischen Entwicklung des neuen Forschungsgebiets in eigenen, aber von Rutherford angegebenen Arbeiten beigetragen. R. K. McClung arbeitete über die β-Strahlen, Howard Bronson machte Präzisionsbestimmungen der Halbwertszeit von aktiven Niederschlägen. Er sagte mir einmal, seine Kurven seien exakter als das Kurvenpapier, in dem er seine Meßwerte auftragen sollte, und er verzichtete dann auf das Kurvenpapier.

A. S. Eve untersuchte die Intensität der γ-Strahlen von Uran- und wohl auch von Thormineralien. Die im Institut von ihm hergestellten Elektroskope hatten aber keine genügend gute Isolation. Er mußte sie zu Hause anfertigen. Das Institut war für schwache γ-Strahlenwirkungen schon etwas zu sehr radioaktiv infiziert. Man war in dieser Beziehung noch nicht so ängstlich wie heute. Als mir Professor Rutherford einmal bei der Fixierung eines Elektrometers, das irgendeine Tücke zeigte, helfen wollte, hat er den Fehler behoben, den Apparat aber aktiv gemacht.

---

1) *E. Rutherford* u. *O. Hahn*, Philos. Mag. **12**, 371—378 (1906). Siehe „Collected Papers of Lord Rutherford of Nelson", Vol. I, S. 901, London und Braunschweig 1962.

Rutherfords Lieblinge waren eigentlich immer die α-Teilchen. Ich erinnere mich übrigens nicht, daß Rutherford während meines Aufenthalts in Montreal einen eigenen, wissenschaftlichen Assistenten gehabt hätte, der ihm bei seinen Arbeiten geholfen hätte. Außer dem Mechaniker des Instituts war sein Helfer ein junger Techniker namens Gordon.

Rutherford hatte seine Apparatur im Keller aufgebaut, mit der die elektrische und magnetische Ablenkung der Strahlenteilchen bestimmt wurde. Die Arbeiten hatten zunächst das Ergebnis, daß die α-Strahlen die Masse eines Atoms haben mußten, und zwar die Masse 2, wenn ihre Ladung gleich der des Wasserstoffs, also gleich 1, sei oder aber die Masse 4 bei doppelter Ladung des Teilchens.

In einer gemeinsamen Publikation von Rutherford und Soddy aus dem Jahre 1902 hatten diese Forscher aber schon das Helium, also die Masse 4, für wahrscheinlicher gehalten, weil Helium in allen radioaktiven Mineralien enthalten war.

Der *experimentelle* Nachweis der Bildung von Helium aus Radium wurde deshalb von Rutherford ins Auge gefaßt, und als im Jahre 1903 Soddy Montreal verließ und nach England ging, machten Rutherford und Soddy einen Arbeitsplan, wonach Soddy versuchen sollte, die Bildung von Radium aus Uran nachzuweisen – damals ein noch ungelöstes Problem, weil das langlebige Zwischenprodukt Ionium noch nicht entdeckt war –, während Rutherford versuchen wollte, die Bildung von Helium aus Radium festzustellen.

Ermöglicht wurden solche Versuche durch den deutschen Chemiker Professor Giesel, der als Mitarbeiter der Chininfabrik Buchler u. Co. in Braunschweig die kommerzielle Gewinnung von Radium zu einer Art „hobby" gemacht hatte und Radiumsalze zu dem erstaunlich niedrigen Preis von zunächst 10 Mark, dann 20 Mark pro mg (allerdings noch nicht hundertprozentig rein) in den Handel brachte. Einige Jahre später kostete das Milligramm schon 100 Mark.

So konnten 1903 Rutherford und auch Sir William Ramsay sich Radiumbromid für 1 £ pro mg kaufen.

Soddy, der damals bei Ramsay war, vergaß offenbar die Verabredung, die Rutherford mit ihm getroffen hatte. Aus einem Präparat von etwa 20 mg Radiumbromid konnten Ramsay und Soddy die Bildung von Helium aus dem Radiumpräparat spektroskopisch nachweisen. Rutherford lieh Soddy dann noch sein eigenes Radium zur Bestätigung dieser wichtigen Entdeckung.

Im Grunde seines Herzens hat Rutherford das nicht ganz der Verabredung entsprechende Verhalten von Soddy etwas geschmerzt. Es fiel mir in Montreal – also etwa zwei Jahre nach dieser Entdeckung – bei gelegentlichen Unterhaltungen auf, daß er in wissenschaftlicher Beziehung durchaus anerkennend, aber menschlich mit einer gewissen Zurückhaltung über Soddy sprach.

Über Ramsay äußerte er sich noch unbefangener. Ramsay hatte ja auch nach seinen glänzenden Arbeiten über die Edelgase bei seinen späteren Arbeiten über

Radioaktivität keine glückliche Hand mehr. (Deshalb auch Rutherfords Zweifel über die Entdeckung des Radiothors im Ramsayschen Institut.)

Mit größtem Respekt sprach Rutherford immer über J. J. Thomson, mit berechtigter Hochachtung auch über das Ehepaar Curie. Mit Henri Becquerel hatte er einmal einen wissenschaftlichen Disput gehabt, so daß er diesem Forscher vielleicht nicht ganz unparteiisch entgegentrat.

Sehr befreundet war Rutherford mit B. B. Boltwood, dem ausgezeichneten Radiochemiker und späteren Entdecker des Ioniums.

Von seinen Mitarbeitern während meiner Anwesenheit in Montreal stand ihm A. S. Eve am nächsten. Dessen hübsche und liebe Frau war eine Schwester von Rutherfords ehemaliger sehr guter Schülerin Miss Brooks.

Dankbarkeit und Freundschaft verband Rutherford mit dem offiziellen Direktor des Macdonald Physics Building, Professor Cox, der ein guter Lehrer, aber kein großer Forscher war, und der, nachdem er die erstaunliche Begabung des jüngeren Kollegen erkannt hatte, ihm alle Erleichterungen zur ausschließlich forschenden Tätigkeit bot.

Von ausländischen Gästen war vor meiner Ankunft der junge polnische Dozent Godlewski bei Rutherford gewesen, der ihn sehr schätzte.

Außer mir kam zur selben Zeit der junge Göttinger Dr. Max Levin nach Montreal, der sich ebenfalls in die Radioaktivität einarbeitete und sich später in Göttingen habilitierte. Aus familiären Gründen mußte er dann aber als junger Professor die Tuchfabrik seines Vaters übernehmen und ging damit der Wissenschaft verloren.

Verglichen mit späteren Zeiten waren die apparativen Hilfsmittel sehr einfach. Unsere β- und γ-Strahlen-Elektroskope stellten wir uns aus einer größeren Konserven- oder sonstigen Blechdose her, auf die eine kleinere Tabaks- oder Zigarettendose aufgesetzt war. Die Isolation des Blättchenträgers geschah mit Schwefel, denn Bernstein hatten wir damals noch nicht.

Das Evakuieren der Apparaturen Rutherfords bei seinen α-Strahlenversuchen geschah mit einer ziemlich altertümlichen Töplerpumpe, so daß der zu untersuchende aktive Niederschlag oft schon großenteils zerfallen war, bevor ein genügend gutes Vakuum erzeugt war.

Andererseits war das ganze Forschungsgebiet noch so neu, daß man auch mit primitiven Mitteln leicht Entdeckerfreuden erleben konnte.

In Montreal war Rutherford überall der neidlos anerkannte Führer der wissenschaftlichen Forschung. So konnte es vorkommen, daß bei einem der mit den Chemikern gemeinsam abgehaltenen Kolloquien etwa nach der Beendigung des Vortrages über ein rein chemisches Thema Rutherford irgendeine kurze Bemerkung machte, dann aber vergaß, was das Thema des Tages war und in seiner begeisternden Art plötzlich über seine neuesten Versuche über die von ihm so sehr geliebten α-Strahlen vortrug. Dann war alles andere vergessen.

Diese Begeisterung und die überschäumende Arbeitskraft Rutherfords übertrugen sich natürlich auf uns alle, und das Weiterarbeiten im Institut nach dem Abendbrot war eher die Regel als eine Ausnahme, wenigstens für uns Deutsche, die wir ja nicht beliebig lange in Montreal bleiben konnten.

Ziemlich häufig brachten wir die Abende auch in seinem Hause zu, wo natürlich auch fast nur "shop getalkt" wurde, nicht immer zur reinen Freude der gastfreien Mrs. Rutherford, die lieber Klavier spielte, ihren Mann aber schwer zum Zuhören brachte.

Rutherford konnte so herzlich lachen, daß es durch das ganze Institut schallte. Ich erinnere mich an eine Publikation des deutschen Chemikers Professor M. Marckwald, mit der ein langer Disput zwischen Marckwald und Frau Curie ihr Ende fand. Das von Frau Curie entdeckte Polonium war unabhängig auch von Marckwald entdeckt und von ihm als Radiotellur bezeichnet worden. Frau Curie hatte ihr Polonium als ein Wismut ähnliches Element beschrieben; dies stimmte nicht ganz. Der Name Radiotellur war chemisch gerechtfertigter. Schließlich stellte sich heraus, daß Polonium und Radiotellur identisch waren, und der Name Radiotellur mußte fallen, obgleich ja das Polonium ein höheres Homolog des Tellurs ist. Marckwald schloß seine Publikation mit dem bekannten Zitat aus Romeo und Julia: "What's in a name? That which we call a rose, by any other name would smell as sweet."

Als Rutherford dies las, freute er sich ungemein über diesen, wie er sich ausdrückte, so schönen Abgesang. Er ging im Institut herum und deklamierte überall mit seiner schallenden Stimme das Zitat, und wenn später der Name Marckwald fiel, wurde immer wieder an das Zitat erinnert.

Diese fröhliche, jugendliche Unbefangenheit war eine der Eigenschaften, die den Umgang mit Rutherford so beglückend machte.

Im Rauchen war Rutherford sehr groß. Pfeife und Zigarette lösten sich ohne längere Unterbrechung ab. Das Rauchen mußte nur einmal unterbleiben, nämlich als der sehr vermögende Tabakgroßhändler Macdonald, der Donator der "Macdonald Physics Buildings", seinen Besuch im Institut ankündigte. Niemand durfte da rauchen, auch Rutherford nicht. Macdonald, der durch Tabak reich gewordene Mäzen, war ein leidenschaftlicher Gegner des Rauchens.

Auf sein Äußeres legte Rutherford keinen besonderen Wert. Er war als junger Mann aus Neuseeland mit einem Stipendium zunächst nach England gekommen und von Haus aus mit Reichtümern nicht gesegnet. Eines Tages erschien ein Abgesandter der englischen Wochenschrift "Nature" in Montreal, um den prominenten Radiumforscher für diese Zeitschrift zu photographieren. Die Aufnahme geschah in dem Kellerraum des Instituts, wo Rutherfords α-Strahlen-Apparatur aufgebaut war. Als die erste Aufnahme entwickelt war, zeigte sich der Photograph von dem Bilde nicht befriedigt. Die äußere Aufmachung war für das vornehme englische Leserpublikum nicht elegant genug; nicht einmal ein paar Manschetten guckten aus den Ärmeln des Rocks hervor. So mußte ich ihm für die nächste Aufnahme meine „Röllchen" leihen. Aber in dieser zweiten Aufnahme war noch nicht genügend davon zu sehen. In der dritten Aufnahme kamen sie jedoch in ihrer ganzen Schönheit zur Geltung, und so hatte ich im Jahre 1906 die stolze Genugtuung, meine „Röllchen" in der „Nature" verewigt zu sehen.

Für einen jungen Deutschen, der vor mehr als 50 Jahren nach Montreal kam, war doch wohl manches anders, als er es von seiner preußisch-deutschen Erziehung her gewohnt war. Das zeigte sich an der Stadt selbst, am Verkehr mit gleichaltrigen oder älteren Kollegen und Kolleginnen, an der Liberalität, die kleine Schwierigkeiten abzubiegen verstand, was in unserem Autoritätsstaat damals unmöglich gewesen wäre.

Das Auffallende der Stadt selbst war die Tatsache, daß sie eigentlich — wenn man so will — eine Zwei-Sektorenstadt war, eine englisch-kanadische und eine französisch-kanadische. Die Grenzen gingen unsichtbar mitten durch die Stadt. Wenn man mit der elektrischen Bahn von dem englischen Teil in den französischen fuhr, dann bat der Schaffner auf der englischen Seite: "Tickets please, gentlemen"! Kam er an einer bestimmten Querstraße vorbei in den französischen Teil, dann rief derselbe Schaffner: «Les billets, Messieurs, s'il vous plaît»!

Eines Tages kam die französische Schauspielerin Sarah Bernhard nach Montreal zu einem Gastspiel, bei dem sie ihre berühmte Rolle als Hamlet spielte. Im englischen Teil große Reklame für diese einzigartige Gelegenheit; im französischen, sehr katholischen Teil an den Kirchen öffentliche Warnplakate vor dem Besuch des Theaters, in dem eine Schauspielerin in Hosen auftritt!

Im englischen Teil der Stadt befand sich die McGill-Universität, zu der das Rutherfordsche Macdonald Physics Building gehörte, im französischen Teil die katholische Laval-Universität. Diese Universitäten hatten wohl kaum eine unmittelbare Beziehung zueinander, niemals hörte ich aber von Rivalität oder Streitigkeiten.

Das Leben, wenigstens in den mit der Universität zusammenhängenden Kreisen, war sehr einfach und, was den Alkohol angeht, sehr mäßig.

Zu Rutherfords ins Haus kam kein Alkohol. Mrs. Rutherford war eine strenge Antialkoholikerin. Professor Eve, der meinen Freund Max Levin und mich öfter einlud, verschaffte sich bei einer besonderen Gelegenheit, z. B. meinem Geburtstag, eine Flasche Wein, um den beiden Deutschen eine Freude zu machen.

Emil Fischer (1852 – 1919) im Chemischen Institut der Universität Berlin, um 1905

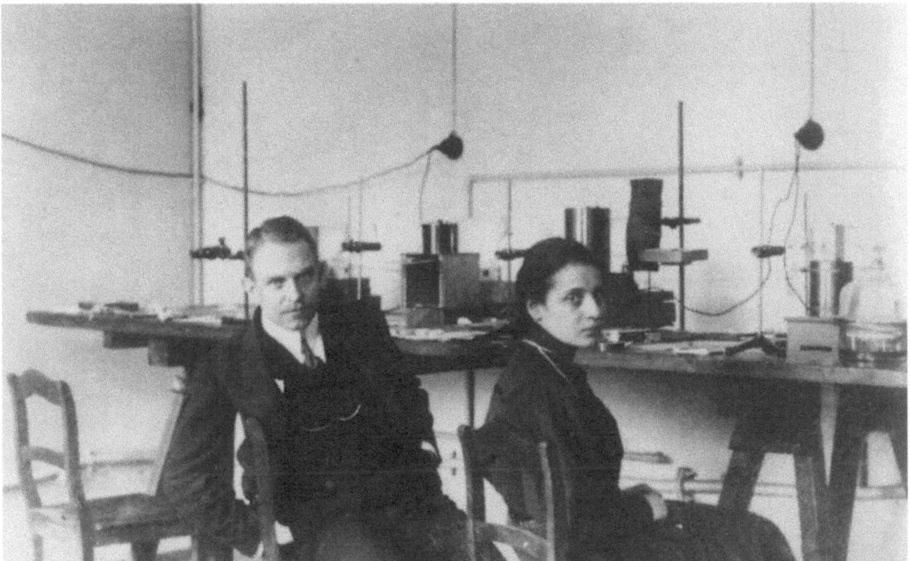

Otto Hahn und Lise Meitner in der „Holzwerkstatt" des Chemischen Instituts in der Hessischen Straße, Berlin, 1909

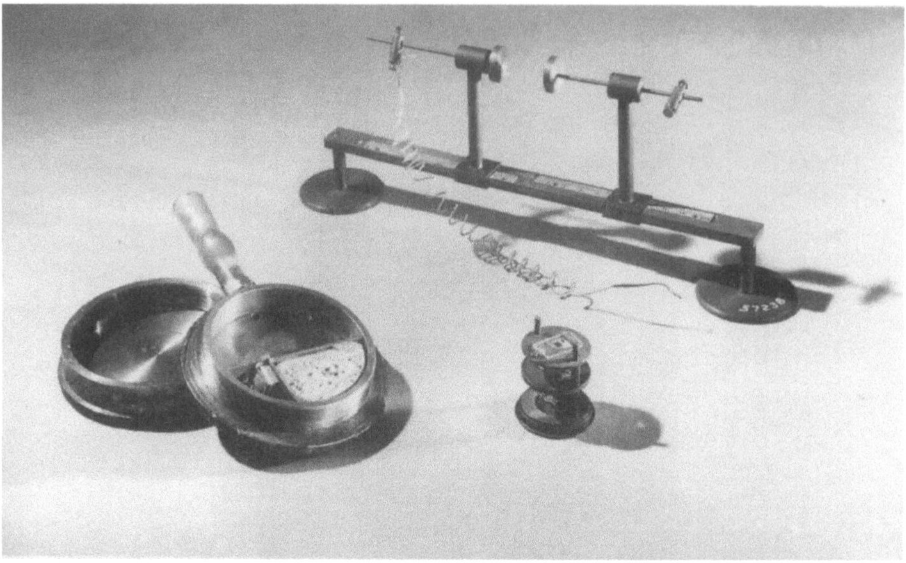

Apparatur von Otto Hahn zur physikalischen Abtrennung von Radiothorium und Mesothorium aus ihren Mutterelementen, 1909. –
Vorne: Zwei Betaspektrometer zur Analyse von Gemischen radioaktiver Ausgangs- und Folgeelemente, 1910. (In den Sammlungen des Deutschen Museums in München)

Starnberg, September 1910.
Von links: Otto Hahn, Bertram B. Boltwood, Ernest Rutherford, Otto von Baeyer

Größeren, gesellschaftlichen Verkehr hatte der Direktor des Instituts, Professor Cox, aber auch sonst der eine oder andere Professor, den wir durch Rutherford kennenlernten. Eine Abendeinladung im Winter ging dann etwa so vor sich, daß nach dem — alkoholfreien — Abendessen mit den eingeladenen Damen und Herren kleine Spiele arrangiert wurden. Eines bestand in einer Polonaise durchs Haus. Man passierte einen Raum, in dem an einem großen Gaslüster ein junger Mann stand, der beim Eintritt des Paares die Gasflammen des Lüsters zudrehte. Man schlurfte über den Teppich, lud sich elektrisch auf und mußte dann mit dem Finger durch den überspringenden Funken die Lampe wieder anzünden. Es war ja trockener Winter. Oder bei schönem Winterwetter wurden die einzelnen, durchs Los zusammengebrachten Paare mit Schneereifen, snow shoes — nicht Skis — bewaffnet, und man machte paarweise einen Spaziergang in die schöne Winterlandschaft. Nach einer Stunde traf sich alles wieder im Hause, und es gab noch eine Tasse Tee.

Das völlig unbefangene Leben damals, auch unter den verschiedenen Geschlechtern, zeigte sich mir auch dadurch, daß die junge Tochter von Professor Cox mich ein- oder zweimal abends ins Theater einlud. Natürlich ohne die Eltern, aber mit deren voller Zustimmung.

Das Leben in Montreal war zu jener Zeit nicht teuer. In meiner Pension zahlte ich pro Woche für Wohnung, Frühstück und Dinner 5 Dollars. Hinzu kamen 25 cents für Lunch, das wir mit Universitätsangehörigen einnahmen.

Übertrieben viel zu essen bekam weder ich in meiner Pension noch mein Freund Max Levin in seiner vornehmeren Pension für 6 Dollars pro Woche. Wir beschlossen deshalb, uns jeden Sonntagabend in dem ersten Hotel von Montreal, dem Windsorhôtel, gründlich satt zu essen, was mit einem Menu für 1 Dollar sehr schön erreicht wurde. Dazu tranken wir 1 oder gar 2 Fläschchen Schlitzbier, "the beer that made Milwaukee famous".

Nach ein paar Monaten hatten Herr Levin und ich uns so an das wenigere Essen in Kanada gewöhnt, daß wir das Menu am Sonntagabend nicht mehr brauchten. Wohl aber tranken wir gern unser Fläschchen Bier. Als wir nun an einem Sonntagabend in unserem Windsorhôtel das Bier bestellten, bedeutete uns der Kellner, es täte ihm leid, aber er dürfe Bier nur zum Essen servieren. Als er unsere Enttäuschung sah, meinte er: "Why don't you get just a ham sandwich?" Wir bestellten eins. Der Kellner ging zu einem der Nachbartische, holte ein dort stehendes, leicht vergilbtes Sandwich her und fragte: "Now, what do you want to drink?" Nach einiger Zeit wurde das Phantom eines Sandwichs wieder an einen anderen Tisch geholt.

Solche kleinen Hilfen boten sich immer wieder. Der Friseur in Montreal war am Sonnabendnachmittag sehr beschäftigt. Wir aber waren an den anderen Tagen fleißig im Institut und wollten nicht viel Zeit verlieren. Als ich dies dem Friseur einmal sagte, riet er mir, ich möge doch am Sonntagvormittag kommen. Auf meine Frage, da müßten doch alle Läden geschlossen sein, sagte er, er habe in seinem Unternehmen doch auch einen Zugang vom Hausflur.

Im Sommer 1906 verließ ich Montreal nach einer besonders schönen Zeit mit lieben Kollegen und einem Lehrer, dessen menschliche Freundschaft beglückte und dessen fanatischer Forschungsdrang sich auf seine Umgebung übertrug.

IV

Berlin – Im Chemischen Institut der Universität (1906 bis 1912)

Einleitung

Im Sommer 1906 kam ich von meinem fast dreivierteljährigen Aufenthalt in Montreal aus dem Institut von Professor Ernest Rutherford nach Deutschland zurück. Durch diesen Aufenthalt an der besten Quelle hatte ich die Grundlagen der neuen Wissenschaft „Radiumforschung“ ganz gut gelernt. Es waren auch ein paar Arbeiten von mir aus dem Institut erschienen oder sie waren im Druck.

Trotzdem sah ich mit etwas Sorge in die Zukunft. Würde es mir gelingen, ohne die großartige Anleitung von Rutherford allein und ohne Anregung älterer Kollegen in der Heimat festen Fuß zu fassen?

Aber ich hatte immerhin ein gewisses sicheres Arbeitsprogramm, so daß ich wegen eines Themas nicht in Sorge war. Sowohl beim Thorium als auch beim Radiothorium war noch nicht alles klar. Auch das Actinium bot, was seine chemischen Eigenschaften anbelangte, noch Möglichkeiten zu weiterer Untersuchung.

So kam ich also im Herbst 1906 in das Institut von Emil Fischer, der sich auf Grund des freundlichen Schreibens von Sir William Ramsay an ihn noch vor meiner Reise zu Rutherford bereiterklärt hatte, mich in seinem Institut aufzunehmen.

Nach einigen Überlegungen, wo ich unterzubringen sei, schlug er mir die im Souterrain des Instituts befindliche, mit einer Hobelbank als Hauptschmuck versehene „Holzwerkstatt“ vor. Der Raum war offenbar nicht mehr benutzt, und Emil Fischer meinte, hier sei ich ungestört, und ich könne mir den Raum nach meinen Wünschen einrichten. In den oberen Laboratoriumsräumen sei keine Möglichkeit für radioaktive Messungen; auch eine offizielle Assistentenstelle käme bei dem besonderen Arbeitsgebiet nicht in Betracht.

Die Hobelbank wurde entfernt. Stattdessen kam ein einfacher Tisch für Schreibarbeiten in den Raum und ein langer, schwerer Eichentisch zum Aufstellen der Elektroskope. Nach meinen Erfahrungen bei Rutherford ließ ich drei Elektroskope herstellen, eines für α-Strahlen-, eines für β-Strahlen- und eines für γ-Strahlenmessungen. Im Gegensatz zu Montreal, wo zur Elektroskopherstellung teilweise noch leere Konserven- und Tabakbüchsen und Schwefelperlen als Isolatoren für das Aluminiumblättchen verwendet worden waren, waren die Berliner Elektroskope schon schöne Messingkammern, und statt des für die Isolation nicht immer guten Schwefels benutzte ich Bernstein. Die Aufladung des Blättchens geschah mit Hartgummistäben, am Rockärmel gerieben.

Das Wichtigste zum Arbeiten war nun aber nicht die Einrichtung der Holzwerkstatt, sondern waren die radioaktiven Elemente, mit denen ich arbeiten wollte.

Wie stand es damals mit den radioaktiven Substanzen? Das Radium selbst konnte man — wie bereits erwähnt — nur an einer Stelle in der Welt kaufen, und zwar bei F. Giesel von der Chininfabrik Braunschweig. Mein erstes Präparat waren 2 mg à 100 Mark/mg. Nicht viel später kaufte ich mit Hilfe einer Berliner Stiftung noch 10 mg hinzu.

Beim Thorium habe ich einleitend schon das Radiothor erwähnt. Es war an Eisenhydroxyd gebunden und viele tausendmal stärker als gleiche Gewichtsmengen Thorium.

Neben den Produkten des Thoriums war ich auch im Besitze eines schönen Actiniumpräparats, ebenfalls von Giesel hergestellt und von ihm zunächst als Emanium bezeichnet. Einen Teil des Präparats hatte mir Sir William Ramsay geschenkt, nachdem mein deutscher Kollege Otto Sackur und ich, wie oben erwähnt, im Ramsayschen Institut die Gleichheit der beiden Radioelemente Actinium von Debierne und Emanium von Giesel bewiesen hatten.

Radioblei (Radium D) war in sehr verdünnter Form in beliebiger Menge als Bleichlorid aus Pechblende zu erhalten. Es war zur Abscheidung von RaE und RaF (Polonium) von Wert; stark aktives RaD, etwa durch Zerfall starker Ra-Emanationsquellen gewonnen, gab es damals noch nicht. Unnötig zu sagen, daß das Uran selbst, etwa als Uranylnitrat, in beliebiger Menge käuflich zu erhalten war.

Die damals einzige bekannte Umwandlung des Urans in Uran X war von Crookes und von Rutherford und Soddy genau studiert worden. Sie bot zunächst nichts besonders Interessantes. Dies wurde viele Jahre später sehr viel anders: durch das neue kurzlebige „Element" Uran X_2, durch dessen Isomeres Uran Z, durch die beiden Isotope Uran I und Uran II und das, was darauf folgte.

Nach meiner Diskussion mit Professor Boltwood in Amerika über die Halbwertszeit des Radiothors, über die unsere Meinungen ja ganz auseinandergingen, wollte ich einerseits die chemischen Eigenschaften von Thor und Radiothor prüfen, um zu sehen, wieso Boltwood an Radiothor schwächere Thor-Präparate hatte als diese dem Gehalt im Thoriummineral entsprachen; zugleich konnte dabei meine Hypothese geprüft werden, ob zwischen dem Thor und dem Radiothor vielleicht noch ein unbekanntes Zwischenprodukt vorkäme.

Ramsay hatte mir die Firma Dr. Otto Knöfler in Berlin als damals größte Thoriumproduzentin empfohlen, und ich habe mich gleich mit dieser Firma zwecks Lieferung von Thoriumpräparaten in Verbindung gesetzt.

1. *Mesothorium*

Auf Grund der Empfehlungen von Ramsay war die Firma Knöfler sehr hilfsbereit. Sie stellte mir alle Präparate, die ich haben wollte, gratis zur Verfügung. Und da fand ich dann bald die merkwürdige Tatsache, daß eine chemische Trennung des Radiothors vom Thorium offenbar nicht möglich war. Auch nach verschiedenen chemischen Methoden besonders gereinigte Thorsalze ließen keinerlei Abtrennung des „neuen Elements" vom Mutterelement erkennen. Aber eine andere Beobachtung konnte ich bald machen, und diese wurde nun wichtig für die Hypothese des unbekannten Zwischenproduktes. Ich ließ mir eine Reihe von Proben genau bekannten Herstellungsdatums geben, die die Firma zur Kontrolle der Reinheit ihrer Präparate und der Zuverlässigkeit ihres Produktionsganges zur Verfügung hatte. Da zeigte es sich, daß ganz frisch hergestellte Salze ebenso stark waren wie das unverarbeitete Thormineral, natürlich unter vergleichbaren Bedingungen bei gleichen Thormengen gemessen. In dem Maße aber, in dem die Proben gelagert waren, nahm die Aktivität der Salze ab. Präparate, die ein paar Jahre alt waren, zeigten nur noch etwa die Hälfte der Aktivität der frischen Salze.

Glücklicherweise hatte die Firma auch noch einige Präparate ihrer frühesten Produktion; sie waren 10 Jahre alt oder älter. Und diese Salze zeigten nun wieder eine höhere Aktivität, aber nicht so hoch, wie die ganz frischen Präparate.

Die Erklärung dieser Ergebnisse war nun sehr einfach. Bei der Abscheidung und Reinigung des Thoriums aus dem Mineral wird eine bisher unbekannte strahlenlose Substanz, und zwar die Muttersubstanz des Radiothors, vom Thorium abgetrennt; das Radiothor bleibt zunächst beim Thorium. Mit seiner Halbwertszeit von etwa 2 Jahren nimmt das Radiothor ab. Dieser Abnahme des Radiothors steht nun aber entgegen die Zunahme seiner Aktivität aus der unbekannten Muttersubstanz, die ihrerseits aus dem Thorium nachgebildet wird. Entsprechend dem Maße der Nachbildung der unbekannten Substanz findet die Abnahme des Radiothors also nur zu einem gewissen Betrage statt. Die Muttersubstanz hat eine längere Halbwertszeit als das Radiothor. Nach ein paar Jahren wird ein Minimum der Aktivität erreicht, dann beginnt über ein sehr flaches Minimum ein allmählicher Anstieg, der dazu führt, daß ein sehr altes Thorsalz wieder so stark aktiv ist, wie das frisch gewonnene. Das radioaktive Gleichgewicht zwischen Thorium, der neuen aus dem Thorium entstehenden Zwischensubstanz, und dem Radiothorium ist hergestellt, das Präparat nimmt mit der Zerfallszeit des Thoriums, also erst mit einigen Milliarden Jahren Halbwertszeit, ab[1]).

Die Kontroverse mit Professor Boltwood war mit der Existenz des Zwischenproduktes aufgeklärt. Boltwood hatte Präparate, die offenbar etwa drei Jahre alt

1) O. *Hahn*, Phys. Z. **8**, 277—281 (1907).

waren. Die Aktivitätsänderungen waren zu diesem Zeitpunkt so langsam, daß er sie nicht nachweisen konnte.

Ich nannte diese zwischen dem Thorium und dem Radiothorium einzufügende Zwischensubstanz Mesothorium.

Sehr bald konnte ich feststellen, daß das Mesothor als solches praktisch strahlenlos ist, aber ein β-strahlendes Zerfallsprodukt liefert, das mit einer Halbwertszeit von 6,2 h zerfällt[1]). Ich nannte die Substanz Mesothor 2. Ein einige Tage altes Mesothor ist also ein im radioaktiven Gleichgewicht stehendes Gemisch von Mesothor 1 und seinem Zerfallsprodukt Mesothor 2. Immer wenn man von Mesothor redet, das ein paar Tage alt ist, ist stillschweigend vorausgesetzt, daß es sich um das langlebige „strahlenlose" Mesothor 1 und sein kurzlebiges β-strahlendes Zerfallsprodukt Mesothor 2 handelt.

Zur genaueren Bestimmung der Halbwertszeit des Mesothors wurden die mir von der Fabrik zur Verfügung gestellten, verschieden alten, aber im Alter genau definierten Thoriumsalze zum Oxyd verglüht und in gleichmäßig dünner Schicht im α-Elektroskop gemessen. In einer zweiten Versuchsreihe wurde nicht das feste Oxyd, sondern eine genau dosierte Menge der wäßrigen Lösung unter identischen Bedingungen mittels eines konstanten Luftstroms auf ihren Gehalt an Thoremanation untersucht. Der äußere Verlauf der auf diese Weise erhaltenen Kurve war dem Kurvenverlauf der festen Oxyde analog, aber der Abfall der Emanation war größer als der der Oxyde. Die Kurven konnten indes zur Deckung gebracht werden, wenn man bei den Oxyden eine konstante α-Aktivität von etwa 17 % abzog. Die Erklärung dafür war die, daß nicht nur das Radiothor, sondern auch das eigentliche Thorium α-Strahlen emittiert, deren Anteil bei den verschiedenen Präparaten ja konstant ist.

Nachdem nach der Entdeckung des Radiothors zunächst angenommen war, daß das Thorium selbst strahlenlos sei und die Aktivität der Thorsalze nur von Radiothor und seinen Umwandlungsprodukten herrühre, wurde durch die oben angeführten beiden Meßreihen der Nachweis erbracht, daß sowohl das Thorium als auch das Radiothor α-Strahler sind.

Als Halbwertszeit des Mesothors errechnete ich aus den Kurven einen Wert von rund $5^1/_2$ Jahren, ein Wert, der auch unabhängig von McCoy und Ross gefunden wurde[2]).

Nach meiner ersten Mitteilung über das „neue Element", wie man es damals noch nannte, schrieb mir Professor Boltwood einen sehr freundlichen Brief und gratulierte mir, daß ich mit meiner Hypothese doch recht gehabt habe.

---

1) *O. Hahn*, Phys. Z. **9**, 246—248 (1908).

2) *O. Hahn*, Phys. Z. **9**, 392—404 (1908).

Besonders wichtig war es nun, das neue Produkt aus älteren Thorsalzen oder Thormineralien abzuscheiden und seine chemischen Eigenschaften festzustellen. Es zeigte sich schnell, daß das Mesothor bei seiner Abscheidung aus thorhaltigen Mineralien, z. B. Monazit, mit den Erdalkalien ausfiel. Da der Monazit neben seinen etwa 4—5 % Thoriumgehalt auch einen geringen Gehalt an Uran (etwa 0,3 %) aufwies, fiel das aus dem Uran entstehende Radium natürlich ebenfalls mit den Erdalkalien aus, und zwar mit dem Barium. Die erste Anreicherung des „neuen Elements" geschah also in derselben Weise, wie die des Radiums aus der Pechblende. Die Frage der technischen Herstellung wurde aktuell, denn das aus dem Mesothor entstehende Radiothor emittierte mit seinen Umwandlungsprodukten die gleichen drei Strahlengruppen wie das Radium, wobei die Reichweite der α-Teilchen des von mir in Montreal aufgefundenen ThC, heute ThC', noch größer ist als die des Radium C und die γ-Strahlen des aktiven Niederschlags beim Radiothor sich mindestens als so durchdringbar zeigten, wie die der Radiumprodukte.

Das Radium war im Jahr 1907, also zur Zeit der Mesothorentdeckung, schon recht teuer und in Krankenhäusern für Bestrahlungen sehr begehrt. Eine ungefähre Überschlagsrechnung brachte mir das Ergebnis, daß die Firma Knöfler & Co. bei ihrem damaligen Stand der Thorfabrikation in der Lage sein müßte, pro Jahr einige oder sogar mehrere Gramm Aktivität/Mesothor zu gewinnen. Dabei bedeutete 1 g Mesothor an Strahlenäquivalenz soviel wie 1 g Radium (die Bezeichnung 1 Curie für die Aktivität eines Radioelements, das 1 g Radium äquivalent ist, wurde erst in späteren Jahren geprägt). Die Firma ging auf meinen Vorschlag ein, die technische Herstellung des Mesothors neben der Gewinnung des Thoriums aufzunehmen. Ein guter anorganischer Chemiker, Dr. W. Metzener, wurde neu angestellt und im Laufe der Zeit mehrere Laboranten und Laborantinnen.

Ich selbst und Dr. Metzener bemühten uns nun, das Mesothor vom Radium zu trennen. Dies gelang uns aber nicht, und zwar ebensowenig, wie mir die Trennung des Radiothors vom Thorium gelungen war. Wir dachten an eine so nahe chemische Ähnlichkeit, wie man sie bei einigen Seltenen Erden beobachtet hatte, deren Reinherstellung ja zahlreicher fraktionierter Kristallisationen unter ganz bestimmten Bedingungen bedurfte.

Mit dem Mesothor erklärte sich jetzt auch die Entdeckung des Radiothors aus dem vermeintlichen Radiumpräparat, das mir Sir William Ramsay in London zur Herstellung eines reinen Radiumsalzes gegeben hatte. Das Präparat stammte aus einem Mineral, das sowohl Uran als auch Thorium enthielt. In dem mir übergebenen Bariumsalz war demnach nicht nur das aus dem Uran stammende Radium, sondern auch das aus dem Thorium stammende Mesothor enthalten. Aus diesem entstand das Radiothor, und bei der Fraktionierung des Bariums zur Anreicherung des Radiums wurde jedesmal die in dem Präparat aus dem Mesothor entstandene kleine Menge Radiothor abgetrennt. Mit ihm wurde auch das mit 6,2 h zerfallende Msth-2 vom Radium Mesothor entfernt. Es war keine Möglichkeit, auf diesem Wege das Mesothor nachzuweisen, es also damals schon aufzufinden. Die sogenannte Anreicherung des Radiothors in den Laugen der Radium-Barium-Fraktionierungen war eine typische Sisyphusarbeit; in gleichmäßigem Tempo bildete sich immer die Menge nach, die vorher abgeschieden worden war. Ich konnte dies natürlich nicht wissen, weil ja der regelmäßige Spender des Radiothors noch nicht bekannt war. Immerhin wunderte ich mich damals, daß mir die Abtrennung des Radiothors so schlecht gelang. In meiner ersten Mitteilung über das Radiothor findet sich der Satz: „Es stellte sich heraus, daß diese Fraktionierungsmethode auch nach sehr häufiger Anwendung noch bei weitem nicht endgültig zum Ziele führte." Wir wissen also jetzt den Grund.

Beim Mesothor fand ich mich mit der Tatsache ab, daß eine Trennung Radium—Mesothorium mit den uns bekannten Methoden nicht durchführbar sei, die Ähnlichkeit dieser beiden Elemente untereinander also noch größer sei als die der Seltenen Erden. Auf den Gedanken wirklich gleicher chemischer Eigenschaften, also gleicher Stellung im Periodischen System, kam ich nicht, genau so wenig wie bei der Ähnlichkeit Thorium—Radiothor.

Bei der von der Thoriumfirma nunmehr in großem Maßstabe betriebenen industriellen Herstellung des Mesothors wurde das in dem Mineral enthaltene Radium mit abgeschieden. Bei dem damals zur Thoriumherstellung verwendeten Monazitsand betrug der Radiumgehalt an äquivalenten γ-Strahlen 25 % der γ-Strahlung des Mesothoriums plus Zerfallsprodukten.

Die Entwicklung der Herstellungsmethoden starker, der Aktivität reiner Radiumsalze entsprechender Mesothorpräparate dauerte einige Jahre; die Verarbeitung im Großen geschah in der Fabrik, die Kontrolle des Anreicherungsprozesses führte ich in der Holzwerkstatt des Chemischen Instituts durch.

Die ersten, etwa 400 mg Radium entsprechenden reinen Mesothorpräparate (mit 25 % Radiumgehalt) fraktionierten später Lise Meitner und ich in einem unserer Holzwerkstatt benachbarten Raum im Souterrain des Chemischen Instituts. Besondere Schutzvorrichtungen gegen die Strahlen hatten wir nicht. Geschadet haben uns die Strahlen offenbar nicht, wenn man von kleinen Schäden an meinen Fingern der fraktionierenden linken Hand absieht.

Die Präparate kamen durch die Firma Knöfler in den Handel als Ersatz für das in der Medizin in zunehmendem Maße verwandte Radium. Das Radium kostete damals pro Milligramm 250 bis 300 Mark. Das Mesothor kostete halb soviel bei gleicher Strahlenintensität. Ein Nachteil der Mesothorpräparate bestand in ihrer nicht konstanten Aktivität. Durch die Entstehung des Radiothors aus dem Mesothor nimmt nämlich die Aktivität eines reinen radiumfreien Mesothors zuerst langsam zu, erreicht ein Maximum nach etwa 3,2 Jahren und beginnt dann allmählich abzunehmen. Nach etwa 10 Jahren erfolgt die Abnahme mit der Halbwertszeit des Mesothors.

Bei dem technischen Mesothor mit dem etwa 25 % konstant aktiven Radium an Strahlenäquivalent werden die Aktivitätsverhältnisse etwas besser. Das Maximum tritt nach derselben Zeit ein, aber das Abklingen ist langsamer. Nach 10 Jahren ist die Aktivität wieder etwa so groß wie zur Zeit Null, nach 20 Jahren halb so stark, schließlich bleibt das Radium allein übrig[1]).

Vor und während des ersten Weltkrieges war das Mesothor in Deutschland ein begehrter Ersatz für Radium. Die Strahlen waren qualitativ die gleichen.

Auch das Radiothor war ein ziemlich begehrtes Radioelement, vor allem in „hochemanierender" Form (näheres darüber später) als Quelle für den aktiven Niederschlag, das Thorium B (plus ThC etc.). Das leicht in unendlich dünner Schicht auf einer negativ geladenen Metallfolie erhältliche, mit der bequemen Halbwertszeit von 10,6 h zerfallende, die chemischen Eigenschaften des Bleis zeigende Präparat diente für zahlreiche Untersuchungen über das Verhalten des Bleis nach der von Hevesy und Paneth zuerst angegebenen Methode radioaktiver Indikatoren. Auch bei der Anwendung der radioaktiven Rückstoßmethode, auf die ich bei späterer Gelegenheit zu sprechen kommen werde, spielt das ThB eine Rolle.

Bevor ich meine Ausführungen über das Mesothor und die Thoriumprodukte abschließe, verdient erwähnt zu werden: 1. die Herstellung stärkerer Präparate von Ra-freiem Mesothor und 2. die Gewinnung eines kleinen Vorrats von praktisch radiothorfreiem Thorium. Beide Präparate haben bei der Auffindung der Uranspaltung, also mehr als 30 Jahre nach der ersten Herstellung des Mesothors, eine nicht zu unterschätzende Rolle gespielt.

Zu 1.: Für gewisse, rein wissenschaftliche Zwecke ist ein unmittelbar aus dem Mineral abgeschiedenes, also radiumhaltiges Mesothor nicht geeignet. Die Firma Knöfler hatte deshalb auf meinen Vorschlag schon ziemlich früh einen ziemlich großen Posten (ein paar hundert Kilogramm) von reinem Thoriumsalz aufgehoben und nicht in den Handel gebracht. Das Thoriumsalz enthielt also das Thorium und das Radiothorium; Mesothor und Radium sind abgetrennt. Aus dem Thorium entsteht nun das Mesothor, frei von Radium, und nach rund 6 Jahren — der Halbwertszeit des Mesothors — ist die Hälfte des Mesothors in dem Salz nachgebildet. Man kann also, nach einiger Zeit, etwa einem Jahr, eine gewisse Aktivität des nachgebildeten Mesothors gewinnen und in beliebiger Konzentration, weil es ja frei von Radium ist, anreichern. Solche Präparate dienten zu verschiedenen Untersuchungen, z. B. den β-Strahlarbeiten von Lise Meitner und mir, auf die später

---

1) *O. Hahn*, Chem. Ztg. **92**, 845—849 (1911).

eingegangen werden soll. Außerdem diente radiumfreies Mesothor später als Indikator für ein β-strahlendes Radium-Isotop bei den endgültigen Versuchen über die Entstehung von Barium aus Uran (Uranspaltung).

Zu 2.: Schon kurz nach dem Nachweis, daß neben dem α-strahlenden Radiothor auch das Thorium selbst eine charakteristische α-Strahlung aussendet, dachte ich daran, für alle Fälle ein radioaktiv reines Thorium ohne Radiothorgehalt zu gewinnen. Man konnte nie wissen, ob der reine α-Strahler vielleicht einmal eine Bedeutung erhielte. Das Mesothor läßt sich ja leicht vom Thorium trennen, das Radiothor aber nicht. Der einzige Weg zur Herstellung des gewünschten Thoriums war einfach, aber lang. Er bestand darin, aus einem Posten Thoriumsalz in regelmäßigen Abständen das nachgebildete Mesothor abzutrennen. Damit wird die Produktion von Radiothor unterbrochen, gleichzeitig zerfällt das ursprünglich im Thorium enthaltene Radiothor. Wir haben in Berlin-Dahlem viele Jahre lang diese Abscheidungen vorgenommen, anfänglich alle paar Monate, später häufiger. Das Ergebnis war ein Thorium, das nur noch etwa 1 % Radiothor enthielt, also sehr wenig β- und γ-strahlende Umwandlungsprodukte liefert.

Die Mühe wurde später belohnt. Bei den Versuchen über die Bestrahlung des Thoriums mit Neutronen konnten wir diesen reinen α-Strahler, praktisch frei von Radiothor und seinen β-strahlenden Umwandlungsprodukten, mit Erfolg verwenden. Daß wir auch die Spaltung des Thoriums mit unseren schwachen Strahlenquellen nachweisen konnten, war möglich durch die jahrelange Reinigung des Thoriums von den im Vergleich zur Aktivität unserer Spaltprodukte unvergleichlich viel stärkeren natürlichen Zerfallsprodukten, dem ThX und dem aktiven Niederschlag — wenn es sich um das gewöhnliche Thor + Radiothor gehandelt hätte. Hätten uns stärkere Strahlenquellen zur Verfügung gestanden, dann wäre die umständliche Entfernung der natürlichen Umwandlungen des Thoriums nicht nötig gewesen (darüber berichte ich später in dem Kapitel 'Thorium plus Neutronen').

2. *Die Muttersubstanz des Radiums*

Die Entdeckung des Radiums geschah aus Uranmineralien, und da man in der Natur das Radium nur in Verbindung mit Uran auffand, war ein genetischer Zusammenhang zwischen Uran und Radium schon bald nach der Herstellung des Radiums angenommen worden. Naturgemäß versuchte man deshalb, die direkte Entstehung des Radiums aus radiumfreien Uransalzen experimentell festzustellen. Dies gelang aber nicht. Aus der Halbwertszeit des Radiums konnte man ausrechnen, daß man die Entstehung des Radiums durch die sehr leicht nachweisbare Emanation schon aus 100 g Uran in einer Woche sicher hätte nachweisen können. Soddy, Boltwood und andere (1905) konnten aber zeigen, daß die Nachbildung nicht den tausendsten Teil der Menge betrug, die man erwarten konnte. Es mußte ein unbekanntes Zwischenprodukt von langer Lebensdauer zwischen dem Uran und dem Radium angenommen werden, das bei der Herstellung des Urans von diesem abgetrennt wurde. Der Fall war also ganz ähnlich dem bei der Entdeckung des Mesothors geschilderten.

Es gab mancherlei Hypothesen über die unbekannte Substanz; auch die Entstehung des Radiums aus Actinium wurde diskutiert.

Ich selbst war um diese Zeit (1907) weiter mit dem Mesothor und seinen Eigenschaften beschäftigt. Zufällig beobachtete ich bei diesen Arbeiten in einer größeren Menge eines reinen Thorsalzes die Anwesenheit kleiner Spuren von Radiumemanation, damit also auch von Radium[1]). Dies war auffällig, denn bei der Reinherstellung des Thoriums hätte in dem Thormineral eventuell vorhandenes Radium mit seinen ganz anderen Eigenschaften ja quantitativ abgetrennt sein sollen. Ich wiederholte die Messungen nunmehr mit Präparaten verschiedenen Herstellungsalters, die mir wiederum von der Firma Knöfler zur Verfügung gestellt wurden. In einem völlig frisch bereiteten Salz waren auch in 100 g kaum Spuren von Radiumemanation anwesend; in älteren Präparaten mit zunehmendem Alter aber immer mehr. Es ergab sich eine geradlinige Zunahme mit dem Alter. Nun wiederholte ich auch die Messungen an den frischen, radiumfreien Thorsalzen und fand auch hier eine kontinuierliche Zunahme. In den Filtraten der Thoriumfällungen ließ sich dagegen eine Zunahme nicht nachweisen. Der Schluß war nun sehr naheliegend: Das „reine" Thoriumsalz enthielt die lange gesuchte Muttersubstanz des Radiums, allerdings nur in sehr kleinen Mengen. Der Monazitsand, aus dem das Thor gewonnen war, enthält ja nur sehr wenig Uran.

In dem Teil der Uranpechblendeverarbeitung, der das eventuell vorhandene Thorium enthalten mußte, mußte also ebenfalls das „thorähnliche" unbekannte Element enthalten sein. Ich schrieb nach Österreich und bat um eine Probe des „Hydrats" aus der Radiumverarbeitung der Uranpechblende aus Joachimstal. Aber ich kam zu spät. Vor der Probe aus Österreich kam eine Notiz von Boltwood aus den USA in der Zeitschrift „Nature". Boltwood hatte die Substanz aus der Pechblendeverarbeitung beim Thorium gefunden; er hatte genau das gemacht, was ich nach meinen Erfahrungen mit den Thorsalzen machen wollte. Boltwood nannte das neue Element Ionium.

Aus der mehr als 50 % Uran enthaltenden Pechblende, resp. der die „Hydrate" bei der Verarbeitung enthaltenden Fraktion, die das Eisen, die Seltenen Erden und das Thorium enthält, konnte die Nachbildung des Radiums aus dem Thoriumanteil natürlich sehr leicht nachgewiesen werden. Als direkte Muttersubstanz des Radiums war das Ionium ein α-Strahler. Seine Halbwertszeit stellte

---

1) O. *Hahn*, Ber. d. Dt. Chem. Ges. **40**, 4415—4420 (1907).

sich zu 80 000 Jahren heraus. Diese lange Halbwertszeit erklärt, daß die Entstehung von Ra aus einer ioniumfreien Uranlösung natürlich sehr langsam erfolgt und zunächst nicht nachgewiesen werden konnte.

Der Nachweis des in dem Thormineral Monazit nur spurenweise enthaltenen Ioniums in dem chemisch reinen Thorium war für mich nun ein weiterer Beweis für die außerordentliche Ähnlichkeit mancher Elementgruppen; in diesem Falle Thorium, Radiothorium, Ionium. Dabei kamen immer mehr solcher Gruppen zutage. Ich konnte das ThX nicht von dem Mesothor I, also auch nicht vom Radium, abtrennen. Strömholm und Svedberg bewiesen 1909 die chemische Identität von Th X und Ac X. Hier hatten wir also schon eine Gruppe von vier untrennbaren Elementen: Ra, Msth, Th X, Ac X.

Heute kommt es uns unverständlich vor, daß man mit dieser Kenntnis nicht früher auf den Begriff der Isotopie kam. Es mußten noch Moseley kommen mit dem Begriff der Ordnungszahl, Rutherford mit dem Kernmodell des Atoms, Fajans, sowie Soddy und Fleck mit der radioaktiven Verschiebungsregel, bis Soddy das erlösende Wort sprach. Er hatte sicher nicht so viele negative Trennungsversuche gemacht wie ich, aber er hatte mehr Mut.

3. Arbeiten über β-Strahlen – mit Lise Meitner

Im Frühjahr 1907 hatte ich mich in Berlin bei Emil Fischer für Chemie habilitiert. Die vielen organischen Chemiker des Fischerschen Instituts nahmen meine ihnen zunächst etwas seltsam erscheinenden Arbeiten nicht recht ernst. Die radioaktiven Arbeiten hatten keine unmittelbaren Beziehungen zur normalen Chemie. (Ich erinnere mich an den mir hinterbrachten Ausspruch eines der chemischen Abteilungsleiter bei meiner Aufnahme als Privatdozent: „Es ist unglaublich, was sich heute alles habilitiert"!).

Besser stand es bei den Physikern. Ich ging regelmäßig in das Kolloquium des Physikalischen Instituts unter Professor Heinrich Rubens. Dort traf ich am 28. September 1907 eine junge Physikerin, die gerade aus Wien nach Berlin gekommen war: Lise Meitner. Sie wollte sich durch die Vorlesungen von Max Planck, dem theoretischen Physiker der Universität, noch etwas weiter ausbilden. Sie hatte 1905 promoviert. Ihre Doktorarbeit hatte sie bei Franz Exner in Wien gemacht. Das Thema der Dissertation hieß: „Wärmeleitung in inhomogenen Körpern."

Eine weitere Arbeit behandelte „Einige Folgerungen, die sich aus den Fresnelschen Reflexionsformeln ergeben".

Dann aber war sie an das Theoretisch-Physikalische Institut von Ludwig Boltzmann in Wien gekommen und lernte dort Stefan Meyer kennen, der damals

Assistent von Boltzmann war. Stefan Meyer führte sie in das junge Gebiet der Radiumforschung ein, und in kurzer Zeit lagen zwei Publikationen von ihr vor: „Über die Absorption der α- und β-Strahlen" (1906) und „Über die Zerstreuung der α-Strahlen" (1907).

Da Lise Meitner ihre Zeit in Berlin durch die Vorlesungen bei Planck für nicht genügend ausgefüllt betrachtete, entschloß sie sich, auch in Berlin experimentell zu arbeiten. Sie fragte den Direktor des Physikalischen Instituts, Professor Rubens, wen er ihr zur gemeinsamen Arbeit raten könne. Rubens schlug einige seiner Mitarbeiter vor, darunter auch mich, weil auch ich ja radioaktiv gearbeitet hatte. So kam sie zu mir, und aus einem auf etwa zwei Jahre geplanten Aufenthalt in Berlin wurden mehr als 30 Jahre gemeinsamer Arbeit und dauernder Freundschaft.

Der Start für Lise Meitner war zunächst nicht leicht. Emil Fischer, der Direktor des Chemischen Instituts, nahm damals studierende Frauen noch nicht in sein Institut auf. Unter der Bedingung, daß Dr. Meitner sich in den Experimentiersälen der Studenten nicht zeigen sollte, machte er ihr eine Konzession: In der „Holzwerkstatt" durfte sie arbeiten.

Im Herbst 1907 war das ein großes Entgegenkommen, besonders bei dem Fischer völlig fremden Arbeitsgebiet. Bei meinem Habilitationskolloquium im Frühjahr 1907 hatte Fischer mir noch widersprochen, als ich von den radioaktiv nachweisbaren, unwägbaren Mengen aktiver Substanzen gesprochen hatte. Er meinte, die kleinsten Mengen könne man durch den Geruch erkennen und erzählte von seinen Versuchen über die Nachweisgrenzen bestimmter, sehr stark riechender Kakodylverbindungen. Fischer wurde aber doch bald belehrt und war später auch Lise Meitner gegenüber hilfsbereit und väterlich freundlich. Die Verbannung in die Holzwerkstatt und später in einen weiteren Raum im Souterrain des Instituts blieb allerdings bestehen.

In der Holzwerkstatt konnten eigentliche chemische Arbeiten nicht durchgeführt werden. Da hatte ich aber das Glück, daß mir der Abteilungsleiter in der anorganischen Abteilung des Chemischen Instituts, Professor Alfred Stock, in einem seiner beiden Privatlaboratorien einen schönen chemischen Arbeitsplatz zur freien Verfügung stellte. Ich erinnere mich noch genau an den Raum. Auf einem erhöhten festen Tisch neben mir stand eine große Quecksilberwanne, die Stock für seine Gasarbeiten dauernd gebrauchte. Man hatte damals noch nicht die Gefahren des Quecksilberdampfes erkannt. Mich störte das Quecksilber neben mir ebenso wenig, wie es uns später im Physikalischen Institut gestört hat. Die zahllosen Quecksilberkügelchen in den Rillen der alten Fußböden des Physikalischen Instituts wurden zur Kenntnis genommen, aber nicht entfernt.

Professor Stock erkrankte später an einer Quecksilbervergiftung, und er verwandte dann seine ganze ihm noch gebliebene Energie zum Kampf gegen das unvorsichtige Arbeiten mit Quecksilber in den Laboratorien und gegen jede Art von Amalgamplomben.

Nachdem Lise Meitner sich zum Arbeiten mit mir entschlossen hatte, überlegten wir uns ein gemeinsames Arbeitsgebiet. Ein Teil ihrer Zeit war durch die Planck-Vorlesungen und -Übungen festgelegt, ein erheblicher Teil meiner Zeit durch die rein radiochemischen Arbeiten.

Aber es blieb noch genug Zeit übrig. Wir beschlossen, vergleichende Versuche über die Absorption der β-Strahlen der Radioelemente durchzuführen. Wie schon erwähnt, war ich im Besitz fast aller bekannten Radioelemente; aus den langlebigen Mutterprodukten konnte man die aktiven Niederschläge von Radium, Radiothorium, Actinium gewinnen. Kurze Zeit danach konnten wir von Professor Giesel eine große Menge Bleichlorid aus Pechblende für sehr wenig Geld erhalten. Das gereinigte Bleichlorid diente später für die Abscheidung von RaE und von Polonium.

Im Oktober 1907 haben Lise Meitner und ich unsere gemeinsamen Arbeiten begonnen. Der ursprüngliche Zweck war der, die β-Strahlen des neu entdeckten Mesothors (Mesothor 1 + Mesothor 2) mit denen des aktiven Niederschlags von Thorium auf ihre Absorption in Aluminium zu untersuchen, um dadurch einen Schluß auf ihr Durchdringungsvermögen und ihre Geschwindigkeit ziehen zu können.

Vorher schon hatte H. W. Schmidt die Ansicht vertreten, daß einheitliche β-Strahlen in ihrer Absorption durch Metalle einem Exponentialgesetz folgen und daß Abweichungen davon auf verschiedene Gruppen von β-Strahlen zurückzuführen seien. W. H. Bragg hatte dagegen eingewendet, daß es bei den Absorptionsmessungen sehr wesentlich darauf ankomme, ob die zu prüfenden Substanzen in dicker oder in dünner Schicht vorliegen. Nach Bragg durfte man bei einer in dünner Schicht vorliegenden Substanz ein einfaches Absorptionsgesetz nicht erwarten wegen der verschiedenen Wege der Strahlen in dem absorbierenden Metall.

Wir beschränkten uns nicht auf die β-Strahlen der Thoriumprodukte, sondern dehnten unsere Messungen auf noch andere uns zur Verfügung stehende β-Strahler aus, und zwar auf Uran plus Uran X, Radioblei plus RaE und RaE allein. Auch mit dem Radium selbst wurden einige vorläufige Versuche gemacht.

Bei der Zusammenfassung unserer Ergebnisse kamen wir zu dem Schluß, daß für die Absorption der β-Strahlen einheitlicher Radioelemente in Aluminium ein einfaches Exponentialgesetz gilt. Eine Ausnahme bildete allerdings das Mesothorium 2, aber wir waren unserer Erklärung von der Einheitlichkeit der Strahlen einheitlicher Produkte so sicher, daß wir das Nichtstimmen beim Mesothor 2 (Mesothorium 1 war ja praktisch strahlenlos) mit einer bis dahin nicht erkannten, komplexen Natur des Mesothors 2 erklärten.

Diese erste gemeinsame Arbeit von uns umfaßte in dem sehr großen Format der Physikalischen Zeitschrift mehr als 12 Druckseiten. Offenbar waren wir damals sehr fleißig[1]).

Ich habe diese Arbeit hier etwas ausführlich erwähnt, obgleich die Erklärung der Ergebnisse, zu denen wir damals kamen, sich Jahre später als irrtümlich herausstellte; trotzdem war diese Arbeit nicht überflüssig. Sie war die Voraussetzung für das Auffinden neuer β-Strahler, sie gab uns ein sehr bequemes Mittel zur ersten analytischen Festlegung radioaktiver Präparate, und sie war sozusagen das Geburtsdatum für die von Lise Meitner und ihren Schülern später mit so viel Erfolg durchgeführten wichtigen Arbeiten über β- und γ-Strahlen.

Die auf diese erste Arbeit folgenden weiteren Arbeiten schienen unsere Ansichten über das Absorptionsgesetz der β-Strahlen zunächst zu bestätigen. Beim Nichtvorliegen der erwarteten exponentiellen Abnahme suchten wir weitere, noch unbekannte Produkte und fanden z. B. beim Actinium das bisher übersehene AcC″[2]).

Daß wir so davon überzeugt waren, daß jedes β-strahlende Radioelement nur β-Strahlen einheitlicher Geschwindigkeit emittiert und als solches dadurch nachgewiesen werden kann, hatte seinen letzten Grund in dem Vergleich mit den α-Strahlen, deren Eigenschaften ich bei meinem Aufenhalt bei Rutherford in Montreal genauer kennengelernt hatte. Darüber sei noch einiges gesagt.

In einer sehr schönen Arbeit hatten Bragg und Kleeman (1904), wie oben schon erwähnt, nachgewiesen, daß die α-Strahlen einheitlicher Radioelemente eine für jedes Element charakteristische Reichweite haben[3]). Nach der Methode von Bragg und Kleeman hatte ich in Montreal im aktiven Niederschlag des Thoriums resp. Radiothoriums einen neuen α-Strahler großer Reichweite aufgefunden; ich hatte ihn ThC genannt, heute heißt er ThC′. Und in einer gemeinsamen Untersuchung von Rutherford und mir über die magnetische und elektrische Ablenkung der α-Strahlen von Thorium hatten wir die Einheitlichkeit der α-Strahlen des aktiven Niederschlags des ThB und ThC (heute ThC und ThC′) festgestellt. Diese Montrealer Erkenntnisse für die α-Strahlen glaubten Lise Meitner und ich auf die β-Strahlen übertragen zu können.

Bei den ziemlich verschlungenen Wegen in der weiteren Untersuchung der β-Strahlen der Radioelemente brachte das Jahr 1910 einen methodischen Fortschritt.

Da wir in unserer Holzwerkstatt keine Möglichkeit zu rein physikalischen Arbeiten hatten, verbanden wir uns mit Otto v. Baeyer vom Physikalischen Institut der Universität. Wir gingen zurück auf die Rutherfordschen Arbeiten

---

1) *O. Hahn* u. *L. Meitner*, Phys. Z. **9**, 321—333 (1908).

2) *O. Hahn* u. *L. Meitner*, Phys. Z. **9**, 649—655 (1908).

3) *W. H. Bragg* u. *R. O. Kleeman*, Philos. Mag. (6) **8**, 726 (1904).

über die Ablenkung der α-Strahlen. Die Versuchsanordnung war ähnlich der, die Rutherford zur magnetischen Ablenkung der α-Strahlen verwendet hat. Die aktive Substanz wurde auf einem dünnen Draht S (0,2 mm Durchmesser und etwa 2,5 cm Länge) gesammelt, der in eine entsprechende Rille gelegt wurde; parallel zu dieser befand sich 2,3 cm oberhalb ein Schlitz F von etwa 0,4 mm Weite und 2 cm Länge, der aus der Gesamtstrahlung der aktiven Substanz ein dünnes Strahlenbündel ausblendete. Über dem Schlitz war in 1,7 cm Entfernung eine photographische Platte P, mit der Schichtseite den Strahlen zugekehrt, angebracht.

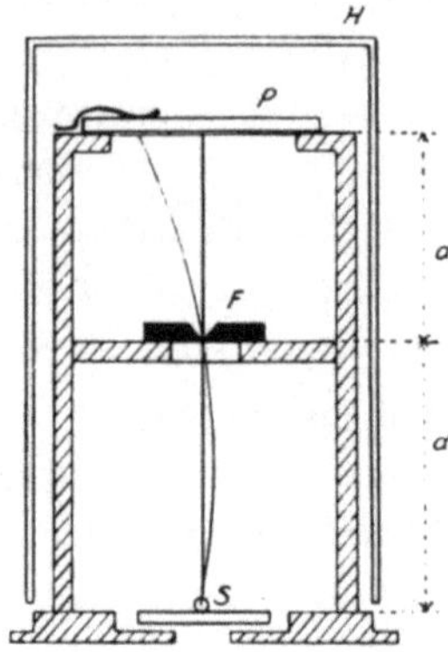

Abb. 1
Apparatur zum ersten Nachweis magnetischer β-Strahlspektren

Die Ablenkung wurde auf den Radiographien mit einem schwach vergrößernden Mikroskop durch den Abstand der abgelenkten β-Strahlen von den nicht abgelenkten α-Strahlen festgestellt.

Die erste Arbeit über „Magnetische Linienspektren von β-Strahlen" erschien unter dem Namen „Otto v. Baeyer und Otto Hahn" [1]. In dieser Arbeit glaubten wir noch, die Richtigkeit unserer Auffassung über die Homogenität der β-Strahlen einzelner Radioelemente bestätigt zu sehen. Das am klarsten erhaltene Bild des aktiven Niederschlags vom Thorium zeigte nämlich unserer Erwartung entsprechend zwei starke Hauptlinien, den beiden bekannten β-Strahlern zugehörig. Aber bei allen Versuchen waren auch noch schwache, viel stärker abgelenkte Streifen zu beobachten, für die eine Erklärung schwierig war.

Bei den dann folgenden Ergebnissen mit RaE und $Msth_2$ war die Erklärung noch schwerer. Neben verwaschenen Bändern beim RaE und $Msth_2$ fanden wir beim letzteren noch 4 scharfe, stark abgelenkte Linien. Woher diese kamen, konnten wir nicht entscheiden.

In den nun folgenden Arbeiten in Gemeinschaft mit Lise Meitner [2] [3]) konnten die Aufnahmen zunehmend verbessert werden, stärkere Präparate in dünnen Schichten gaben klarere Bilder. Die Abbildung 2 zeigt z. B. die magnetischen Spektren der β-Strahlen des $Msth_2$, dessen Abnahme und Umwandlung in die Folgeprodukte. Der anfangs schwache, nicht abgelenkte α-Strahl (Radiothor) wird deutlich sichtbar.

Unsere bisherigen Ansichten waren nun nicht mehr zu retten. Es war unmöglich, jeder β-Linie eine eigene Substanz zuzuordnen. Bei der Erklärung für unsere exponentiellen Absorptionen einheitlicher Substanzen war der Hauptirrtum wohl

1) *O. v. Baeyer* u. *O. Hahn*, Phys. Z. **11**, 488—493 (1910).

2) z. B. *O. v. Baeyer, O. Hahn, L. Meitner*, Phys. Z. **12**, 273—279 (1911).

3) z. B. *O. v. Baeyer, O. Hahn, L. Meitner*, Phys. Z. **13**, 264—266 (1912).

der, daß wir annahmen, wirkliche Absorption zu messen. Wir haben aber sehr wesentlich die Streuung gemessen, und zwar um so mehr Streuung, je weiter entfernt unsere Präparate vom Boden des Elektroskops waren. Dabei haben wir dauernd immer einerseits die langsamsten Strahlen am stärksten herausgestreut und die schnelleren dauernd verlangsamt, so daß die mittlere Geschwindigkeit der inhomogenen β-Strahlen sich nicht schnell änderte.

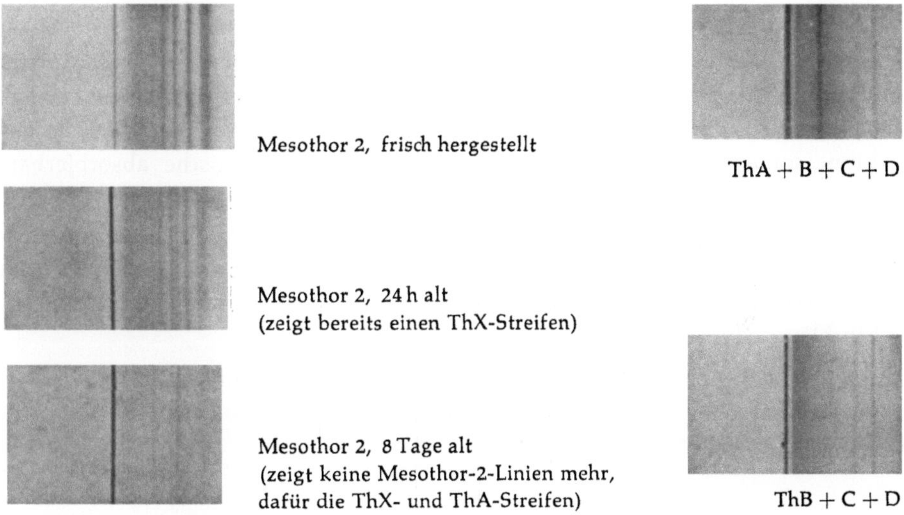

Mesothor 2, frisch hergestellt

Mesothor 2, 24 h alt
(zeigt bereits einen ThX-Streifen)

Mesothor 2, 8 Tage alt
(zeigt keine Mesothor-2-Linien mehr, dafür die ThX- und ThA-Streifen)

ThA + B + C + D

ThB + C + D

Abb. 2. Die β-Strahlen des Mesothors 2 und seiner Zerfallsprodukte

Wenn wir allerdings ein Gemisch von zwei β-Strahlen-Substanzen hatten, deren mittlere Strahlenenergie so verschieden ist, wie etwa die von Thorium B und Thorium C + C′, dann war auch die mittlere Streuung, die für homogene β-Strahlen homogen erfolgt, sehr verschieden für zwei solche Substanzen und ergab Abweichungen vom Exponentialgesetz, also den Hinweis auf mehr als eine Substanz.

Trotz des Irrtums in unseren Ansichten über das Absorptionsgesetz der β-Strahlen der Radioelemente hatten wir vom radioaktiven Standpunkt aus aber die Methoden der Herstellung der einzelnen Substanzen in dünnen Schichten, bei kurzlebigen in sehr kurzer Zeit, kennen und beherrschen gelernt. Analytisch erkannten wir aus ein paar schnell vorgenommenen Messungen der Absorption ohne Irrtumsmöglichkeit die Natur der verwendeten Substanz, und neue β-strahlende Körper wurden aufgefunden, wie die folgende Zusammenstellung ergibt:

Aktiver Niederschlag des Actiniums: das β-strahlende Produkt AcC von ungefähr 5 min Halbwertszeit, heute AcC″ mit 4,76 min Halbwertszeit.

Aktiver Niederschlag des Thoriums: ThD, heute ThC'', 3,1 min Halbwertszeit (zunächst durch die Rückstoßmethode, S. 54).

Aktiver Niederschlag des Radiums: RaC_2, heute RaC'', 1,3 min Halbwertszeit.

Ziemlich weiche β-Strahlen beim Thorium X.

Sehr weiche β-Strahlen beim Radium D.

Ziemlich weiche β-Strahlen beim eigentlichen Radium.

In einer Reihe von Mitteilungen (meist Phys. Zeitschrift) ist der Weg ihrer Auffindung im Einzelnen beschrieben. Beim Radium wurde nachgewiesen, daß die β-Strahlen nicht nur, wie bisher angenommen, vom aktiven Niederschlag herrühren, sondern daß das Radium selbst eine charakteristische absorbierbare β-Strahlung aussendet.

Schließlich wurde der Grundstock gelegt zu der später von Lise Meitner ausgesprochenen Unterscheidung der sekundären β-Strahlen mit ihren scharfen magnetischen Spektren gegenüber den verwaschenen Banden primärer Kern-β-Strahlen.

In der für physikalische Versuche gar nicht eingerichteten Holzwerkstatt konnten diese weiteren Versuche natürlich nicht durchgeführt werden, wohl aber später in dem neuen Kaiser-Wilhelm-Institut für Chemie.

4. *Radioaktiver Rückstoß*

Die Entdeckung der Rückstoßmethode ist ein Beispiel dafür, wie man aus zunächst nicht besonders interessanten, weil minimalen Abweichungen radioaktiver Messungen vom erwarteten Verlauf durch genaueres Zusehen zu interessanten Erkenntnissen kommen kann. Der Weg dazu sei deshalb hier etwas ausführlicher beschrieben.

In den Jahren 1907 und 1908 war bei dem „aktiven Niederschlag" des Actiniums von verschiedenen Forschern eine äußerst geringe Restaktivität beobachtet worden, deren Ursprung und Natur nicht geklärt werden konnten.

So berichteten Meyer und v. Schweidler in zwei Mitteilungen über ein Produkt des Actiniums, das sie beim Sammeln des aktiven Niederschlags von starken Actiniumpräparaten in sehr geringen Beträgen erhalten hatten. Wurden die zu aktivierenden Folien mehrere Monate lang der Emanation des Actiniums ausgesetzt, so blieb eine geringe Restaktivität übrig, nachdem der schnell zerfallende aktive Niederschlag verschwunden war. Die Stärke der Restaktivität ergab sich zu etwa 1/10000 der Anfangsaktivität des aktiven Niederschlags[1]).

---

1) *St. Meyer* u. *E. v. Schweidler,* Sitz.-Ber. Österr. Akad. Wiss. **114**, 1147—1158 (1906) Sitz.-Ber. Österr. Akad. Wiss. **116**, 315—322 (1908).

Meyer und v. Schweidler verfolgten auch das Abklingen der die Restaktivität bedingenden Substanz mit Hilfe der α-Aktivität und fanden eine Periode von rund 11,8 d, vermutlich auch noch Spuren einer noch langsamer abnehmenden.

Die Verfasser suchten nach einer Erklärung für ihre Beobachtungen und stellten folgende Möglichkeiten fest:

1. Es lagen ein oder vielleicht mehrere langsam zerfallende Produkte des Actiniums vor, etwa ein Actinium C oder C + D. (Das von uns entdeckte Actinium C mit einer Halbwertszeit von 5 min war damals noch nicht bekannt.)

   In diesem Falle mußte die ionisierende Wirkung der α-Strahlen des neuen Actiniumprodukts im Verhältnis zu der der anderen α-strahlenden Radioelemente aus irgendeinem Grunde äußerst gering sein und nur etwa den zehntausendsten Teil des normalen Betrages erreichen.
2. Es konnte ein Zerfallsprodukt eines noch unbekannten radioaktiven Elements sein, dessen chemische Eigenschaften mit denen des Actiniums übereinstimmten und das in geringer Menge im Actinium enthalten war. In diesem Falle rührte die Restaktivität also nicht vom Actinium selbst, sondern von einer Verunreinigung her.
3. Es konnte Actinium X vorliegen, dessen von Godlewski zu 10,2 Tagen bestimmte Zerfallsperiode mit der Periode der hypothetischen Substanz ja ziemlich nahe zusammenfiel. Meyer und v. Schweidler gaben aber diese dritte Möglichkeit auf, nachdem sie gezeigt hatten, daß Actinium X auch bei hoher Temperatur nicht verdampft.

Durch eine systematische Prüfung dieser Aktivität habe ich feststellen können, daß es sich dabei tatsächlich um das bekannte, dem Barium ähnliche Actinium X handelte. Es war zunächst völlig unverständlich, wie dieses nicht flüchtige Erdalkalimetall in den aktiven Niederschlag der gasförmigen Actinium-Emanation gelangen konnte, denn das AcX steht in der Zerfallsreihe *vor* der Emanation. Erhöhte Temperatur gab keine Erhöhung der minimalen, nur schwer nachweisbaren Menge; wohl aber wurde die Ausbeute bei dünneren Präparatschichten größer als bei dicken. Ähnlich wie beim Sammeln des aktiven Niederschlags an einer negativ geladenen Platte wurde auch bei der Restaktivität die Ausbeute an einer negativ geladenen Platte größer als ohne Feld oder gar an einer positiv geladenen.

Schließlich wurden etwa gleich dünne Schichten von Radioactinium, der Muttersubstanz des Actinium X, und das Actinium X selbst miteinander verglichen. *Die Restaktivität trat beim Radioactinium deutlich auf, sie war nicht nachweisbar beim Actinium X.* Das Radioactinium mußte also die Ursache für die Restaktivität sein, aber eine bisher unbekannte Emanation zwischen Radioactinium und Actinium wurde nicht gefunden.

Ich fand dann die Erklärung in den α-Strahlen des Radioactiniums, die ja, wie alle α-Strahlen radioaktiver Substanzen, mit großer kinetischer Energie aus dem aktiven Atom herausgeschleudert werden. Die Erklärung war die: „Das im Moment seiner Entstehung aus dem Radioactinium positiv geladene Actinium X-Atom erhält bei seiner Entstehung durch die α-Strahlen des Radioactiniums einen Rückstoß, der es aus dem Atomverband löst, und wird nach der negativen Elektrode transportiert. Beim Radioactinium ist die Wirkung völlig unabhängig von dessen Gehalt an AcX; das Radioactinium kann völlig frei sein von AcX." Hiermit war ein vor Jahren schon von Rutherford vorausgesagter Effekt, der radioaktive Rückstoß, experimentell aufgefunden[1]).

Es war etwas unüberlegt, daß ich meiner Arbeit den Titel gab: „Über eine neue Erscheinung bei der Aktivierung mit Actinium." Das sah so aus, als handele es sich bei der neuen Erscheinung nur um Actinium. Aber meine Gedanken waren damals so mit dem Actinium beschäftigt, daß ich an andere Elemente nicht gedacht habe.

Anders verhielt sich Lise Meitner, als sie mein Manuskript gelesen hatte. Sie sagte sofort: „Was Sie da beim Actinium mit Ihren nicht ganz dünnen Präparatschichten beobachtet haben, müßte doch mit den in unendlich dünner Schicht vorliegenden α-strahlenden aktiven Niederschlägen viel leichter nachzuweisen sein."

Ich hatte das Manuskript am 16. Januar 1909 in Druck gegeben. Weniger als eine Woche später, am 22. Januar 1909, trugen Lise Meitner und ich eine vorläufige Mitteilung in der Physikalischen Gesellschaft vor mit dem Titel: „Eine neue Methode zur Herstellung radioaktiver Zerfallsprodukte; ThD, ein kurzlebiges Produkt des Thoriums"[2]). Hier berichteten wir schon über die Herstellung von RaB durch Rückstoß der α-Strahlen des RaA, wir bestätigten durch Rückstoß die Existenz des von uns auf anderem Wege vorher entdeckten Actinium C, heute AcC", und beschrieben ein neues β-strahlendes Produkt als ThD, heute ThC", das wir statt eines erwarteten kurzlebigen α-Strahlers auffanden.

Den α-Strahler hatten wir gesucht, weil ich in Montreal beim aktiven Niederschlag des Thoriums einen neuen α-Strahler großer Reichweite, also vermutlich kurzer Lebensdauer, nach der Methode von Bragg und Kleeman nachgewiesen hatte. Obgleich wir unsere Messung nur wenige Sekunden nach Beendigung des Rückstoßversuches beginnen konnten, fanden wir keine α-Aktivität, sondern die neue unerwartete β-Aktivität von etwa 3 min Halbwertszeit, das obengenannte ThD. Den α-Strahler konnten wir getrennt von seiner Muttersubstanz nicht finden, denn seine Halbwertszeit ist — wie später von anderer Seite bestimmt wurde — nur $3 \cdot 10^{-7}$ s.

---

1) *O. Hahn*, Phys. Z. **10**, 81—88 (1909).

2) *O. Hahn* u. *L. Meitner*, Verh. Dt. Phys. Ges. **XI**, 55—62 (1909).

Die Rückstoßmethode hat sich dann weiter bewährt, und wir fanden auch im aktiven Niederschlag des Radiums noch ein neues Zerfallsprodukt, das kurzlebige β-strahlende RaC_2, das heutige RaC''[1]).

Die von Lise Meitner als Konsequenz meiner ziemlich verwickelten ersten Rückstoßversuche am Actinium vorgeschlagene, viel elegantere Anwendung des Rückstoßes für aktive Niederschläge hat sich also als sehr fruchtbar erwiesen. In unserer ersten Arbeit über die neue Methode hatten wir auch Andeutungen für den Nachweis eines sehr viel schwächer in Erscheinung tretenden β-Strahlenrückstoßes gemacht, der viele Jahre später von Lise Meitner und ihren Schülern genauer erforscht wurde.

Da hier eine Art historischer Rückblick auf lange Zeit zurückliegende Arbeiten gegeben wird, sei kurz die Frage diskutiert, wer den Rückstoß nachgewiesen hat. Als ich meine ausführliche Arbeit über den Rückstoß beim Actinium in der Deutschen Physikalischen Gesellschaft vorgetragen hatte und Professor Rutherford davon erfuhr, schrieb er mir, daß seine Mitarbeiterin Miss Brooks bei früheren Arbeiten am aktiven Niederschlag des Radiums auf Erscheinungen gestoßen sei, die auf einen Rückstoß von Restatomen zu schließen schienen. Mir war diese Arbeit nicht bekannt, aber in dem Lehrbuch von Rutherford über Radioaktivität 1904 findet sich unter der Überschrift „Flüchtigkeit des Produkts RaB bei gewöhnlicher Temperatur" ein Passus, in dem auf die Möglichkeit einer Rückstoßwirkung des α-strahlenden RaC hingewiesen wird, um einige schwer zu verstehende Beobachtungen erklären zu können. Es folgen dann aber die Sätze: „Jene sekundär erregte Aktivität läßt sich nach den Beobachtungen von Miss Brooks auf negativen Elektroden nicht konzentrieren, sondern sie verteilt sich auch im elektrischen Feld gleichmäßig auf alle im Aktivierungsraume vorhandenen Körper." Dies stand im absoluten Widerspruch zu meinen Versuchen am Actinium. Ich hatte festgestellt, daß sich das Rückstoßatom im negativen elektrischen Feld ansammelt: „Wird dagegen kein elektrisches Feld angelegt oder die Elektrode positiv geladen, so wird keine oder fast keine Restaktivität beobachtet."[2]) Noch klarer zeigten dies die Versuche von Lise Meitner und mir bei der Untersuchung der aktiven Niederschläge, wie dies die folgenden kleinen Tabellen aus unserer Arbeit wiedergeben.

Radium B aus Radium A durch Rückstoß

Angelegtes Feld . . .	— 220 V	0	+ 220 V
Gefundene Aktivität . .	100	2,06	0,27

Actinium C aus Actinium B durch Rückstoß

Angelegtes Feld . . .	— 220 V	0	+ 220 V
Gefundene Aktivität . .	100	1,32	nicht meßbar gering

1) *O. Hahn* u. *L. Meitner*, Phys. Z. **10**, 697—703 (1909).

2) l. c. *O. Hahn*, Phys. Z. **10**, 88 (1909).

Die Werte bei negativem Feld, die zu 100 angesetzt wurden, entsprechen mehreren Prozenten der Gesamtaktivität des aktiven Niederschlags.

Als Ergebnis dieser kurzen historischen Bemerkung können wir sagen:

Rutherford hatte schon früher an die Möglichkeit der Abtrennung radioaktiver Folgeprodukte aus α-strahlenden Muttersubstanzen gedacht und einige Unregelmäßigkeiten in dem Verhalten von RaB bei gewöhnlicher Temperatur auf eine mögliche Rückstoßwirkung bezogen. Da sich bei der Abscheidung seiner Aktivität aber keinerlei Unterschied zeigte, wenn zum Sammeln ein negatives oder ein positives Feld angelegt war, können seine Aktivitäten nicht durch Rückstoß erklärt werden. Der erste experimentelle Nachweis des radioaktiven Rückstoßes stammt also aus der „Holzwerkstatt" in Berlin.

Noch im Jahre 1909 erschienen von anderen Seiten eine ganze Anzahl von Arbeiten über die Rückstoßvorgänge mit genauen Angaben über Ausbeute, Energie, Beweglichkeit der Teilchen. Lise Meitner und ich haben später die Gewinnung des ThC'' aus dem aktiven Niederschlag des Thoriums als besonders eindrucksvolle und leichte Praktikumsaufgabe durchführen lassen.

Nach der Entdeckung der Neutronen und der künstlichen Radioaktivität wurde eine neue Art von Rückstoßerscheinungen von Szilard und Chalmers zuerst experimentell nachgewiesen. Szilard und Chalmers benutzten den Rückstoß, den das bestrahlte Atom bei einem (n, γ)-Prozeß erfährt, zur Abtrennung von den nichtbestrahlten Atomen[1]). Dieser Rückstoß genügt, daß die Bindung des bestrahlten Atoms in dem verwendeten Molekül aufgebrochen wird. In einem bestrahlten Aethyljodid, wo das Jod also in organischer Bindung vorliegt, wurde durch den γ-Rückstoß elementares künstlich aktives Jod freigesetzt; dieses aktive Jod ließ sich durch Schütteln mit Wasser von der organischen, im Wasser unlöslichen Jodverbindung trennen.

Auch im Kaiser-Wilhelm-Institut für Chemie wurden ähnliche Versuche durchgeführt. Schwefel 35 und Phosphor 32 konnten aus größeren Mengen Ausgangsmaterial in hoher Konzentration abgetrennt werden[2]).

Die Szilard-Chalmers-Methode zur Abtrennung künstlich aktiver Rückstoßatome hat eine große, auch praktische Anwendung gefunden. Sie führte bei den heutigen Möglichkeiten der Bestrahlung mit sehr starken Strahlenquellen zu einer einfachen Art der Synthese und Gewinnung radioaktiv markierter Substanzen, neuer chemischer Verbindungen, die auf andere Weise bisher noch gar nicht gewonnen werden konnten: durch den Rückstoß des γ-Quants wird die organische Bindung zerbrochen, aus den Bruchstücken entstehen neue Verbindungen.

---

1) *L. Szilard* u. *J. A. Chalmers*, Nature **134**, 463 (1934).

2) *O. Erbacher* u. *H. v. Laue-Lemcke*, Z. anorg. Chem. **259**, 249 (1948).

5. Vor 50 Jahren – Rückblick

Lise Meitner ist ein Beispiel dafür, wie schwer es Anfang unseres Jahrhunderts für Frauen war, die Hochschullaufbahn zu ergreifen. Ihre Schulausbildung war zunächst die damals für junge Mädchen aus gut bürgerlicher Familie übliche. Aber später bereitete sie sich doch durch Privatunterricht und für sich allein auf das Abiturientenexamen vor. Sie bestand es mit Auszeichnung. Dann studierte sie in Wien und war 1906 die zweite Frau, die als Physikerin an der Wiener Universität promovierte. Von Lise Meitners Arbeitsbeginn in der „Holzwerkstatt" habe ich eingangs gesprochen.

Allmählich sammelte sich um sie ein sehr netter Bekanntenkreis, vor allem mit den Assistenten des Physikalischen Instituts, James Franck, Gustav Hertz, Otto v. Baeyer, Peter Pringsheim, Erich Regener, Robert Pohl und Wilhelm Westphal. Sie alle sind sehr bekannte, ja berühmte Physiker geworden.

In zunehmendem Maße kam Lise Meitner Herrn und Frau Planck näher; später verband sie ein herzliches Freundschaftsverhältnis. Bei allen Sorgen und Nöten der späteren Jahre war Planck ihr Berater und väterlicher Freund.

Neben den Vorlesungen bei Planck, neben unserer Arbeit in der „Holzwerkstatt" verfaßte Lise Meitner regelmäßig physikalische Referate für die „Naturwissenschaftliche Rundschau", deren Redakteur Professor Sklarek ihr von Wien her bekannt war. Ich selbst besprach zusammenfassend die einschlägigen Arbeiten in der Zeitschrift für Elektrochemie. Später referierten wir alle Arbeiten für die „Fortschritte der Physik", sie die physikalischen, ich die mehr chemischen. Das war damals noch nebenbei möglich. Wie sieht es heute dagegen aus!

Lise Meitners Referate in der „Naturwissenschaftlichen Rundschau" waren offenbar so gut, daß eines Tages der Redakteur von Brockhaus' Konversationslexikon den Professor Sklarek bat, ihm die Adresse des Herrn Meitner zu geben, weil er einen Artikel für sein Lexikon wünschte. Professor Sklarek antwortete und erwies den Herrn Referenten als weiblichen Geschlechts.

Der betreffende Redakteur schrieb sehr energisch zurück, er könne nicht daran denken, einen Artikel von einer Frau zu bringen!

Habilitieren konnte sich Lise Meitner in den Jahren vor dem ersten Weltkriege nicht, denn weibliche Privatdozenten gab es damals in Berlin noch nicht. Aber Planck, der schon bald auf sie aus ihren Seminararbeiten bei ihm aufmerksam geworden war, machte sie im Herbst 1912 zu seinem Assistenten am Institut für theoretische Physik an der Berliner Universität. Meiner Erinnerung nach war sie eine der ersten weiblichen preußischen Assistentinnen. Lise Meitner behielt diese Stellung drei Jahre lang. Vom Juli 1915 bis Herbst 1917 war sie an österreichischen Frontspitälern als Röntgenologin im Felde tätig. Im Lichterfelder Krankenhaus hatte sie vorher einen Röntgen- und einen Anatomiekurs absolviert.

Nach dem ersten Weltkrieg wurden auch Frauen zur Hochschullaufbahn zugelassen, und so konnte sich Lise Meitner an der Universität Berlin für Physik habilitieren. Von dem sonst notwendigen Prüfungskolloquium wurde sie befreit. Aber der Begriff der „wissenschaftlichen Frau" war manchen doch noch etwas unheimlich. Lise Meitners Antrittsvorlesung behandelte die damals noch ziemlich rätselhaften „Probleme der kosmischen Physik". Dem Berichterstatter für die Zeitung schien dieses Thema für eine Frau offenbar zu unweiblich. Er nannte den Vortrag deshalb „Probleme der kosmetischen Physik".

Dabei wuchs Lise Meitner bei all ihrer Bescheidenheit immer mehr in die Würde eines Professors hinein, auch in die damals noch sprichwörtliche Zerstreutheit des deutschen Professors. Bei einem Kongreß begrüßte sie ein Kollege, indem er ihr sagte: „Wir haben uns ja früher schon kennengelernt." Lise Meitner, die sich nicht erinnerte, antwortete: „Sie verwechseln mich wohl mit Professor Hahn!" Weil wir so viele Arbeiten gemeinschaftlich veröffentlicht hatten, hielt sie diese Verwechslung offenbar für möglich.

Doch wieder zurück zu der Zeit vor 50 Jahren. Obgleich die Rutherford-Soddysche Zerfallstheorie mit ihrer wunderbaren Beweiskraft schon mehrere Jahre alt war, war die Kenntnis über die umwälzenden Änderungen in der Definition des chemischen Atoms noch durchaus nicht überallhin vorgedrungen; vor allem die Chemiker waren sich nicht klar über die unendlich kleinen Gewichtsmengen, um die es sich bei den meisten radioaktiven Elementen handelte und die man trotzdem als chemische Elemente in ihren chemischen Eigenschaften genau beschreiben konnte. Man mußte die radioaktiven Zerfallsgesetze kennen, um zu verstehen, daß etwa das aus dem Uran in einfachster Weise abtrennbare β-strahlende Uran X niemals in wägbarer Menge gewonnen werden kann, resp. wenn dies möglich wäre, daß es dann, bei gleichem Gewicht, mehr als 10000mal so stark wäre wie reines Radium. Es fiel den Chemikern schwer, diesen sich umwandelnden, unsichtbaren Substanzen den Rang geheiligter chemischer Elemente beizulegen.

In den ersten Jahren nach der Entdeckung der Emanationen des Radiums, Thoriums, Actiniums wurden die in der Umgebung dieser Emanationen nachweisbaren Effekte allgemein als „induzierte Aktivität" bezeichnet. Erst durch Rutherford und Soddy erkannte man die materielle Natur der induzierten Aktivität und nannte sie dann „aktiven Niederschlag".

Ich nannte in meinen ersten Arbeiten den active deposit „aktiven Beschlag" (was mir auch heute noch besser gefiele). Aber der deutsche Übersetzer des Rutherfordschen Lehrbuches der Radioaktivität übersetzte in „aktiven Niederschlag", und dabei blieb es dann.

Im Frühjahr 1907 fand in Hamburg eine Tagung der „Deutschen Bunsengesellschaft" statt. Hauptthema war die „Radioaktivität". Ich war zu einem der

Hauptvorträge eingeladen und sprach über die Atomzerfallstheorie und ihre Konsequenzen. Es entspann sich eine lebhafte Diskussion, bei der sich u. a. der bekannte Physikochemiker Geheimrat Tammann noch gegen die elementare Natur des Radiums aussprach und andere Erklärungsversuche vorbrachte. Ich widersprach ziemlich temperamentvoll, denn ich kam ja von der besten Quelle, von Professor Rutherford. In einer Pause zwischen den Vorträgen riet mir mein Freund Max Levin, mit dem zusammen ich bei Rutherford gewesen war, ich möchte doch etwas vorsichtiger diskutieren. Er habe gerade gehört, wie ein Professor einen anderen Professor gefragt habe, wer ich denn sei. Die Antwort war: „Das ist so ein anglisierter Berliner". In dem demokratischen Kanada bei Rutherford hatte es diese Rücksichten des jungen Unbekannten gegenüber dem berühmten bekannten Forscher nicht gegeben. Tammann selbst war übrigens gar nicht böse über mich.

Auf demselben Bunsenkongreß trug F. von Lerch — damals bei Nernst in Berlin — über die von ihm aufgefundene Methode der Abscheidung des Radiums C auf einem Nickelblech vor. Er beschrieb dabei die außerordentliche Empfindlichkeit radioaktiver Messungen mit folgenden Sätzen:

„Wenn wir 1 mg Gewicht RaC an alle auf der Erde lebenden Menschen verteilten (etwa 2000 Mill.), so würde die Substanzmenge, die jeder einzelne erhält, dazu hinreichen, um fünf Elektroskope im Bruchteil einer Sekunde zum Zusammenklappen zu bringen."

Selbst auf Nernst machte dieses schöne Beispiel einen großen Eindruck, und die frühe Berufung F. v. Lerch's auf einen Lehrstuhl an der Universität Innsbruck war nicht zum wenigsten seiner Mitteilung über die so leichte Nachweisbarkeit des RaC auf Nickel und die dabei in Frage kommenden Gewichtsmengen zu verdanken.

6. *Ausklang aus der „Holzwerkstatt" – Gründung der Kaiser-Wilhelm-Gesellschaft*

Die von Emil Fischer beim Eintritt von Lise Meitner ins Chemische Institut gemachte Bedingung, daß sie die Arbeitssäle der Studenten nicht besuchen solle, wurde zunächst strikt eingehalten. Aber Fischer fing doch bald an, sich für unsere Arbeiten zu interessieren und uns zu helfen, wo er konnte. So überließ er uns nach ein paar Jahren neben der Holzwerkstatt einen zweiten Raum, den wir zum chemischen Arbeiten einrichten konnten. Mit meinem Arbeitsplatz im Privatlabor von Professor Alfred Stock, der mir auch von seinem Nachfolger, Professor Franz Fischer, bereitwillig weiter zur Verfügung gestellt wurde, hatte die kleine „radioaktive Gruppe" also drei Räume zur Verfügung. Dazu kamen noch zwei Arbeitsplätze meiner ersten beiden Doktoranden Ernst Telschow und Martin

Rothenbach. Lise Meitner konnte sich nun auch an rein chemischen Arbeiten praktisch beteiligen, z. B. bei der fraktionierten Kristallisation mehrerer hundert Milligramm starker Mesothorpräparate.

Das Fraktionieren ohne besondere Vorsichtsmaßregeln hat uns offenbar nichts geschadet, wenn man von kleinen Schäden an den den Strahlen am meisten ausgesetzten Fingern absieht. Dabei enthielten ja die technischen Präparate etwa 25 % Radium — herrührend von dem Urangehalt des Monazitsandes —, so daß wir beim Fraktionieren dauernd auch Radiumemanation einatmeten.

Diese wertvollen Substanzen gehörten natürlich nicht uns, sondern der Thoriumfirma, die mit der Rohanreicherung aus mehreren Tonnen Monazitsand ziemlich große Auslagen gehabt hatte. Als Beihilfe für eine erste Produktion verschaffte Emil Fischer auf meinen Vorschlag der Firma durch eine Spende einen Betrag von 100 000,— Mark. Damit wurden zunächst mehrere Präparate von je 10 mg Radiumäquivalent an medizinische Institute als Ersatz für das sehr teure Radium abgegeben. Das Radium kostete damals 250,— bis 300,— Mark pro Milligramm; das Mesothorium etwa die Hälfte.

Eines Tages bat mich Emil Fischer, einem Professor am Charité-Krankenhaus in Berlin einige Auskünfte über die Strahlen des Mesothoriums zu geben, das dieser zur Bestrahlung von Tuberkelkulturen verwenden wollte. Der ältere Geheimrat empfing mich sehr liebenswürdig und erzählte mir zunächst von seinen bisherigen Versuchen mit dem „Semithorium". Als ich ihm bescheiden entgegnete: „Die Substanz heißt Mesothorium", da klopfte er mir freundlich auf die Schulter und sagte: „Glauben Sie mir, junger Kollege, die Substanz heißt Semithorium." Eingedenk meines schlechten Eindrucks bei dem Hamburger Bunsenkongreß war mein Widerspruch dieses Mal sehr bescheiden.

1910 hatten wir in unserem Institut mehrere hundert Milligramm (in Radiumäquivalenten) reines Mesothor hergestellt. Eine besondere Probe von etwa 8 mg Radiumäquivalent wog nur wenig mehr als 2 mg. Sie war also viermal so stark als Radium. Der Träger des Mesothors, sozusagen die „Verunreinigung", war reines Radium.

Im Jahre 1911 wurde auf Anregung Kaiser Wilhelms II. die Kaiser-Wilhelm-Gesellschaft gegründet; das als erstes geplante Institut war das Kaiser-Wilhelm-Institut für Chemie in Berlin-Dahlem. Emil Fischer trug mir eine bescheidene, aber selbständige Abteilung für Radioaktivität in dem zu bauenden Institut an. Lise Meitner wurde eingeladen, als Gast in diese Radiumabteilung mitzukommen, so daß wir unsere Arbeiten gemeinsam weiterführen könnten. Am 23. 10. 1912 fand die feierliche Eröffnung des Kaiser-Wilhelm-Instituts für Chemie in Anwesenheit des Kaisers statt. Am selben Tag wurde auch schon das von einer besonderen Stiftung für Prof. Haber errichtete Kaiser-Wilhelm-Institut für Physikalische Chemie eingeweiht.

Das Kaiser-Wilhelm-Institut für Chemie in Berlin-Dahlem, Hahns Arbeitsstätte von 1913 bis 1944 (Fotografie von 1913). Seit 1956 beherbergt es als „Otto-Hahn-Bau der Freien Universität" das Anorganisch-Chemische Institut.

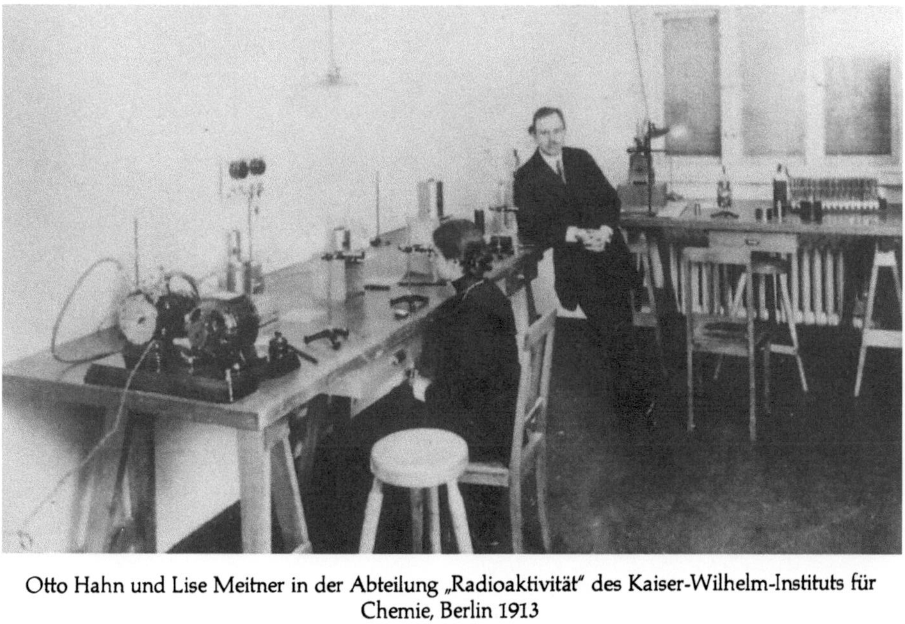

Otto Hahn und Lise Meitner in der Abteilung „Radioaktivität" des Kaiser-Wilhelm-Instituts für Chemie, Berlin 1913

19. November 1913: Lise Meitner und Otto Hahn im Chemischen Labor des KWI für Chemie.

Dem Kaiser sollte etwas gezeigt werden, und ich wurde gebeten, ihm einige schöne radioaktive Präparate zu demonstrieren. Dies geschah mit einem Mesothorpräparat von etwa einem drittel Gramm Radiumäquivalent, sehr nett auf einem Samtpolster in einer kleinen Schachtel montiert (kein Blei!), und einem emanierenden Radiothorpräparat, dessen Emanation sehr hübsch über einen Leuchtschirm hin- und herwehte.

Vorher hatte es allerdings noch eine unerwartete Schwierigkeit gegeben. Am Tage vor der Eröffnungsfeier des Instituts kam ein Flügeladjutant des Kaisers in das Institut zu einer Generalprobe. Als ich den hohen Offizier in das verdunkelte Zimmer führen wollte, um ihm die radioaktiven Präparate zu zeigen, erklärte der Flügeladjutant: „Ausgeschlossen, wir können Majestät nicht in ein völlig dunkles Zimmer schicken." Es gab nun längere Diskussionen mit dem Adjutanten und dem um Hilfe angerufenen Emil Fischer. Das Ergebnis war ein kleines rotes Lämpchen als Kompromiß. Als dann am nächsten Tag der Kaiser kam, hatte er nicht die geringste Hemmung, auch in den dunklen Raum zu gehen, und alles wickelte sich programmgemäß ab.

Lise Meitner stand zunächst bescheiden im Hintergrund, aber sie konnte nicht verhindern, daß auch sie „Seiner Majestät" vorgestellt wurde, der dann leutselig ein paar passende Worte sagte.

Mit dem Auszug aus dem Chemischen Institut der Universität ging der erste Abschnitt meiner wissenschaftlichen Arbeit zu Ende. Eine Anzahl rein chemischer Untersuchungen war abgeschlossen. Die vor allem mit Lise Meitner seit Beginn unserer gemeinsamen Arbeiten in Angriff genommenen mehr physikalischen Arbeiten waren aber in vollem Fluß und sollten später im wesentlichen durch Lise Meitner und ihre Mitarbeiter eine besonders fruchtbare Entwicklung nehmen.

Die Jahre im Chemischen Institut, in der „Holzwerkstatt" und in dem Gastlabor von Professor Stock waren gekennzeichnet durch Einfachheit. Es war damals in der Tat noch leicht, mit primitiven Mitteln Ergebnisse zu bekommen, weil das Gebiet der Radiumforschung noch neu war. Während der sechs oder sieben Jahre im Chemischen Institut hatten wir weder einen Assistenten noch einen Laboranten zur Verfügung. Die beiden in späteren Jahren zu unserer Zweiergruppe hinzutretenden Doktoranden, Martin Rothenbach und Ernst Telschow, machten keine Hilfsarbeiten für uns, sondern waren mit eigenen Arbeiten beschäftigt.

Eine gewisse Gefahr für geplante neue Untersuchungen bedeutete vielleicht eine sicher vorhandene radioaktive Infektion unserer paar Räume. Man kann nicht Hunderte von Milligrammen einer 25 % Radium enthaltenden Lösung von Mesothorium fraktioniert kristallisieren, ohne Radon in die Luft zu bekommen. Deshalb war der Übergang in das neue Institut ein Glücksfall. Aber wir zeigten uns dankbar dadurch, daß wir jetzt großen Wert auf infektionsfreies Arbeiten legten und auch unsere späteren Mitarbeiter anleiteten, sich vor radioaktiver Verseuchung zu schützen.

V

Wissenschaftliche Kommissionen

Es ist jetzt vielleicht angebracht, neben der Darstellung meiner experimentellen Arbeiten kurz auf zwei Organisationen einzugehen, die mit der Entwicklung der Atomforschung und Radioaktivität unmittelbar zusammenhängen und die ein ganz lehrreiches Bild über die sich im Laufe der Zeit verändernden Aufgaben dieser Organisationen geben. Es handelt sich um die deutsche, später internationale „Atomgewichtskommission" und um die von vornherein international zusammengesetzte „Radium-Standard-Kommission". Der Atomgewichtskommission mit ihrem wechselvollen Schicksal gehörte ich zeitweilig, der Radium-Standard-Kommission von ihrer Gründung ab an.

1. *Die Atomgewichtskommissionen*

Schon Ende des vergangenen Jahrhunderts gab es eine Atomgewichtskommission, die die Aufgabe hatte, die Arbeiten über die Bestimmung von Atomgewichten kritisch zu beurteilen und eine Tabelle aufzustellen, in der die zuverlässigsten Werte aufgenommen wurden.

Zunächst war das leichteste Element, der Wasserstoff, das Bezugselement für alle anderen. Die Wahl des leichtesten Elements als Bezugselement schien so lange berechtigt, als die Hypothese von Prout noch Vertrauen genoß, daß alle chemischen Elemente ganzzahlige Vielfache des Wasserstoffs seien. Nachdem sich diese Hypothese experimentell als irrtümlich herausgestellt hatte, erkannte man die Vorteile, die dem Sauerstoff als Bezugselement zukamen.

Deshalb hatte die Deutsche Kommission (Ostwald, Landolt, Seubert) 1900 eine Einladung an die ausländischen Chemischen Gesellschaften zur Gründung einer internationalen Atomgewichtskommission ergehen lassen mit dem Vorschlag, den Sauerstoff mit dem Atomgewicht 16 als Grundlage für die Atomgewichte zu wählen. 1902 wurde dann die „Internationale Atomgewichtskommission" gegründet, deren Mitglieder ein Engländer (Thorpe), ein Amerikaner (Clarke) und ein Deutscher (Seubert) wurden. Später traten hinzu die Franzosen Moissan und Urbain. Ab 1905 wurden die Atomgewichte in der ganzen chemischen Welt auf Sauerstoff = 16 bezogen.

Die internationale Kommission hat bis 1916 ihre regelmäßigen Berichte herausgegeben. Dies waren die Jahre, in denen die „Atomgewichtsbestimmungen" in einer bewundernswerten Präzision, vor allem durch Th. W. Richards und seine Schule, ausgebaut wurden.

Die weitere Entwicklung der Atomgewichtsforschung nahm einen anderen Verlauf. Der Nachweis der Isotopie nicht nur bei radioaktiven, sondern auch bei vielen gewöhnlichen chemischen Elementen zeigte, daß das „Atomgewicht" nicht mehr das unveränderliche Charakteristikum chemischer Elemente vorstellt. Die „Ordnungszahl" trat an seine Stelle, und das bisherige Atomgewicht war das zufällige Ergebnis der Isotopenzusammensetzung des Elements.

Der erste Weltkrieg zerstörte die internationale Gemeinschaft; die Deutschen wurden nicht mehr zugelassen, und es wurde wieder eine „Deutsche Atomgewichtskommission" gegründet, der auch ich als Mitglied angehörte (Mitglieder: Bodenstein, Hahn, Hönigschmid, R. J. Meyer, W. Ostwald).

Der erste nach dem Weltkrieg von der Deutschen Atomkommission im Jahre 1921 herausgekommene Bericht[1]) brachte nun, der Entwicklung entsprechend, etwas Neues: Die Tabelle erfuhr eine Zweiteilung. Tabelle I brachte die für den Chemiker notwendigen, nunmehr als „Praktische Atomgewichte" bezeichneten Bestimmungen. Die Tabelle II gab die neuesten Ergebnisse der Atomforschung als „Tabelle der chemischen Elemente und Atomarten in der Reihenfolge der Ordnungszahlen". Die Berichte gingen weiter bis zum Jahre 1931. Sie zeigen die zunehmende Bedeutung der massenspektroskopischen Messungen der einzelnen Atomarten auch für die praktischen Atomgewichte.

In beiden Tabellen galt der Sauerstoff 16 als Bezugssubstanz. Dies gab so lange keine Schwierigkeit, wie der Sauerstoff noch als reine Atomart angenommen wurde. Mit der Entdeckung der Sauerstoff-Isotope O 17 und O 18 bedeutete das von den Chemikern nach wie vor als Sauerstoff 16 bezeichnete Isotopengemisch etwas anderes als das von den Physikern zugrunde gelegte Isotop $^{16}O = 16$. Dadurch ergaben sich zwei etwas voneinander verschiedene Tabellen für die Chemiker und für die Physiker.

Im Jahre 1930 ersetzte die Internationale Union für Chemie ihr Komitee für Chemische Elemente durch drei neue Kommissionen, und zwar 1. eine Internationale Atomgewichtskommission, 2. eine Internationale Atomkommission und 3. eine Kommission für radioaktive Konstanten als Verbindungsglied zu der Internationalen Radium-Standard-Kommission.

Die Deutschen gehörten seit 1930 wieder als Mitglieder der Internationalen Atomgewichtskommission an; deshalb löste sich die Deutsche Atomgewichtskommission im Jahre 1931 auf. Da die Ergebnisse des jeweiligen Standes der Isotopenlehre aber nicht zu dem Aufgabenkreis der Internationalen Atomgewichtskommission gehörten, hat mich 1931 die Deutsche Chemische Gesellschaft beauftragt, den bisherigen ausführlichen Isotopenbericht weiter in der gewohnten Weise fortzuführen. Ich führte diesen Auftrag bis zum Jahre 1938

---

[1]) *Bodenstein, Hahn, Hönigschmid, R. J. Meyer, W. Ostwald:* Ber. d. Dt. Chem. Ges. **54** (A), 181—183 (1921).

aus. Da aber die Zusammenstellungen sich immer mehr auf rein physikalische Methoden, vor allem Massenspektroskopie und Kernphysik, konzentrierten, wurden diese Berichte von 1940 ab von Hahn, Flügge und Mattauch, ab 1941 von Flügge und Mattauch allein, zusammengestellt. Das durch die Entwicklung der Kernforschung riesenhaft angewachsene Material wurde im Jahre 1942 von Mattauch und Flügge in Buchform als „Kernphysikalische Tabellen"[1]) fortgeführt und wesentlich erweitert.

Nach 20jähriger Tätigkeit in der Berichterstattung über Atomgewichte und Isotope schied ich dann aus; ich war ja nicht mehr genügend sachverständig. Der oben genannten Internationalen „Atomkommission" (nicht „Atomgewichtskommission") gehörte ich an, bis diese 1949 ebenso wie die Internationale Radium-Standard-Kommission in der „Joint Commission on Standards, Units and Constants of Radioactivity", I.U.P.A.C. und I.U.P.A.P. (International Union of Pure and Applied Chemistry, resp. Physics), aufgingen.

Die jüngste Entwicklung in der wechselhaften Geschichte der Basis der Atomgewichte sei hier noch kurz aufgezeigt. Die Steigerung der Genauigkeit chemischer und physikalischer Messungen ließ ab 1935/36 immer deutlicher erkennen, daß beim Isotopengemisch des „natürlichen" Sauerstoffs ebenso wie bei den meisten übrigen leichten Elementen von einer völligen Konstanz des Atomgewichts nicht mehr die Rede sein konnte. Als Standard für die chemischen Atomgewichte wurde somit „natürlicher" Sauerstoff unbrauchbar.

Seit Jahren wurde deshalb auf Anregung von Dr. E. Wichers, dem langjährigen Vorsitzenden der Atomgewichtskommission der I.U.P.A.C., über die Einführung einer für Chemiker und Physiker gemeinsamen Massenskala diskutiert. Nach den verschiedensten Vorschlägen von anderer Seite setzte sich Mattauch[2]) für die Wahl des Kohlenstoff-Isotops C 12 als Basis für die Atomgewichte ein, und vor allem seinem Bemühen ist es gelungen, daß eine unter dem Vorsitz von Mattauch eingesetzte Studienkommission nunmehr den beiden internationalen Unionen für Physik (1960 in Ottawa) und für Chemie (1961 in Montreal) den Vorschlag machte, die Atommassen so zu wählen, daß die Masse des Nuklids (Atomart) ^{12}C genau 12 Masseneinheiten wird. Auf diese Einheit bezogen, erscheint ab 1961 auch die „Internationale Tabelle der Chemischen Atomgewichte".

2. *Die Internationale Radiumstandardkommission*

Mit der schnell zunehmenden Entwicklung der Radiumforschung seit dem Anfang unseres Jahrhunderts und der Bedeutung, die das Radium in seiner medizinischen Anwendung bekam, ging der Preis des Radiums sprunghaft

1) Springer-Verlag, Berlin.

2) Siehe den ausführlichen Bericht von *J. Mattauch*, Z. f. Naturforsch. **13a**, 572—596 (1953).

empor, und die Frage nach einer zuverlässigen Gehaltsbestimmung starker Präparate wurde zu einem dringenden Bedürfnis. Die Präparate von Giesel konnten — wie bereits erwähnt — zunächst noch keinen Anspruch auf große Reinheit erheben. Der hohe Preis und die zunehmende Verwendung machten aber eine genaue Eichung und eine offizielle Stelle, in der solche Eichungen vorgenommen werden konnten, notwendig. Ich wurde öfter von Firmen oder auch Ärzten um Prüfung radioaktiver Präparate gebeten und tat dies auch durch Vergleich mit einem mir gehörigen, von Professor Giesel bezogenen Präparat.

Im September 1910 fand in Brüssel ein Internationaler Radiumkongreß statt, bei dem die Hauptvertreter der Radiumforschung, vor allem Professor Rutherford und Mme Curie, anwesend waren. Ich hatte bei diesem Kongreß zum ersten Male die Gelegenheit, außer den mir schon bekannten Mitgliedern auch Mme Curie, Prof. Debierne und Prof. F. Soddy zu treffen. Bei diesem Kongreß wurde die Gründung einer „Internationalen Radiumstandardkommission" beschlossen. Zu Mitgliedern wurden gewählt: Mme Curie und A. Debierne, Frankreich, Rutherford und Soddy, England, St. Meyer und E. v. Schweidler, Österreich, O. Hahn und H. Geitel, Deutschland, B. B. Boltwood, Vereinigte Staaten, und A. S. Eve, Kanada. Mme Curie in Paris und der Atomgewichtschemiker Otto Hönigschmid vom Wiener Radiuminstitut wurden beauftragt, unabhängig von einander ein oder einige Radiumstandardpräparate aus reinstem wasserfreien Radiumchlorid herzustellen und bei einer späteren Tagung der Kommission miteinander zu vergleichen.

Die erste offizielle Tagung der Kommission fand im März 1912 in Paris statt[1]). Mme Curie hatte ein, Prof. Hönigschmid drei Standardpräparate mitgebracht. Die Messungen wurden nach zwei verschiedenen γ-Strahlenmethoden durchgeführt. Sie ergaben innerhalb der Meßgenauigkeit von einigen Promille eine vollständige Übereinstimmung. Das Curiesche Präparat von 21,99 mg Radiumgehalt wurde zum internationalen Radiumstandard erklärt und in Paris im internationalen Bureau des Poids et Mesures aufbewahrt. Eines der Hönigschmidschen Präparate von 31,17 mg Radiumgehalt wurde als Ersatz-Standard in Wien aufbewahrt. Sekundäre Standards konnten nun durch amtliche Vergleiche mit diesen primären Präparaten an anderen Stellen, z. B. der Physikalisch-Technischen Reichsanstalt in Berlin, deponiert werden.

Die Notwendigkeit kontrollierter Messungen blieb nicht auf Radium beschränkt.

Da etwa von 1910 ab das Mesothorium, vor allem in Deutschland, als billigerer Ersatz für das Radium wirtschaftliche Bedeutung bekam, habe ich in einer sehr ausführlichen Untersuchung vergleichende Messungen der γ-Strahlen von in Glasröhrchen eingeschmolzenen Präparaten von reinem Radium, frisch

1) *O. Hahn, St. Meyer, E. v. Schweidler*, Phys. Z. **13**, 524—525 (1912).

bereitetem, also radiothorarmem Mesothor, gealtertem, also radiothorhaltigem Mesothor und radiumfreiem Mesothor durchgeführt. Die Messungen geschahen durch zunehmende Schichten von Blei, beginnend von 3,3 mm bis zu 45 mm[1]). Zur Messung kamen also die γ-Strahlen des aktiven Niederschlags von Radium, des Mesothors 2, und des aktiven Niederschlags von Radiothor. Sie alle unterscheiden sich in ihrer Durchdringbarkeit. Geht man von gleichen Aktivitäten bei 3,3 mm Blei aus, dann sind die Aktivitäten bei 45 mm Blei, wenn man die Aktivität von Radium (aktiver Niederschlag) gleich 100 setzt, für Mesothor neu = 81,4, für Mesothor alt = 100,2, für radiumfreies Mesothor = 73,3 und für Radiothor (aktiver Niederschlag) = 134,3. Man sieht daraus, daß man durch γ-Strahlenabsorptionskurven eine Unterscheidung von Mesothor und Radium in geschlossenen Gefäßen durchführen kann.

In der Physikalisch-Technischen Reichsanstalt wurden 10 Jahre später durch Bothe die Absorptionskurven bis zu einer Gesamtdicke von 11 cm erweitert[2]). Bei einem als 100 angenommenen Radium bekommt man bei 11 cm Blei für frisches Mesothor den Wert 50, für Radiothor den Wert 250, ein Beweis für die stärker absorbierbaren γ-Strahlen des Mesothors 2 und die außerordentliche Durchdringbarkeit der γ-Strahlen des aktiven Niederschlags von Radiothor.

Mit dem Mesothor in der Heilkunde und seinen sich ändernden Strahlen war hier schon gezeigt, daß an die Internationale Radiumstandardkommission in der weiteren Entwicklung der Forschung auch neue Aufgaben herantreten könnten.

Später gelang dann die Gewinnung des von Hahn und Meitner entdeckten langlebigen Vertreters des Elements 91, des Protactiniums, in dem Radium vergleichbaren Gewichtsmengen. Seine Aktivitätsbestimmung war mit den beim Radium- und Mesothorium gebräuchlichen γ-Strahlenmethoden nicht durchführbar, weil das Protactinium keine durchdringenden γ-Strahlen aussendet. Diese mußte durch die β- oder α-Strahlen und durch Berücksichtigung des Alters des Präparats erfolgen.

Völlig neue Aufgaben in viel größerem Ausmaß traten an die Kommission heran durch die nach der Entdeckung der Kernspaltung möglich gewordene Gewinnung künstlicher radioaktiver Elemente und Atomarten in praktisch beliebiger Intensität.

Die frühere Internationale Radiumstandardkommission ist deshalb, wie bereits erwähnt, im Jahre 1949 abgelöst worden durch die Joint Commission of Standards, Units and Constants of Radioactivity der I.U.P.A.C. und I.U.P.A.P.; ihr gehörten die noch lebenden Mitglieder der ursprünglichen Kommission als "advisory counsels" an.

---

1) *O. Hahn*, Strahlentherapie 4, 154—174 (1914).

2) *W. Bothe*, Z. f. Phys. **24**, 10 (1924).

VI

Im Kaiser-Wilhelm-Institut für Chemie (1913 bis 1944)

Einleitung

Die Jahre in der „Holzwerkstatt" des Chemischen Instituts der Universität waren mit fleißiger Arbeit ausgefüllt und auch erfolgreich. Lise Meitner und ich wurden von den Physikern ernst genommen. Das herzliche Freundschaftsverhältnis zu den gleichaltrigen oder jüngeren Kollegen habe ich bereits erwähnt. Aber auch mit den Chemikern kam ich sehr gut aus, z. T. auch, weil ich den vielen Privatdozenten, die im Fischerschen Institut arbeiteten, keine Konkurrenz mit meinem ausgefallenen Arbeitsgebiet machte. Auch hier konnte ich Freundschaften schließen. Von den aus dieser Zeit noch lebenden Kollegen denke ich an Burkhard Helferich, Walter Freudenberg, Otto Warburg.

Aber irgendwelche Aussichten für meine Zukunft als Akademiker zeichneten sich nicht ab. Bei den Physikern war ich der Chemiker, der chemische Arbeiten machte, die mit physikalischen Instrumenten geprüft wurden. Bei den Chemikern war ich der Mann, der seine Entdeckungen, meist unwägbare Radioelemente, durch den Abfall der Aluminiumblättchen primitiver Elektroskope zu machen angab.

So war die Gründung der Kaiser-Wilhelm-Gesellschaft und damit der Bau des Kaiser-Wilhelm-Instituts für Chemie für mich ein ganz besonderer Glücksfall. Dasselbe ist für Lise Meiter zu sagen, die ja ebenfalls, wenn zunächst auch als Gast, an meine kleine radioaktive Abteilung nach Dahlem mitkam. Die großen Abteilungen im Institut leiteten Geh. Rat Ernst Beckmann und Professor Richard Willstätter.

Der Etat der Radioaktiven Abteilung war zunächst sehr bescheiden. Er betrug für Sach- und Personalausgaben 2000 Mark pro Jahr, 1000 Mark für Sachausgaben, 1000 Mark für einen Assistenten. Als diesen wählte ich Dr. Martin Rothenbach, der bei mir eine Doktorarbeit über die chemischen Eigenschaften der Actiniumprodukte durchgeführt hatte. Mein zweiter Doktorand im Fischerschen Institut, Ernst Telschow, arbeitete über die radioaktiven Eigenschaften der Actiniumprodukte. Nach seinem Examen wurde er Assistent an diesem Institut und blieb deshalb nicht mehr bei der Radioaktivität. Dr. Telschow kam später in die Generalverwaltung der Kaiser-Wilhelm-Gesellschaft, wurde 1938 Generaldirektor und nach 1945 einer der beiden Geschäftsführenden Vorstandsmitglieder.

Verglichen mit dem heute notwendigen Aufwand an Assistenten und Laboranten, waren Lise Meitner und ich im Fischerschen Institut fürwahr nicht verwöhnt gewesen. Wir hatten ja weder einen Assistenten noch einen Laboranten und machten alles allein. Das Arbeiten mit Radium bedurfte damals allerdings noch keiner größeren Apparatur.

Im Kaiser-Wilhelm-Institut war nun, trotz des bescheidenen Etats, alles gleich ganz anders. Sehr schöne Räume, ein großes chemisches Labor und physikalische Meßzimmer, Mechaniker und eine Werkstatt waren vorhanden und vor allem ein ganz neues Institut ohne jede radioaktive Verseuchung. Um solche möglichst zu vermeiden, ließ ich einen Teil meiner radioaktiven Präparate im Chemischen Institut der Universität, wo ich sie für meine Experimentalvorlesung über Radioaktivität etc. noch weiter benutzte. Aber in Dahlem war auch die Möglichkeit zum vorsichtigen Arbeiten und zur Vermeidung von Infektionen viel größer als bei dem beschränkten Platz im Fischerschen Institut.

A. Arbeiten mit natürlich radioaktiven Elementen und Atomarten

1. Aktivität von Rubidium und Kalium

Eine neue Methode zur geologischen Altersbestimmung (Strontiummethode)

Im Fischerschen Institut hatten wir mit allen bekannten Radioelementen, die mit dem Uran oder dem Thorium in Zusammenhang stehen, gearbeitet. Einige von ihnen waren dort erst entdeckt worden.

Nun waren aber seit einer Reihe von Jahren von anderer Seite zwei weitere chemische Elemente als radioaktiv nachgewiesen, nämlich das Kalium und das Rubidium. Man wußte nicht viel mehr von ihnen, als daß sie β-Strahlen aussenden und ihre Aktivität, verglichen mit der des Urans, recht gering ist. Beim Kalium schätzte man die Aktivität auf etwa 1/1000 der der β-Strahlen des Urans; das Rubidium war etwas stärker.

Es reizte mich, etwas mehr über die Aktivität dieser Substanzen zu erfahren, und das Kaiser-Wilhelm-Institut war nun der gegebene Ort, sich in unverseuchten Räumen mit den Alkalimetallen zu befassen.

Ich gehe hier etwas ausführlicher auf diese Arbeit ein[1]), weil ihre Fortsetzung Jahrzehnte später zu der Rubidium-Strontium-Methode zur Altersbestimmung geologisch alter Schichten geführt hat, die hier gleich mitbesprochen werden soll. Auf meinen Vorschlag führte Dr. Rothenbach[2]) eine ausführliche Arbeit über

[1]) *O. Hahn* u. M. *Rothenbach*, Phys. Z. **20**, 194—202 (1919).

[2]) *Martin Rothenbach* fiel am 6. Oktober 1914 in Frankreich.

die Durchdringbarkeit der β-Strahlen von Kalium und Rubidium, über ihre Aktivität im Vergleich zum Uran und über die Möglichkeit der Anwesenheit eventuell unbekannter Träger der Aktivität durch. Aus den Aktivitätsverhältnissen konnte ich dann eine ungefähre Schätzung der Halbwertszeit des Alkalimetalls vornehmen.

Die Aktivität möglichst dünner Schichten der Alkalisalze und die Aktivität der durchdringenden Strahlen vom Uran X_2 und der absorbierbaren von Uran X_1 wurden verglichen. Wegen der geringen Aktivitäten der Alkalisalze mußten die Substanzen in großer Oberfläche, in Elektroskopen mit einem Ionisierungsraum von 30 cm Länge und Breite und 10 cm Höhe gemessen werden. Beim Kalium war es nach dieser einfachen Methode nicht möglich, wirklich dünne Schichten mit entsprechenden Uranpräparaten einigermaßen genau zu vergleichen. Die weitere Arbeit beschränkte sich in ihren Ergebnissen deshalb im wesentlichen auf das Rubidium.

Das UX_1 stellte sich als eine Substanz heraus, deren β-Strahlen in ihrer Durchdringbarkeit denen der Rubidium-β-Strahlen entsprachen, so daß damit unmittelbare Vergleiche gezogen werden konnten. Die Absorptionskurve der weichen β-Strahlen des UX_1 wurde aus der Absorptionskurve einer dünnen Schicht des verwendeten $UX_1 + UX_2$ ermittelt. Auch in dieser Arbeit bewährten sich unsere Erfahrungen über die β-Strahlen der einzelnen Radioelemente, die Lise Meitner und ich in der „Holzwerkstatt" gesammelt hatten.

Das Hauptergebnis unserer Arbeit war: keinerlei Anhaltspunkt für die Existenz eines verhältnismäßig kurzlebigen Rubidium-Isotops als Träger der Aktivität, die Feststellung der Halbwertsdicke der Rubidium-β-Strahlen im Vergleich mit der des UX_1 und auch der des eigentlichen Radiums und Schätzung der Halbwertszeit des Rubidiums aus dem unmittelbaren Vergleich der Aktivität gleicher Mengen des Rubidiums zu dem Uran + UX. Bezog man die Aktivität auf die verschiedene Anzahl von Atomen je Gramm Rubidium bzw. Uran, so ergab sich für die Halbwertszeit der Wert $2 \cdot 10^{11}$ Jahre.

Am Schluß der Arbeit wurde auch die Möglichkeit des experimentellen Nachweises der Umwandlung von Rubidium in Strontium und auch der Umwandlung von Kalium in Calcium diskutiert, wobei beim Rubidium die Möglichkeit als größer dargestellt wird als beim Kalium.

Es dauerte aber mehr als 20 Jahre, bis ich mich wieder näher mit dem Rubidium beschäftigte. Der Nachweis der Entstehung von meßbaren Mengen von Strontium aus Rubidium begann mich wieder zu interessieren, und ich bemühte mich, Minerale zu finden, die einen möglichst hohen Prozentsatz an Rubidium hatten und möglichst frei von Erdalkalimetall waren.

Bei einem Aufenthalt an der Cornell-University in den USA 1933 als "visiting professor" wurde ich auf das Vorkommen eines Glimmers in der Provinz Manitoba in Kanada hingewiesen, in dem neben Cäsium auch einige Prozent Rubidium nachgewiesen worden seien. Durch Vermittlung des Corneller Professors Papish wurden mir ein paar Kilogramm dieses Glimmers zur Verfügung gestellt, und eine Überschlagsrechnung ergab, daß man bei dem angenommenen Gehalt von ein paar Prozent Rubidium und bei dem geologisch hohen Alter des Glimmers wägbare Mengen des Strontiums gewinnen könnte, das aus der Umwandlung des Rubidiums mit der von mir 20 Jahre vorher geschätzten Halbwertszeit entstanden war.

Es zeigte sich hier die Möglichkeit einer neuen Methode geologischer Altersbestimmung, die gegenüber den bisher üblichen Methoden der Helium- oder Bleimethode aus Uranmineralien für geologisch alte Minerale sicher gewisse Vorteile hatte. Uran- oder Thorminerale, die 1000 oder mehr Millionen Jahre alt sind, sind keine reinen Produkte mehr. Sie enthalten viel Blei und viele Kubikzentimeter Helium pro Gramm Uran. Ein Teil dieses Heliums entweicht aus dem Mineral, das Alter wird zu niedrig befunden. Auch bei der Bleimethode geben bei sehr alten Mineralen nur ausgesuchte Proben sichere Ergebnisse[1]).

Die Herren Straßmann und Walling haben auf meine Veranlassung in einer sehr subtilen Arbeit aus dem kanadischen Glimmer das darin enthaltene Strontium abgeschieden. Aus 1012 g des Glimmers erhielten sie 263,4 mg Strontiumcarbonat, entsprechend 156 mg Strontiummetall[2]). Eine von Mattauch durchgeführte massenspektroskopische Untersuchung brachte das in seiner Klarheit überraschende Ergebnis, daß dieses Strontium aus dem reinen Strontium-Isotop 87 bestand. Damit war bewiesen, daß dieses Strontium nur durch den Zerfall der β-Strahlen des Rubidium-Isotops 87 entstanden sein konnte[3]). Die Reinheit des Strontium-Isotops bewies außerdem die besonders gewissenhafte Arbeit von Straßmann und Walling, die die zur Verarbeitung benutzten großen Mengen an Aufschlußmaterial auf absolute Abwesenheit von natürlichem Strontium gebracht und geprüft hatten.

Mit diesem schönen Ergebnis zeichneten sich nun zwei Möglichkeiten ab. Nimmt man die Halbwertszeit des Rubidiums resp. die des Rubidium-Isotops 87 — es ist im Mischelement zu 27,8 % enthalten — als sichergestellt an, dann läßt sich aus der Menge des gebildeten Strontiums 87 das geologische Alter des Glimmers bestimmen. Kennt man umgekehrt das geologische Alter des Minerals,

---

1) O. *Hahn*, „Was lehrt uns die Radioaktivität über die Geschichte der Erde?", Springer-Verlag 1926.

2) F. *Straßmann* u. E. *Walling*, Ber. Dt. Chem. Ges. **71**, 1 (1938); O. *Hahn* u. E. *Walling*, Zs. Anorg. u. allgem. Chemie **236**, 78—82 (1938).

3) J. *Mattauch*, Naturwiss. **25**, 189—191 (1937).

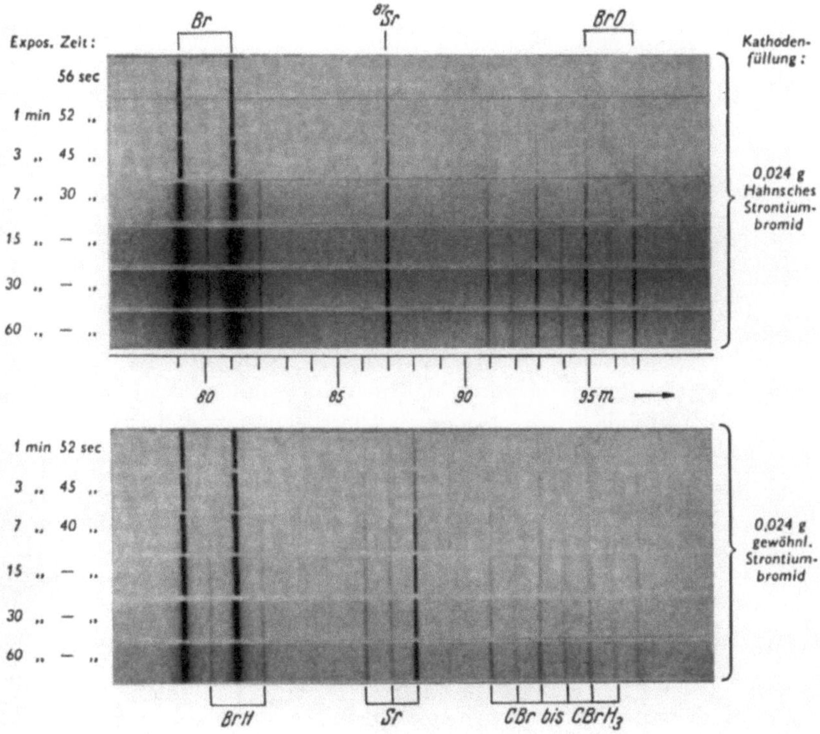

Abb. 3
Diese *Mattauch*sche Abbildung zeigt im oberen Teil das Massenspektrum mit dem reinen Strontium-Isotop 87,
im unteren Teil das Spektrum für die natürlichen Strontium-Isotope

dann läßt sich die Halbwertszeit des Rubidiums resp. seines β-strahlenden Isotops kontrollieren.

Durch einen glücklichen Umstand war das Alter unseres Glimmers durch zwei unabhängige Bestimmungen von uranhaltigen Mineralen geologisch gleichen Vorkommens recht sicher bekannt. Nach Delury und Ellsworth[1]) konnte man das Alter zu 1975 Millionen Jahren, also rund zwei Milliarden, annehmen. Aus dem Rubidiumgehalt des Minerals — er wurde von Straßmann und Walling zu 2,6 % bestimmt — und dem daraus in 2 Milliarden Jahren entstandenen Strontium ergab sich für die Halbwertszeit des Rubidiums der Wert $2{,}3 \cdot 10^{11}$ Jahre.

Die vorzügliche Übereinstimmung dieses Wertes mit dem früher von mir berechneten ist sicher ziemlich zufällig. In den Jahren nach meiner ersten

---

1) Referiert in Report of the Committee on the Measurement of Geologic Time, 1932; *J. S. Delury* and *H. V. Ellsworth*, Amer. Miner. **16**, 596 (1931).

Bestimmung waren neue Halbwertszeitbestimmungen des Rubidiums durchgeführt worden, die etwas andere Werte ergaben. Auch heute schwanken die Werte der verschiedenen Forscher innerhalb gewisser Grenzen. Sie liegen für das aktive Isotop zwischen $4 \cdot 10^{10}$ und $6 \cdot 10^{10}$ Jahren, mit einem wahrscheinlichen Mittelwert von $5 \cdot 10^{10}$ Jahren. Bei einem Gehalt von 27,8 % Rb 87 im Mischelement Rubidium gibt dies für die Halbwertszeit des letzteren den Mittelwert $1{,}8 \cdot 10^{11}$ Jahre in unwahrscheinlich guter Übereinstimmung mit meinen früher angegebenen Werten $2 \cdot 10^{11}$ (Hahn und Rothenbach) und $2{,}3 \cdot 10^{11}$ (Straßmann und Walling).

Auf alle Fälle war durch die Arbeiten von Straßmann, Walling und Mattauch der experimentelle Beweis erbracht, daß man die Bildung des Strontiums aus Rubidium als Methode zur geologischen Altersbestimmung heranziehen kann. Sie hat gegenüber den früheren Methoden den Vorzug, daß das Mineral selbst im Laufe der Jahrmillionen praktisch keine Veränderung erfährt; weder entsteht das gasförmige Helium noch der Fremdkörper Blei. Sie ist also für alte Minerale zuverlässiger als die Blei- und Heliummethode.

Ein Nachteil ist das verhältnismäßig seltene Vorkommen von rubidiumhaltigen Mineralien und außerdem zunächst auch die langwierige chemische Analyse des Rubidiums und Strontiums.

Aber die neue Möglichkeit geologischer Altersbestimmungen wurde von anderen Seiten aufgenommen, vereinfacht und weiter entwickelt. Die rein chemische Analyse wurde zunächst durch optisch spektroskopische Verfahren[1] [2], dann vor allem aber durch die sogenannte „massenspektroskopische Verdünnungsanalyse" [3] [4] [5] ersetzt. Man kann dadurch mit viel kleineren Mengen arbeiten. Es wurde von einer ganzen Anzahl von geologisch alten Mineralien aus Südafrika, Kanada und Schweden nach der Rubidium-Strontium-Methode das Alter bestimmt.

Sogar das Alter von Steinmeteoriten konnte nach dieser Methode bei einer Verwendung von nur 1 g Material bei einem Gehalt von etwa einem Millionstel Gramm Rubidium[6] geprüft werden. Doch sind dies keine eigenen Arbeiten mehr; sie zeigen nur, daß durch den im Kaiser-Wilhelm-Institut für Chemie zuerst aufgenommenen und in seiner Brauchbarkeit erwiesenen Gedanken eine neue Methode zur geologischen Altersbestimmung erfolgreich eingeführt wurde.

---

1) So *L. H. Ahrens*, Bull. Geol. Soc. Am. **60**, 217—266 (1949).

2) *L. H. Ahrens* u. *A. M. Macgregor*, Sci. **114**, 64—65 (1951).

3) *M. G. Inghram*, Ann. Rev. Sci. 4, 81 (1954).

4) *G. L. Davis*, *L. T. Aldrich*, Bull. Geol. Soc. Am. **64**, 379 (1953).

5) *L. T. Aldrich*, Sci. **123**, 871—875 (1956).

6) *E. Schumacher*, Z. f. Naturforsch. **11a**, 206—212 (1956).

2. *Protactinium, die Muttersubstanz des Actiniums – mit Lise Meitner*

Ich komme nun wieder auf die ersten Jahre im Kaiser-Wilhelm-Institut für Chemie in Dahlem zurück.

Die Hauptarbeitsgebiete, die Lise Meitner und mich in den letzten Jahren der „Holzwerkstatt" beschäftigt hatten, waren die noch immer nicht vollständig in ihren aktiven Eigenschaften erkannten verschiedenen Radioelemente, die Zuteilung der β- und γ-Strahlen und die systematische Aufnahme der magnetischen β-Strahlspektren der einzelnen Elemente in möglichst dünner Schicht. Besonderes Interesse boten auch die von anderer Seite neu entdeckten Substanzen UY[1]) und UX_2[2]). Beim Uran Y ergab sich eine Kontroverse über seine Existenz. Wir konnten die Existenz aber bestätigen, bestimmten die genaue Halbwertszeit und zeigten, daß es die Eigenschaften des Thoriums hat, also durch α-Strahlen aus dem Uran entsteht.

Beim UX_2 bestätigten wir die Ansichten der Entdecker, Fajans und Göhring, daß es ein Umwandlungsprodukt des UX_1 ist. Nach dem damals gerade von mehreren Forschern zum ersten Male diskutierten „radioaktiven Verschiebungssatz", dessen Krönung die Aufstellung der „Isotopie" durch F. Soddy wurde, mußte das Uran X_2 im System der Elemente einen bisher nicht besetzten Platz einnehmen, denn durch die β-Strahlenemission des 4wertigen, zum Thorium gehörigen UX_1 mußte ein 5wertiges Produkt entstehen, also ein Homologes des Tantals, ein Ekatantal.

Fajans und Göhring hatten also das Recht, der neuen Substanz einen neuen Elementnamen zu geben, und der von ihnen gewählte Name Brevium war recht gut, denn die Halbwertszeit dieser Substanz beträgt nur etwas mehr als eine Minute. Wir bestimmten sie im Mittel zu 1,17 min, der neueste Wert ist 1,14 min.

Mit der Entdeckung des Uran X_2 oder Breviums als eines sehr kurzlebigen neuen Radioelements wurde die Beantwortung der Frage nach der Muttersubstanz des Actiniums besonders wichtig, sie war aber zunächst auch besonders unklar.

Das radioaktive Element Actinium war ein ständiger Begleiter des Urans in allen Uranmineralien; sein Gehalt war proportional dem Gehalt an Uran. Das Actinium war aber kein sehr langlebiges Produkt. Madame Curie hatte dafür eine Halbwertszeit von etwa 30 Jahren geschätzt, der genaue Wert liegt sogar noch wesentlich tiefer (13,5 Jahre). Das Actinium mußte also aus dem Uran oder einem Uranumwandlungsprodukt entstehen. War dies ohne Heranziehung neuer

---

1) *G. N. Antonoff*, Philos. Mag. (6) **22**, 419 (1911); *O. Hahn* u. *L. Meitner*, Phys. Z. **15**, 236—240 (1914).

2) *K. Fajans* u. *O. Göhring*, Phys. Z. **14**, 877 (1913).

Substanzen der Fall, dann mußte sich die Nachbildung leicht nachweisen lassen; dies traf aber nicht zu. Es mußte eine langlebige Substanz zwischen dem Uran und dem Actinium existieren.

Die verschiedensten Möglichkeiten wurden ins Auge gefaßt. Soddy war schon teilweise auf dem richtigen Wege und machte die Hypothese, daß die Muttersubstanz ein Zerfallsprodukt des β-strahlenden, 4wertigen UX sein könne, also ein Ekatantal, und daß dieses fünfwertige Element sich unter α-Strahlung in das dreiwertige Actinium umwandele. Gleichzeitig sollte aber von dem Ekatantal durch β-Strahlung auch das sechswertige Uran II und damit die Ionium-Radium-Reihe ausgehen.

Durch die Entdeckung des kurzlebigen UX_2 oder Brevium konnte das Soddysche Schema nicht mehr richtig sein, denn für ein langlebiges Ekatantal war darin kein Platz.

Hahn und Meitner[1]) stellten deshalb ein Schema zur Diskussion, nach dem das UX eine doppelte Umwandlung erfährt, einerseits in das kurzlebige Brevium und andererseits in die bisher unbekannte langlebige Muttersubstanz des Actiniums, mit den gleichen chemischen Eigenschaften des Breviums.

Es kam nun also darauf an, eine Substanz zu finden, die gleiche chemische Eigenschaften wie das Brevium haben mußte, also ein höheres Homologes des Tantals, ein Ekatantal. Ähnliche Fragen wurden auch von dem Mitentdecker des Breviums, von Göhring[2]), kurze Zeit später diskutiert. Göhring schloß aber seine Arbeit mit den Worten: „Es wurden einige Versuche zur Auffindung eines neuen Gliedes der Breviumplejade ausgeführt, das eventuell als Muttersubstanz des Actiniums in Betracht kommen könnte. Es ist aber nicht gelungen, ein solches nachzuweisen, weder in Pechblende noch bei Ionium noch bei UY."

Wir ließen uns aber nicht entmutigen, besonders nachdem auch festgestellt war, daß das Radium als Muttersubstanz nicht in Frage kam.

Aber nun kam ein Ereignis, das die in dem neuen Kaiser-Wilhelm-Institut für Chemie begonnenen Arbeiten bald für längere Zeit unterbrechen sollte. Im August 1914 begann der Weltkrieg. Ich selbst wurde als Vizefeldwebel der Landwehr sogleich eingezogen, und Lise Meitner blieb allein zurück. Aber auch nicht sehr lange. Sie meldete sich zum freiwilligen Heeresdienst in Österreich und wurde als freiwillige Röntgenschwester im Felde eingesetzt.

Nachdem ich Anfang 1915 als Leutnant d. L. auf Veranlassung von Professor Fritz Haber zu einer aktiven Spezialtruppe versetzt war, kam ich 1917 zu dem Stabe dieser Spezialtruppe in das „Große Hauptquartier" und hatte dadurch öfter dienstlich mit den Kriegsarbeiten im Haberschen Institut in Dahlem zu tun. Dies

---

1) *O. Hahn* u. *L. Meitner*, Phys. Z. **14**, 752 (1913).

2) *O. Göhring*, Phys. Z. **15**, 642 (1914).

gab mir zugleich Gelegenheit, in unserem Nachbarinstitut wieder etwas an unsere Wissenschaft zu denken. Auch Lise Meitner war aus dem Felde zurückgekommen. Wir nahmen unsere Arbeiten teilweise wieder auf und erinnerten uns an die gesuchte Muttersubstanz des Actiniums, das unbekannte Homolog des Tantals.

Wir suchten daher nach einem geeigneten Ausgangsmaterial und vermuteten dieses in den hauptsächlich aus Kieselsäure bestehenden Rückständen der Pechblende, die ungelöst zurückbleiben, wenn Pechblende mit Salpetersäure behandelt wird. Diese Rückstände enthalten bei sorgfältigem Arbeiten Radium, Radioblei und Ionium nur in sehr kleinen Mengen, dagegen praktisch die Gesamtmenge an tantalähnlichen Substanzen des Ausgangsmaterials. Die gesuchte Substanz mußte also hier im Verhältnis zu Radium usw. schon etwas angereichert vorhanden sein. Eine Stütze für diese Vermutung bot die Tatsache, daß eine Probe Kieselsäure, die vor längerer Zeit aus Pechblende hergestellt worden war, neben schwacher Thoriumemanation auch deutlich eine geringe Menge Actiniumemanation nachzuweisen gestattete.

Die Vermutung, daß die Pechblenderückstände das geeignete Versuchsmaterial bieten, hat sich bewährt. Es ist uns gelungen, das gesuchte aktive Element aufzufinden und den Beweis zu erbringen, daß es die Muttersubstanz des Actiniums ist. Wir schlugen dafür den Namen Protactinium vor.

Unsere im März 1918 eingereichte, sehr ausführliche Arbeit[1]) bringt die folgende Zusammenfassung der Ergebnisse:

1. Die bisher hypothetische Muttersubstanz des Actiniums wurde aufgefunden und in radioaktiv reinem Zustande an Erdsäuren konzentriert hergestellt. Sie ist ein höheres Homologes des Tantals.
2. Sie sendet α-Strahlen vom Durchdringungsbereich 3,14 cm aus.
3. Die Halbwertszeit beträgt mindestens 1200 und höchstens 180000 Jahre.
4. Die Nachbildung des Actiniums wurde bewiesen
   a) durch Aufnahme von α-Strahlenkurven,
   b) durch die Messung der Actiniumemanation, deren Zunahme sich seit Monaten von Tag zu Tag verfolgen läßt,
   c) durch den aktiven Niederschlag, den wir in wachsenden Mengen an negativ geladenen Platten sammeln konnten.
5. Außerdem wurde der Curiesche Wert für die Halbwertszeit des Actiniums bestätigt.
6. Für das neue radioaktive Element wurde der Name Protactinium gewählt.

---

[1]) *O. Hahn* u. *L. Meitner*, Phys. Z. **19**, 208—218 (1918).

Das von uns 1913 aufgestellte Schema der Stellung der neuen Substanz in der Uranreihe wurde jetzt etwas anders formuliert. Da das UX_2, also das kurzlebige Brevium, sicher aus dem UX_1 entsteht, nahmen wir als Muttersubstanz für das Protactinium das von uns mittlerweile als UX-Isotop erkannte UY an. Dies hat sich in der Tat bestätigt; das Schema war aber immer noch nicht richtig, denn das dritte Uran-Isotop, Actino-Uran, das heutige Uran 235, die Muttersubstanz des UY, war damals noch nicht bekannt. Es wurde erst später auf massenspektroskopischem Wege nachgewiesen. Wir hielten deshalb das bekannte Uran II, die Muttersubstanz des vierwertigen Ioniums, auch für die Muttersubstanz des vierwertigen UY, ein verzeihlicher Irrtum.

Durch die Kriegsverhältnisse bedingt, erfuhren wir erst nach unserer Veröffentlichung von einer mit der unsrigen etwa gleichzeitig erschienenen Arbeit von Soddy und Cranston[1]), die sich ebenfalls mit der Muttersubstanz des Actiniums befaßt. Soddy und Cranston suchten durch ein Sublimationsverfahren die Muttersubstanz aus der Pechblende abzuscheiden. In den auf diese Weise erhaltenen Präparaten ließ sich eine allmähliche Zunahme des Actiniums durch die der Actiniumemanation nachweisen. In der Annahme einer quantitativen Abscheidung aus dem Mineral berechneten sie aus der Zunahme eine Halbwertszeit des Actiniums von rund 3500 Jahren. In Wirklichkeit ist die Halbwertszeit aber mehr als 100mal kleiner. Dies zeigt, daß die Verfasser nach ihrer Methode nur Spuren der neuen Substanz haben konnten. Irgendwelche nähere Angaben über die Eigenschaften konnten nicht gemacht werden.

Soddy und Cranston haben deshalb auch zugestimmt, daß wir einen Namen für das Ekatantal gegeben haben, der international anerkannt wurde, nämlich Protactinium.

Ganz korrekt ist dieser Name für das Element zwischen Uran und Thorium, also für das Element mit der Ordnungszahl 91, aber nicht. Die Entdecker des neuen Elements Uran X_2 waren ja Fajans und Göhring. Sie hatten das Recht der Namensgebung und nannten es — wie schon mitgeteilt — wegen seiner sehr kurzen Halbwertszeit Brevium. Das von uns entdeckte Protactinium mit einer Halbwertszeit von vielen tausend Jahren zugunsten des Namens Brevium aufzugeben, hat aber auch die Internationale Atomkommission nicht über sich gebracht. Ganz korrekt wäre also die Bezeichnung „Protactinium (Pa), das langlebige Isotop des Breviums".

Nach dem Ende des Krieges war nun das Protactinium Gegenstand einer ganzen Anzahl von Untersuchungen, von denen nur einige Titel genannt seien: Abscheidung des Protactiniums aus Pechblende[2]); der Ursprung des Actiniums[3]),

---

1) *F. Soddy* and *J. A. Cranston,* Proc. Roy. Soc. A, **94**, 384—404 (1918).

2) *O. Hahn* u. *L. Meitner,* Ber. d. Dt. Chem. Ges. **52**, 1812—1828 (1919).

3) *O. Hahn* u. *L. Meitner,* Phys. Z. **20**, 529—533 (1919).

wobei das Abzweigungsverhältnis der Actiniumreihe aus der Uranreihe geschätzt wurde, Protactinium und Lebensdauer des Actiniums[1]), wofür der Wert von 20 ± 10 % Jahren gefunden wurde; Lebensdauer des Pa und sein Gehalt in Uranmineralien, wobei wir einen Wert von 12000 Jahren als untere Grenze fanden[2]). Alle diese Arbeiten stammten von Hahn und Meitner.

Natürlich wurde auch die Möglichkeit der Herstellung des langlebigen Elements in wägbarer Menge diskutiert und ein Weg zur starken Anreicherung gesucht. In bescheidenem Maßstab gelang es auch bei unseren Versuchen, die neue Substanz zunächst mit ihrem niedrigeren Homologen, dem Tantal, abzuscheiden, um es dann später vom Tantal wieder zu trennen.

Wir waren aber auf keinem erfolgreichen Wege. Mein Mitarbeiter A. v. Grosse schloß aus einem genauen Vergleich der Eigenschaften von Thorium und Uran mit deren niedrigeren Homologen, daß sie sich in vieler Hinsicht stark von einander unterscheiden und in ihren Eigenschaften Elementen anderer Vertikalgruppen ähneln können. Er erwartete daraus eine gewisse Ähnlichkeit des Protactiniums mit dem Zirkon und versuchte die Anreicherung des Protactiniums mit Zirkon. Der Erfolg von v. Grosse war durchschlagend. Mit Zirkonphosphat aus saurer Lösung wurde das Protactinium ausgefällt und konnte so vom Tantal abgetrennt werden. Aus einem halben Kilogramm eines von uns schwach angereicherten Materials mit einem Gehalt von ca. 4 mg Pa_2O_5 gelang es v. Grosse, die ersten 2 mg reinen Pa-Pentoxids herzustellen, 270000mal aktiver als die gleiche Gewichtsmenge Uran[3]). Die von v. Grosse vorausgesagten Eigenschaften des Protactiniums waren bei bestimmten, für das Zirkon charakteristischen Reaktionen so ausgeprägt, daß die Abscheidung mit Zirkon und auch die spätere Reindarstellung nicht schwierig waren. Die speziellen Eigenschaften konnten nun genauer untersucht werden. Nach von einander unabhängigen Methoden bestimmten sowohl Walling als auch v. Grosse die Halbwertszeit zu 20000 Jahren. Nach dem massenspektroskopischen Nachweis des Actino-Urans und der genauen Feststellung des Anteils vom Actino-Uran, der Muttersubstanz des Protactiniums zum Uran, erhöhte sich unser Wert auf 32000 Jahre. (Genaueres siehe die Indikatormethode.)

Von meinen Mitarbeitern Graue und Käding wurden später aus 5,5 t Rückständen der Radiumfabrikation aus Joachimstal mit einem geschätzten Gehalt von 950 mg Protactinium 700 mg Protactinium erhalten. 500 mg, für Metall berechnet, lagen als reines, schön kristallisiertes Protactiniumkaliumfluorid vor. Der Rest war noch etwas verdünntes Material. (Hier wurde die chemische

---

1) *O. Hahn* u. *L. Meitner*, Phys. Z. **20**, 127—130 (1919).

2) *O. Hahn* u. *L. Meitner*, Ber. d. Dt. Chem. Ges. **54**, 69—77 (1920).

3) *A. v. Grosse*, Naturwiss. **15**, 766—767 (1927). Ebenso: Ber. Dt. Chem. Ges. **61**, 233—245 (1928).

Ähnlichkeit des Protactiniums zum Tantal verwendet). Die Rohverarbeitung der 5 t Ausgangsmaterial war zunächst mit Hilfe der Notgemeinschaft der Deutschen Wissenschaft bei der Deutschen Glasglühlicht Auer-Gesellschaft in Oranienburg bei Berlin vorgenommen worden, die Reinherstellung im Kaiser-Wilhelm-Institut für Chemie[1]).

Mit der Herstellung des Protactiniums war unter den in der Natur vorkommenden Radioelementen neben dem Radium nunmehr ein zweites Element in für den Chemiker zugänglichen Gewichtsmengen verfügbar.

3. Uran Z, erstes Beispiel einer Kernisomerie

In dem Buche „Beiträge zur Physik und Chemie des 20. Jahrhunderts"[2]) stellt A. Flammersfeld in seinem Beitrag „Zur Geschichte der Atomkernisomerie" allgemein die Frage, ob die Entdecker die von ihnen gemachten Entdeckungen eigentlich beabsichtigt hatten oder ob sie ursprünglich etwas ganz anderes finden wollten, als ihnen dann nach angestrengter Arbeit in den Schoß fiel. Flammersfeld kommt zu dem Schluß, daß etwa die Hälfte der experimentellen Entdeckungen unseres Jahrhunderts gegen die ursprüngliche Absicht der Entdecker zustandekam oder zu den Versuchen mit unerwartetem Ausgang zu rechnen ist. Er nennt die ganz großen Entdeckungen der Radioaktivität, der Kernladungszahl, der Isotopie, durch die der Begriff des „Atoms" immer wieder eine neue Definition bekam, wobei man schließlich zu der „Erkenntnis" kam, daß die Eigenschaften eines Atoms durch seine Kernladungszahl und seine Massenzahl eindeutig definiert seien. Flammersfeld schließt seine Bemerkungen: „Diese Anschauung galt bis in die Mitte der dreißiger Jahre, obwohl seit 1921 eine Ausnahme bekannt war, mit der man nichts anzufangen wußte und die von Otto Hahn entdeckt worden war; deren Entdeckungsgeschichte ist höchst interessant, weil Hahn etwas ganz anderes suchte."

Es ist in der Tat so, daß ich oft erst etwas anderes gefunden habe als ich gesucht hatte. In vorhergehenden Kapiteln habe ich einige Beispiele dafür gegeben: Der „radioaktive Rückstoß" wurde erkannt, nachdem die ursprüngliche Vermutung eines neuen radioaktiven Zerfallsprodukts in der Actiniumreihe hatte fallen gelassen werden müssen und eine in ihren chemischen Eigenschaften in sehr geringer Aktivität nachgewiesene aktive Substanz sich an Stellen vorfand, wo sie wegen ihrer Nichtflüchtigkeit unmöglich sein konnte. Die „Emaniermethode"

---

1) *G. Graue* u. *H. Käding*, Naturwiss. **22**, 386—388 (1934); *G. Graue* u. *H. Käding*, Z. Angew. Chem. **47**, 650 (1934).

2) Verlag Friedr. Vieweg & Sohn, Braunschweig 1959.

— Näheres hierüber in Abschnitt A 7 — zur Prüfung des Verhaltens oberflächenreicher und oberflächenarmer Niederschläge wurde entwickelt, nachdem die Suche nach einem von Hahn und Meitner vermuteten Radium X als Träger der von diesen nachgewiesenen β-Strahlen beim α-strahlenden Radium vergeblich verlaufen war.

Ähnlich war es nun auch bei der Auffindung des ersten Beispiels einer Kernisomerie bei radioaktiven Atomarten, die zu einer Präzisierung der Eigenschaften radioaktiver Atomarten geführt hat.

Nach der Auffindung des Protactiniums als der lange gesuchten Muttersubstanz des Actiniums durch Hahn und Meitner war zunächst die Stellung des Protactiniums zum Uran noch nicht bekannt. Wir vermuteten eine Abzweigung des Urans mit dem neuentdeckten Uran Y als Zerfallsprodukt des Urans und als Muttersubstanz des Protactiniums neben der Hauptreihe des Uranzerfalls in Uran X_1 und Uran X_2 (Brevium), welch letzteres in das Uran II, die Muttersubstanz des Ioniums und der Radiumreihe, übergeht. Die vom Uran I und Uran II unabhängige Muttersubstanz der Protactinium-Actiniumreihe, das Actino-Uran, wurde erst später auf massenspektroskopischem Wege nachgewiesen.

Es bestand auch die Vermutung eines weiteren, von der Actiniumreihe unabhängigen Urans etwa vom Atomgewicht 240[1]), um damit das im Vergleich zum Radium 226 zu hohe Atomgewicht des gewöhnlichen Urans (damals zu 238,2 ermittelt) zu erklären. Schließlich gab es auch Erklärungsversuche über die Entstehung der Actiniumreihe über das neu nachgewiesene Helium-Isotop der Masse 3 gegenüber dem α-Teilchen der Masse 4.

Es schien also trotz Protactinium und Uran Y über die Actiniumreihe noch nicht alles klar, besonders auch, weil sich bei den in Gemeinschaft mit Lise Meitner durchgeführten Arbeiten über das Uran Y und auch über das Protactinium gelegentlich kleine Unstimmigkeiten bei den Elektroskopmessungen gezeigt hatten. Wenn Unstimmigkeiten wiederholt gefunden wurden, dann verdienten sie aufgeklärt zu werden, besonders im Hinblick auf die Frage einer unter Umständen noch unbekannten Uranreihe geringer Intensität.

Falls eine solche Uranreihe existierte, dann sollte man das eine oder andere Umwandlungsprodukt vielleicht finden können. Ich untersuchte deshalb die ersten Umwandlungsprodukte des Urans; ein neues Isotop des Urans selbst konnte man auf chemischem Wege ja nicht finden. So wurden das Uran Y — Halbwertszeit 25 h —, das Uran X — Halbwertszeit 24 d — und das Protactinium noch einmal genauer auf ihr radioaktives Verhalten geprüft. Nach dem von Hahn und Meitner beschriebenen Verfahren hergestellte angereicherte Uran-Y-Präparate ließen aber

[1]) *K. Hermann*, Charlottenburg (meines Wissens nicht publiziert).

nichts Sicheres erkennen, was auf eine neue Substanz hätte schließen lassen. Anders war es aber beim Protactinium resp. dem Uran X ($UX_1 + UX_2$). Mit Tantalsäure aus Uranlösungen abgeschiedenes Protactinium zeigte bei schnellem Arbeiten außer dem anwesenden UX eine sehr schwache, viel langsamer als UX_2, aber schneller als UX_1 abnehmende Aktivität zunächst unbekannten Ursprungs. Die β-Aktivität betrug nur etwa 1 Promille der β-Strahlung des Uransalzes. Die Halbwertszeit zwischen 6 und 7 h ließ auf das Actinium-Isotop Mesothor 2 schließen (6,2 Stunden), besonders, weil ja in unserem Institut sehr starke Mesothorpräparate vorhanden waren.

Mit neuen Glas- und Platingefäßen konnte ich aber zeigen, daß die unbekannte Substanz kein Mesothor 2 war, darüber hinaus, daß trotz der sehr geringen Aktivität eine Infektion mit bekannten Produkten nicht vorlag.

Die Substanz wurde als ein Isotop des Protactiniums erkannt, seine Abscheidung geschah aus dem UX_1; sie wurde, da Uran Y schon bekannt war, als UZ bezeichnet. Es gelang, Präparate zu gewinnen, die über 99,5 % radioaktiv rein waren, was bei dem geringen Prozentsatz, mit dem das neue Produkt aus dem UX entsteht, bewies, daß die Abtrennung des UX vom neuen Körper auf ein Hunderttausendstel gelungen war. Die Ergebnisse der sehr ausführlichen Arbeit wurden folgendermaßen zusammengefaßt[1]):

„1. In gewöhnlichen Uransalzen findet sich eine neue radioaktive Substanz mit den chemischen Eigenschaften des Protactiniums.
2. Sie sendet β-Strahlen aus und hat eine Halbwertszeit von 6,7 h.
3. Die Strahlen sind sehr komplex. Die Halbierungsdicke steigt in den untersuchten Grenzen von 0,014 auf 0,12 mm Al.
4. Die Strahlungsintensität des neuen Körpers beträgt unter den beschriebenen Bedingungen rd. 2,5 Promille der Stärke des UX ($UX_1 + UX_2$), das aus der gleichen Menge Uran stammt.
5. Als Muttersubstanz kommt nur das UX_1 oder ein neues UX_1-Isotop ähnlicher Lebensdauer in Frage.

Im ersteren Fall erlitte das UX_1 einen dualen Zerfall, in einer Art, wie er bisher bei den Radioelementen noch nicht beobachtet wurde. Im letzteren Falle wäre die wahrscheinlichste Annahme die Existenz einer neuen Uranzerfallsreihe geringer Strahlungsintensität, deren einzelne Glieder sich als Isotope in die bekannte Uran-Radiumreihe einreihen.

Solange die Frage nach der Muttersubstanz noch nicht geklärt ist, wird der neue Körper UZ genannt."

Von den in der Zusammenfassung angegebenen zwei Möglichkeiten für die Muttersubstanz, nämlich das UX_1 oder ein bisher unbekanntes Isotop des Uran X_1,

---

[1]) *O. Hahn*, Z. Phys. Chem. **103**, 461—480 (1922).

schien mir das bekannte UX_1 von 24 Tagen Halbwertszeit eigentlich nicht in Frage zu kommen, weil ein solcher dualer Zerfall, beide Male durch β-Strahlenemission, einen ganz neuen Vorgang bedeuten würde.

Wie bei früheren Gelegenheiten, z. B. der Nichtentdeckung der Isotopie trotz überzeugender Beweise für die chemische Gleichheit zahlreicher Radioelemente, hatte ich auch hier die Hemmung, ein mit den bisherigen Vorstellungen nicht in Einklang zu bringendes Ergebnis als eine neue Erkenntnis auszusprechen. Ich konzentrierte deshalb meine ganze Arbeit auf die Suche nach einer neuen Zerfallsreihe sehr geringer Aktivität. Da das UZ bei dem Uran X ($X_1 + X_2$) gefunden wurde, mußte die unbekannte Muttersubstanz des UZ im Uran X enthalten sein. War eine unbekannte Muttersubstanz im Uran X enthalten, dann mußte das Verhältnis UX zu UZ sich im Laufe der Zeit ändern; war UX die Muttersubstanz, dann mußte das Verhältnis UX zu UZ auch nach beliebig langer Zeit konstant bleiben. Es kam also darauf an, möglichst genaue UZ-Bestimmungen in verschieden altem UX durchzuführen.

Wenn auch der qualitative Nachweis des Uran Z aus starken UX-Präparaten sehr einfach war, so waren quantitative Versuche über lange Zeiträume schwierig und zunächst sehr unsicher. Es handelte sich ja um Präparate, die bei ihrer Messung und gleichzeitiger Prüfung auf radioaktive Reinheit fast nie mehr als 1/1000 der β-Aktivität des Uran X aufwiesen. Dabei war der Träger für das Uran Z das chemisch nicht so leicht durch eine einfache Reaktion feststellbare Tantal. Um jede Gefahr der Verunreinigung oder Infektion zu vermeiden, wurden nur neue Laboratoriums-Utensilien in einem für diese Arbeit reservierten Laboratorium benutzt. Es kam bei den Bestimmungen auf einen Vergleich von Lanthanoxyd + Uran X zu Tantaloxyd + UZ an; aber gut vergleichbare Werte für dieses Verhältnis, auch bei gleich altem UX, waren nicht zu erzielen, die Tantal-UZ-Aktivität zeigte für einwandfreie Aussagen eine zu große Streuung.

Schließlich ging ich zu einer Indikatormethode über, indem ich das von Hahn und Meitner entdeckte Protactinium als Indikator für die Ausbeute an UZ benutzte. Anstelle der reinen Tantalsäure als Träger für das UZ wurde ein genau geeichtes Tansalsäure-Protactinium-Präparat verwendet. Die Ausbeute an Uran Z konnte dann aus der Ausbeute aus dem bei den Trennungen wiedergewonnenen konstant aktiven Protactinium bestimmt werden. Ein Weg für die einwandfreie Bestimmung des α-strahlenden Indikators Protactinium wurde ausgearbeitet. Mit dieser etwas mühseligen, aber einwandfreien Indikatormethode wurde eine Anzahl von UZ-Bestimmungen aus einem Uran-X-Präparat durchgeführt, das aus mehreren Kilogramm Uran gewonnen war. Der Prozentsatz UX zu UZ war immer der gleiche, was also gegen meine ursprüngliche Überzeugung für eine unbekannte Muttersubstanz des Uran Z sprach.

Da ich mich aber immer noch nicht zu dieser Erklärung entschließen konnte, habe ich noch eine Art von Großversuch durchgeführt, um ein derart starkes UX zu gewinnen, daß nach dessen Zerfall auf 1 % das nur zu 1/1000 an dieser Aktivität anwesende UZ noch bestimmbar war.

Unter anfänglicher Mithilfe der Chemischen Fabrik von Kahlbaum in Berlin haben wir 100 kg Urannitrat auf UX verarbeitet. Mit dem von allen Verunreinigungen befreiten, sehr starken UX habe ich dann nach der Indikatormethode eine Anzahl von Uran-Z-Bestimmungen aus verschieden altem Uran X durchgeführt. Die letzte Bestimmung geschah nach 156 Tagen, nachdem das UX-Präparat auf etwa 1% abgeklungen war.

Die Ergebnisse zeigt die Tabelle.

Ausbeuten an Uran Z aus verschieden altem Uran X

Alter des UX in Tagen	Menge des zu dieser Zeit noch vorhandenen UX	Aktivität von UZ durch 0,07 mm Al in Promille des UX
2	94,0	1,14
4	88,8	1,17
5	86,5	1,07
12	70,6	1,19
15	64,8	1,14
18	59,4	1,15
53	21,7	1,27
82	9,4	1,14
97	6,0	1,34
136	1,95	1,18
156	1,07	–
		Mittel 1,18

Sieht man von dem mißglückten, allerletzten Versuch ab, dann finden wir eine gute Übereinstimmung in dem Verhältnis UX : UZ über diesen langen Zeitraum – bei der doch recht verwickelten Arbeitsweise sogar eine fast erstaunlich gute. Eine unbekannte Muttersubstanz für das UZ hätte nach diesem Ergebnis praktisch die Halbwertszeit des bekannten UX von 24 d haben müssen. Das war nun aber doch so unwahrscheinlich, daß ich aus meinen Versuchen den Schluß zog, daß die Muttersubstanz des UZ kein neues Thorium-UX-Isotop ist, sondern das gewöhnliche UX ($UX_1 + UX_2$), daß das UX also unter β-Emission in das kurzlebige UX_2 und gleichzeitig einen sehr geringen Prozentsatz von ein paar Promille in das ebenfalls β-strahlende Uran Z zerfällt (siehe Schema).

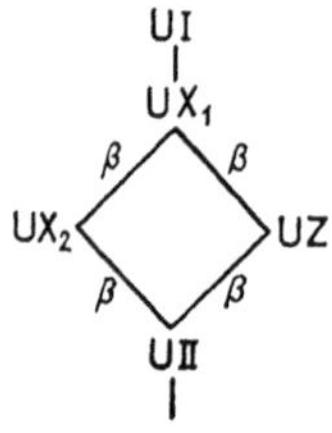

Erinnern wir uns daran, daß der Ausgangspunkt dieser Untersuchung wegen des vermeintlich zu hohen Uranatomgewichts 238,2 gegenüber dem des Radiums

226,0 die Annahme einer unbekannten Uranzerfallsreihe war, so sieht man auch hier wieder, daß etwas ganz anderes gefunden wurde als ursprünglich gesucht worden war.

Das zu hohe Atomgewicht des Urans hat dann später durch die Bestimmung des Massendefekts bei der α-Teilchenemission seine befriedigende Erklärung gefunden.

Mit dem Uran Z war der erste Fall einer Kernisomerie gefunden worden. Auf den Gang der späteren Isomerenforschung hat dieser erste Fall wenig Einfluß gehabt. Wie Flammersfeld[1]) sagt, erfolgte die Entdeckung offensichtlich 15 Jahre zu früh. Das ist eine bei der heutigen Entwicklung der Forschung ganz ungewöhnliche Erscheinung. Allerdings handelt es sich beim UZ auch um einen recht komplizierten Fall, der schwierig aufzufinden war. Aber das ist eine Bestätigung einer Regel, die man auch aus der Geschichte der Physik ablesen kann: gewöhnlich wird eine Entdeckung nicht auf dem einfachsten, sondern auf einem komplizierten Wege gemacht, die einfachen Fälle zeigen sich erst später.

Weitere Fortschritte über die Isomerie der Atomkerne wurden erst gemacht, als mit der Entdeckung der künstlichen Radioaktivität viele weitere Atomarten zur Verfügung standen. Heute sind über 160 Paare von isomeren Atomarten bekannt, die meistens recht gut untersucht sind; auch ein Ergebnis der stürmischen Entwicklung der experimentellen Methoden für radioaktive Strahlungen.

4. *β- und γ-Strahlen – mit Lise Meitner*

Die im Chemischen Institut der Universität Berlin in Gemeinschaft mit Lise Meitner durchgeführten Arbeiten über β-Strahlen waren ursprünglich unter der Arbeitshypothese durchgeführt worden, daß einheitliche Radioelemente einheitliche β-Strahlen emittieren und ihre Absorption in Aluminium nach einem einfachen Exponentialgesetz erfolgt. Durch die Aufnahme der „magnetischen Spektren" der β-Strahlen in Gemeinschaft mit O. v. Baeyer war unsere Auffassung ins Wanken gekommen. Die scharfen β-Strahllinien absorbierbarer β-Strahler, z. B. beim Msth 2, und die verwaschenen Banden durchdringender Strahlen hatten gezeigt, daß unsere einfachen Annahmen nicht richtig waren. Trotzdem waren eine ganze Reihe neuer Erkenntnisse gewonnen; neue, bisher nicht bekannte β-Strahler waren aufgefunden, einfache Methoden zur Unterscheidung der einzelnen β-strahlenden Radioelemente waren als analytische Hilfsmittel erkannt und die Methoden zur chemischen Gewinnung dünner Schichten der einzelnen Substanzen ausgearbeitet.

---

[1]) *A. Flammersfeld* l. c.

Im Kaiser-Wilhelm-Institut für Chemie wurden diese Arbeiten nach dem ersten Weltkriege weiter fortgesetzt.

In einer von L. Meitner und dem Verfasser durchgeführten Untersuchung der γ-Strahlen der Thoriumprodukte[1]) konnten wir zeigen, daß außer dem aktiven Niederschlag ThB und ThD (alte Nomenklatur) auch das α-strahlende Thorium eine charakteristische, ziemlich weiche γ-Strahlung emittierte.

Auch beim α-strahlenden Radioactinium wurden γ-Strahlen festgestellt[2]). Bei den γ-Strahlen des $UX_1 + UX_2$ gelang es, drei Gruppen von γ-Strahlen nachzuweisen und durch eine geeignete schnelle chemische Trennungsmethode eine Zuordnung der Gruppen auf die einzelnen Glieder UX_1 und UX_2 vorzunehmen[3]).

Erwähnt sei auch die schon früher genannte Methode zur Unterscheidung abgeschlossener Radium- und Mesothoriumpräparate mit Hilfe ihrer γ-Strahlen[4]). Mesothorpräparate wurden ja zu erheblichem Betrage als Ersatz für Radium in der Heilkunde und auch der Technik verwendet. Man mußte versuchen, nicht nur zwischen frischem Mesothor und Radium zu unterscheiden, sondern auch zwischen frischem und altem Mesothor (also radiothorfreiem und radiothorhaltigem Mesothor) und auch zwischen Radium und altem Mesothor.

In der sehr ausführlichen Mitteilung wird gezeigt, daß man Radium und frisches Mesothor und frisches altes Mesothor leicht unterscheiden kann, daß es aber auch gelingt, Radium und altes Mesothor eindeutig als solches zu erkennen.

Das Schwergewicht der Arbeiten über β- und γ-Strahlen verlagerte sich aber mehr und mehr auf die Physikalisch-Radioaktive Abteilung von Lise Meitner und ihre an Zahl wachsenden Mitarbeiter. Die Chemie gab Hilfestellung durch die weitere Verbesserung der Methoden der Präparatherstellung und, wenn nötig, der Schnelligkeit der Gewinnung. Zur Feststellung der Zugehörigkeit der einzelnen β-Strahlgruppen bei einer aus mehreren β-Strahlern zusammengesetzten Substanz — etwa Radiothor plus Zerfallsprodukten oder Radium plus Zerfallsprodukten oder Radioactinium plus Zerfallsprodukten — war es nötig, die Muttersubstanz rein und schnell abzuscheiden, um zu erkennen, ob und welche Strahlen von der Muttersubstanz, welche von den Zerfallsprodukten herrührten.

Für die Aufnahme der β-Spektren wurde zu einer von Danysz[5]) zuerst angegebenen Methode übergegangen, die eine größere Aufspaltung des Spektrums gestattet. Beim Radiothor wurden dabei zwei β-Strahlgruppen nachgewiesen, die wir früher dem Thor X zugeschrieben hatten[6]).

---

1) *L. Meitner* u. *O. Hahn*, Phys. Z. **14**, 873—877 (1913).

2) *O. v. Baeyer, O. Hahn, L. Meitner*, Phys. Z. **14**, 1—3 (1913).

3) *O. Hahn* u. *L. Meitner*, Z. f. Phys. **17**, 157—167 (1923).

4) *O. Hahn*, Strahlentherap. **4**, 154—174 (1914).

5) *J. Danysz*, C. R. **153**, 339 (1911).

6) *O. v. Baeyer, O. Hahn* u. *L. Meitner*, Phys. Z. **16**, 6—7 (1915).

Berlin-Dahlem, Ende 1918: Im Vordergrund links das KWI für Chemie, rechts das KWI für Physikalische Chemie und Elektrochemie; jeweils links und rechts daneben die dazugehörenden Direktorenvillen

Berlin, 1920: „Das bonzenfreie Colloquium". Von links: Otto Stern, Wilhelm Lenz, James Franck, Rudolf Ladenburg, Paul Knipping, Niels Bohr, E. Wagner, Otto von Baeyer, Otto Hahn, Georg von Hevesy, Lise Meitner, Wilhelm Westphal, Hans Geiger, Gustav Hertz, Peter Pringsheim

Berlin, 1920: Im KWI für Physikalische Chemie. Von links: Hertha Sponer, Albert Einstein, Hugo Grotrian, Ingrid Franck, Wilhelm Westphal, James Franck, Otto von Baeyer, Lise Meitner, Peter Pringsheim, Fritz Haber, Gustav Hertz, Otto Hahn

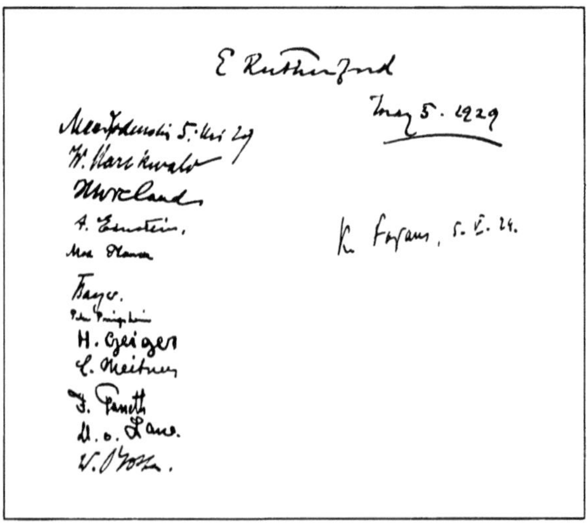

Eine Seite aus Otto und Edith Hahns Gästebuch (5. Mai 1929).
Von oben: Ernest Rutherford, Max Bodenstein, Wilhelm Marckwald, Heinrich Wieland, Albert Einstein, Max Planck, Otto von Baeyer, Peter Pringsheim, Hans Geiger, Lise Meitner, Friedrich Paneth, Max von Laue, Walther Bothe und Kasimir Fajans

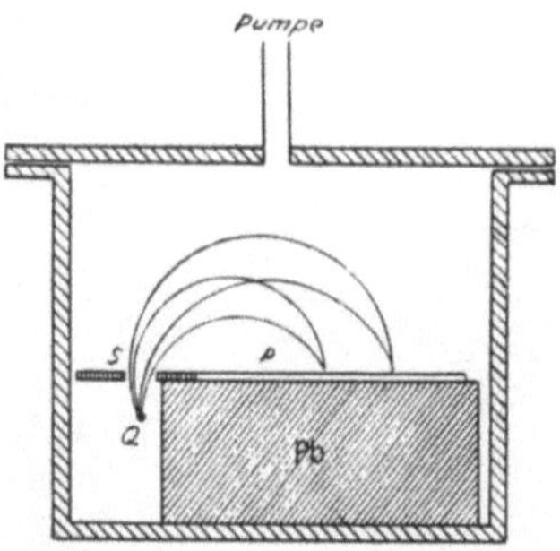

Abb. 4
Die Danyszsche Apparatur zur Aufnahme der β-Spektren

Ganz interessant war die elektrolytische Gewinnung einer dünnen Schicht von Radium, möglichst frei von allen Zerfallsprodukten[1]). Zur Entfernung der Emanation und des aktiven Niederschlags wurde zunächst die Lösung des etwa $80^{0}/_{0}$igen Radiumchlorids ein paar Stunden auf dem Wasserbade erhitzt. Dann wurde unter einem langsamen Kohlensäurestrom das Radiumcarbonat an einem Platindrähtchen niedergeschlagen. Die weiße, gleichmäßige Schicht wurde noch ganz schwach geglüht, um das Salz in einen nichtemanierenden Zustand zu bringen (s. Kapitel Emaniermethode). Die Stärke der Präparate schwankte zwischen 0,3 und 1 mg Radiumelement.

Es ist heute, im Jahre 1962, vielleicht ganz interessant, daran zu erinnern, daß man vor über 35 Jahren noch unbefangener mit dem Radium gearbeitet hat als heute. Die Drähte mit 0,3—1 mg Radium stammten natürlich aus einer sehr viel stärkeren Radiumlösung. Heute wäre das ohne Schutzvorkehrungen, die das Arbeiten erschweren, nicht möglich. Das Arbeiten hat uns offenbar ebensowenig geschadet, wie das Fraktionieren des radiumhaltigen Mesothors viele Jahre früher. Auch unser Institut haben wir nicht merklich infiziert.

Die Präparate enthielten bei Beginn der Aufnahme nur etwa 1 Promille der durchdringenden Strahlen, sie nahmen allmählich auf das 1000fache ihres Anfangswertes zu. Drei absorbierbare β-Strahlgruppen konnten damit einwandfrei dem eigentlichen Radium zugeordnet werden. Ihre Herkunft wurde von Lise Meitner als aus dem K-, L- und M-Niveau des zerfallenden Radiumatoms bewiesen. Von ihr wurden hieraus (und aus anderen Arbeiten) die Konsequenzen über die Rolle der γ-Strahlen beim Atomzerfall gezogen[1]).

Beim Radiothor und beim Radioactinium konnten wir unsere Befunde auch dadurch kontrollieren, daß wir außer der Vermehrung der β-Strahllinien aus den anfangs von den Zerfallsprodukten gut gereinigten Ausgangsmaterialien die Zerfallsprodukte von den Muttersubstanzen abtrennten und deren Spektren aufnahmen, also beim Actinium das AcX mit dem aktiven Niederschlag und den aktiven Niederschlag allein. Das gleiche geschah für anfänglich reines ThX mit dem sich nachbildenden aktiven Niederschlag und dem aktiven Niederschlag allein. Die mit den verbesserten Apparaten erzielten, sehr linienreichen Spektren konnten auf diese Weise einwandfrei den einzelnen Atomarten zugeteilt werden.

---

1) *O. Hahn* u. *L. Meitner*, Z. f. Phys. **29**, 161—168 (1924).

2) *L. Meitner*, Z. f. Phys. **29**, 169—177 (1924).

Wie kompliziert sich diese Spektren bei der systematischen Verbesserung der Arbeitsweise herausstellten, mag am Beispiel der Arbeit über das Radioactinium und seine Zerfallsprodukte hier erwähnt werden. Beim Radioactinium wurden insgesamt 49 β-Strahlgruppen, beim AcX 21 Gruppen festgestellt[1]). Von Lise Meitner[2]) wurde ihre eindeutige Zuordnung vorgenommen und die Frage geprüft, ob die Umwandlung der vom Atomkern emittierten γ-Strahlen in sekundäre Elektronen (die β-Strahllinien) in der Elektronenhülle des ursprünglichen oder des entstehenden Atoms erfolgt. Sie konnte zeigen, daß die Auslösung der Elektronen im entstehenden Atom vor sich geht, die γ-Strahlen also nach dem Zerfall ausgesandt werden.

Mit diesen Ergebnissen hat Lise Meitner eine mehrjährige Diskussion mit Ellis[3]) und Ellis und Skinner[4]) erfolgreich abgeschlossen.

Mit Orthmann hat Lise Meitner dann auch die primären Kern-β-Strahlen mit ihrem zunächst unverständlichen Kontinuum näher untersucht und sich Gedanken über eine Erklärung gemacht. Das erlösende Wort sprach dann Wolfgang Pauli[5]) mit der berühmten Postulierung des geheimnisvollen Neutrinos.

Auf die vielen späteren Arbeiten Lise Meitners über β- und γ-Strahlen im Kaiser-Wilhelm-Institut für Chemie näher einzugehen, ist an dieser Stelle nicht möglich; sie wurden ja ohne meine Mitarbeit von ihr allein oder ihren Mitarbeitern durchgeführt.

5. *Das Jahr 1933 und Fritz Haber*

Das Jahr 1933 bedeutete in meiner experimentellen Arbeit eine gewisse Unterbrechung und brachte mich in eine besondere Beziehung zu dem Nachbarinstitut, dem Kaiser-Wilhelm-Institut für Physikalische Chemie und Elektrochemie, und zu dessen Direktor Geheimrat Fritz Haber.

Für Anfang 1933 hatte ich eine Einladung in das George Fisher Baker Institut für Chemie der Cornell-Universität in Ithaca (N.Y.) angenommen zu einer etwa 4monatigen "non-resident" lectureship. — Am 30. Januar 1933 war die „Machtergreifung" durch Adolf Hitler. Ich glaubte nicht an eine längere Dauer seines Regiments und machte mir zunächst keine ernsten Gedanken wegen der Zukunft. Ende Februar 1933 verließ ich deshalb Dahlem und reiste nach den USA.

---

1) *O. Hahn* u. *L. Meitner*, Z. f. Phys. **30**, 795—806 (1925).

2) *L. Meitner*, Z. f. Phys. **30**, 807—817 (1925).

3) *C. D. Ellis*, Proc. Roy. Soc. London, **101**, 1 (1922).

4) *C. D. Ellis* u. *H. W. B. Skinner*, ebenda **105**, 185 (1924).

5) *W. Pauli*, Zur älteren und neueren Geschichte des Neutrinos in „Aufsätze und Vorträge über Physik und Erkenntnistheorie", Friedr. Vieweg & Sohn, Braunschweig 1960.

Aber die Berichte aus Berlin über die Behandlung der jüdischen Professoren, die ich vor allem durch vertrauliche Briefe erhielt, waren besorgniserregend und wurden von Monat zu Monat beunruhigender, besonders die über das benachbarte Institut von Geheimrat Haber. Haber selbst wurde zunächst nicht betroffen, aber einige seiner sehr tüchtigen jüdischen Mitarbeiter verloren ihre Stellung. Irgendwelche der Partei oder ihren Organisationen angehörigen Personen führten das große Wort, und Fritz Haber entschloß sich deshalb, seine Stellung als Direktor seines Instituts niederzulegen. In einem an den neuen Kultusminister gerichteten Schreiben erklärte er, daß er keine andere Behandlung erfahren möchte als seine jüdischen Mitarbeiter.

Meine Vorlesungen in Ithaca gingen im Juni zu Ende, und ich hatte eine vorgesehene Reise über einige amerikanische Universitäten bis nach Kalifornien angetreten.

Die Nachrichten aus Dahlem waren aber so, daß ich mich entschloß, auf Anraten vor allem um das Haber-Institut besorgter Freunde, die geplante Reise in den Westen abzubrechen und möglichst schnell nach Deutschland zurückzukehren[1]).

Wieder in Berlin, baten mich der Präsident der Kaiser-Wilhelm-Gesellschaft, Geheimrat Planck, und Professor Haber, die Leitung des Haberschen Instituts neben meinem Institut vorübergehend zu übernehmen. Haber, seit Jahren ein kranker Mann, nahm eine Einladung nach Cambridge in England an.

Ich bemühte mich, besondere Härten der Machthaber abzuschwächen; eine Änderung der Lage konnte ich nicht erreichen. Nach einigen Wochen erhielt ich dann die Mitteilung, daß ein neuer Direktor des Instituts eingesetzt und meine Tätigkeit als stellvertretender Leiter des Instituts für Physikalische Chemie und Elektrochemie abgelaufen sei. In meinem eigenen, nicht betroffenen Institut für Chemie blieb alles beim alten.

Fritz Haber starb, völlig gebrochen, auf einer kurzen Erholungsreise in die Schweiz am 29. Januar 1934. Von seinem Ableben wurde in der deutschen Öffentlichkeit zunächst offiziell keine Notiz genommen. Nur Max v. Laue hatte den Mut, in den „Naturwissenschaften" einen Nachruf auf ihn zu schreiben, was ihm fast ein peinliches Verfahren einbrachte, und Professor Max Bodenstein gedachte seines Todes in der Preußischen Akademie der Wissenschaften.

---

[1]) Die durch die Umstände in Dahlem notwendig gewordene Unterbrechung meiner geplanten Reise wurde viele Jahre später durch eine großzügige Einladung von der "Ford Foundation" nach den USA bis Kalifornien belohnt. Veranlasser der Einladung war E. O. *Lawrence* vom Radiation Laboratory der University of California in Berkeley, der von der damaligen Unterbrechung erfahren hatte.

Im Laufe des Jahres 1934 mehrten sich aber die Stimmen nach einer Gedächtnisfeier für Fritz Haber anläßlich seines einjährigen Todestages. Geheimrat Planck nahm die Vorbereitungen für eine solche Feier persönlich in die Hand. Es wurden neben einer kurzen Einleitung durch den Präsidenten drei Ansprachen vorgesehen: eine von Oberst a. D. Dr.-Ing. e. h. Joseph Koeth über Habers Bedeutung im Weltkriege, eine von mir als Leiter des Nachbarinstituts für Chemie über Habers Persönlichkeit und seine Verdienste um die Kaiser-Wilhelm-Gesellschaft und eine von Professor Karl-Friedrich Bonhoeffer, Leipzig, über Habers Bedeutung für die Wissenschaft.

Am Anfang sah alles ganz friedlich aus. Die Einladungen mit dem Programm gingen etwa zwischen dem 10. und 13. Januar heraus. Aber schon am 15. Januar erging ein Erlaß im Auftrage des Preußischen Kultusministers, zunächst an den Rektor der Technischen Hochschule Berlin. In ihm wurde die geplante Feier als Herausforderung des nationalsozialistischen Staates bezeichnet. Die Schlußsätze hießen: „Diese Auffassung wird noch dadurch erhärtet, daß sich die Veranstalter nicht gescheut haben, den zu der Feier Eingeladenen das Erscheinen in Uniform nahezulegen. Ich sehe mich deswegen veranlaßt, allen meinem Dienstbereich unterstellten Beamten und Angestellten hiermit die Teilnahme an der Feier zu untersagen."

Ein Schreiben von Geheimrat Planck an den Minister wurde zunächst ganz höflich beantwortet und die Gründe für den Erlaß mit einigen Einschränkungen erklärt. Aber schließlich kamen doch noch schärfere Schreiben gegen die geplante Veranstaltung. In einem Schreiben des „Stellvertreters des Führers" wies dieser auf die Taktlosigkeit der einladenden Gesellschaften hin und teilte mit, daß eine Teilnahme für alle Angehörigen des Amtes für Technik und der in der RTA (Reichsgemeinschaft der Technisch-Wissenschaftlichen Arbeit) zusammengeschlossenen Vereine nicht in Frage komme. An meinem Institut wurde ein Rundschreiben des Vereins Deutscher Chemiker angeschlagen, daß eine Teilnahme an der Feier allen Mitgliedern untersagt sei.

Aber die Feier wurde nicht abgesagt.

In dieser grotesken Situation holte mich Planck am Vormittag des 29. Januar in meinem Institut ab. Wir wußten nicht, ob wir nicht gewaltsam am Betreten des Harnack-Hauses gehindert würden. Aber nichts geschah.

Der schöne große Saal war voll besetzt. Die Teilnehmer waren einige Verwandte von Haber, vor allem aber Geheimrat Bosch und leitende Herren der IG-Farbenindustrie, die Bosch telegraphisch aufgefordert hatte, zu kommen, viele Frauen der Professoren, denen die Teilnahme verboten war, Excellenz Schmidt-Ott, Geheimrat Willstätter, der aus München gekommen war, und andere persönliche Freunde von Haber. Auf den hinteren Bänken saßen einige Mitglieder meines Instituts: Lise Meitner, Fritz Straßmann, Max Delbrück.

Die Kaiser-Wilhelm-Gesellschaft zur Förderung der Wissenschaften

beehrt sich

in Gemeinschaft mit der

Deutschen Chemischen Gesellschaft

und der Deutschen Physikalischen Gesellschaft

zu einer

Gedächtnisfeier für Fritz Haber

am Dienstag, den 29. Januar 1935, 12 Uhr mittags,
im Harnack-Haus, Berlin-Dahlem, Ihnestraße 16–20,

einzuladen.

1. Andante con moto (Thema mit Variationen)
   aus dem Quartett Nr. 14 von Franz Schubert

2. Einleitende Worte

   Geheimrat Prof. Dr. Max Planck, Präsident der Kaiser-Wilhelm-Gesellschaft zur Förderung der Wissenschaften

3. Gedächtnisreden

   Prof. Dr. Otto Hahn, Direktor des Kaiser-Wilhelm-Instituts für Chemie

   Oberst a. D. Dr.-Ing. e. h. Joseph Koeth

   Prof. Dr. Karl-Friedrich Bonhoeffer, Auswärtiges wissenschaftliches Mitglied des Kaiser-Wilhelm-Instituts für physikalische Chemie und Elektrochemie

4. Cavatine (adagio molto espressivo)
   aus dem Quartett op. 130 von Ludwig van Beethoven

   Die Mitglieder des Philharmonischen Orchesters:
   Konzertmeister Siegfried Borries (1. Violine), Karl Höver (2. Violine), Reinhard Wolf (Viola), Wolfram Kleber (Cello).

Uniform oder dunkler Anzug

Der Verlauf der Feier war würdig und eindrucksvoll. Leider konnte Professor Bonhoeffer seinen Vortrag nicht selbst halten. Er hätte seine Stelle als Leipziger Hochschullehrer verloren. Auf seine Bitte las ich seinen Vortrag vor. Ich selbst war, da ich 1934 aus der Fakultät ausgetreten war, nicht gefährdet.

Verein deutscher Chemiker e. V., Berlin W 35, Potsdamer Str. 103a

Gemäß Verfügung des Präsidenten der RTA., Herrn Dr. Ing. Todt ist die Teilnahme an der Gedächtnisfeier für Fritz Haber am 29. Januar 1935 im Harnackhaus allen Mitgliedern des Vereins deutscher Chemiker e. V. untersagt.

Berlin, den 25. Januar 1935

Verein deutscher Chemiker e. V.

Die letzte Anweisung des Ministeriums war: Über die Veranstaltung wird nicht berichtet, die Vorträge sind nicht zu veröffentlichen.

Diese Erinnerung an Haber zeigt, daß man in den ersten Jahren des Hitlerregimes noch einen wenn auch kleinen Widerstand leisten konnte, was später nicht mehr möglich war.

6. Einige Kapitel aus der „angewandten Radiochemie"

a) Fällung und Adsorption kleiner Substanzmengen; normale und anomale Mischkristalle

Nach der Entdeckung des Protactiniums, der langlebigen Muttersubstanz des Actiniums, durch O. Hahn und L. Meitner und nach der Auffindung des Protactinium-Isotops UZ als erstes Beispiel einer Kernisomerie schien es so, als ob nunmehr alle in der Natur vorkommenden aktiven Atomarten bekannt seien. Ich selbst habe allerdings später noch einmal beim Radium und beim Actinium langlebige Isotope dieser Elemente gesucht und nicht gefunden, worüber später noch ein Wort gesagt werden soll.

In den Jahren nach dem eingehenden Studium des Protactiniums und des Uran Z habe ich mich neben den schon im vorhergehenden Kapitel kurz erwähnten, mit Lise Meitner gemeinsam durchgeführten Arbeiten über β- und

γ-Strahlen Fragen der angewandten Radiochemie zugewendet, die mit einer ganzen Anzahl von Mitarbeitern durchgeführt wurden.

Die Arbeiten sind in einem 1936 bei der Cornell University Press, Ithaca und New York, publizierten Buch "Applied Radiochemistry" (278 Seiten) eingehend besprochen. Die Vorträge wurden von Anfang März bis Juni 1933 gehalten.

Es ist hier nicht der Platz, diese Arbeiten noch einmal ausführlich zu publizieren. Aber in großen Zügen sei einiges mitgeteilt.

Nach einer Darstellung der theoretischen und experimentellen Grundlagen der Radiochemie werden in dem Buche drei Hauptkapitel mit den folgenden Themen besprochen:

I. Untersuchungen mit unwägbaren Mengen radioaktiver Atomarten.

II. Indikatormethoden.

III. Emaniermethode.

Die Arbeiten zu I nahmen ihren Ausgang von früheren Arbeiten von Fajans und von Paneth, die sich mit der Fällung und mit der Adsorption unwägbarer Substanzmengen mit ausfallenden oder schon vorliegenden Niederschlägen befaßten.

Man konnte ursprünglich eigentlich nicht wissen, wie sich unwägbare Substanzen bei Anwesenheit anderer, aber wägbarer Substanzen verhalten, ob sie von einem Niederschlag mitgefällt, an einem Niederschlag trotz ihrer Unwägbarkeit adsorbiert werden, ob sie im Filtrat bleiben oder wie sie sich verhalten.

Für den Radiochemiker waren diese Fragen aber von großer Bedeutung, und die in den Jahren 1913 und 1914 von Fajans und von Paneth durchgeführten Arbeiten fanden ihre Zusammenfassungen in der Fajansschen Fällungsregel und der Panethschen Adsorptionsregel.

Die Fajanssche Fällungsregel[1]) sagte aus: „Ein Radioelement fällt aus einer äußerst verdünnten Lösung mit einem Niederschlag eines gewöhnlichen Elementes dann aus, wenn dieses unter Bedingungen gefällt wird, unter welchen das betreffende Radioelement ausfallen würde, wenn es in wägbaren Quantitäten zugegen wäre."

Diese Fällungsregel bot einen Weg zur Kontrolle der chemischen Natur der einzelnen Radioelemente, und in der Tat ließen sich die chemischen Eigenschaften dieser in äußerster Verdünnung vorliegenden Substanzen mit bemerkenswerter Genauigkeit präzisieren.

---

1) *K. Fajans* u. *P. Beer*, Ber. Dt. Chem. Ges. **46**, 3486 (1913); *K. Fajans* u. *F. Richter*, Ber. Dt. Chem. Ges. **48**, 700 (1915).

Im Anschluß an die erste Mitteilung von Fajans über diesen Gegenstand stellten sich Horovitz und Paneth[1]) die Frage, ob nicht eine besondere Art von Adsorption, die stark von der chemischen Natur der beteiligten Stoffe abhinge, für das so erstaunlich definierte Verhalten der Radioelemente verantwortlich zu machen sei.

Auf Grund von Adsorptions-Versuchen von Radioelementen an verschiedenen schwerlöslichen Salzen und Oxyden stellte Paneth die Regel auf, daß

> „ein Stoff solche Radioelemente gut adsorbiert, deren analoge Verbindung in dem betreffenden Lösungsmittel schwer löslich ist".

Unter „analoger Verbindung" ist dabei die Verbindung des Radioelementes mit dem elektronegativen Bestandteile des Adsorbens zu verstehen. Da es sich bei den Adsorbentien im allgemeinen um typische Ionengitter handelt, konnte man diese Panethsche Regel auch so formulieren: „Von einem Ionengitter werden diejenigen Ionen relativ gut adsorbiert, deren Verbindung mit dem entgegengesetzt geladenen Bestandteil des Gitters in dem betreffenden Lösungsmittel schwer löslich ist."

Die Fajans-Panethschen Fällungs- und Adsorptionsregeln hatten sich gut bewährt und es ermöglicht, eine ganze Reihe von Beobachtungen unter einem Gesichtspunkte zusammenzufassen. Aber im Laufe der Zeit fiel mir bei meinen eigenen Arbeiten auf, daß es ziemlich viele Ausnahmen von diesen Regeln gab, und ich begann mit einigen Mitarbeitern ein systematisches Studium der Fällungs- und Adsorptionsvorgänge[2]) [3]). Um auch die Ausnahmen von den oben formulierten Regeln zu berücksichtigen resp. sie zu beseitigen, formulierte ich die folgenden Fällungs- und Adsorptionssätze:

Hahnscher Fällungssatz: „Ein Element wird aus beliebig großer Verdünnung mit einem kristallisierenden Niederschlag dann ausgefällt, wenn es in das Kristallgitter des Niederschlags eingebaut wird, also Mischkristalle mit den Ionen des kristallisierenden Niederschlags bildet. Tut es dies nicht, dann bleibt es im Filtrat, auch wenn seine Verbindung mit dem entgegengesetzt geladenen Bestandteil des Gitters in dem betreffenden Lösungsmittel beliebig schwer löslich ist."

Hahnscher Adsorptionssatz: „Ein Element wird aus beliebig großer Verdünnung an einem Niederschlag (Adsorbens) dann adsorbiert, wenn dem Niederschlage eine der Ladung des zu adsorbierenden Elementes entgegengesetzte Oberflächenladung erteilt worden und die adsorbierte Verbindung in dem vorliegenden Lösungsmittel schwer löslich ist."

---

[1]) K. *Horovitz* u. F. *Paneth*, Sitz.-Ber. Österr. Akad. Wiss. **123**, 1819 (1914).

[2]) O. *Hahn*, Ber. Dt. Chem. Ges. **59**, 2014—2025 (1926).

[3]) O. *Hahn*, Naturwiss. **14**, 1196—1199 "1926).

Über diese aufgestellten Sätze ergab sich eine lebhafte Diskussion, vor allem mit Fajans und seinen Mitarbeitern einerseits und mit mir und einigen Mitarbeitern andererseits. Auf die Einzelheiten soll hier nicht eingegangen werden; von beiden Seiten wurden Experimente herangezogen, die für oder gegen die Formulierung der Fällungs- und Adsorptionssätze sprachen oder zu sprechen schienen. Aber die verschiedenen Ansichten wurden allmählich ausgeglichen. Besonders die in dem Fällungssatz ausgesprochene Bedeutung der Bildung von Mischkristallen bei wahrer Mitfällung hat sich als sehr wichtig erwiesen und führte zu weiteren Konsequenzen, über die noch kurz zu sprechen sein wird. Der Adsorptionssatz hat in seiner Formulierung gewisse kleine Einschränkungen erfahren, aber die von mir formulierten Sätze haben sich als eine große Hilfe beim radiochemischen Arbeiten erwiesen. Über Ergebnisse und Folgerungen des Adsorptionssatzes habe ich später mit L. Imre eingehende weitere Versuche vorgenommen[1]). Sie führten zu einer prinzipiellen Unterscheidung zwischen Ionenadsorption und Kolloidadsorption, zu einer Erweiterung der Gültigkeit des Adsorptionssatzes in Richtung leicht löslicher Verbindungen, zur Unterscheidung im Verhalten stärker polarer und schwach polarer Gitter u. a. m.

L. Imre hat die Versuche in einer Reihe von Arbeiten selbständig fortgeführt und ausgedehnt auf Adsorptionsversuche an koagulierenden Niederschlägen und über die Kinetik der Oberflächenvorgänge an Kristallgittern. Er kam zu Unterscheidungen zwischen Grenzflächengleichgewichten und inneren Gleichgewichten in heterogenen Systemen. Ich selbst war an den späteren Arbeiten, die Imre dann in seiner Heimat Budapest noch weiter fortführte, nicht mehr beteiligt. Für die mehr theoretischen Ansätze und Berechnungen fehlten mir auch die mathematischen Unterlagen. Aber ich hatte durch die recht intensive Beschäftigung mit den Adsorptions-Vorgängen gelernt, beim Arbeiten auf solche Vorgänge achtzugeben und irrtümliche Schlüsse zu vermeiden.

Viel einfacher war die Aussage bei dem Hahnschen Fällungssatz, und hier wurden durch meine Mitarbeiter und mich Ergebnisse erzielt, die zum Teil ein allgemeineres Interesse verdienen. Der Fällungssatz gibt an, daß in dem Falle, wo die Abscheidung eines Elements in unwägbarer Menge mit einem Niederschlag unabhängig von den Fällungsbedingungen verläuft, der Einbau der Mikrokomponente in die Makrokomponente unter Mischkristallbildung erfolgt. Diese Mischkristallbildung erfolgt unter verschieden gelenkten Arbeitsbedingungen in verschiedener Weise. Es gibt homogene Mischkristalle, also solche, bei denen die Mikrokomponente homogen im Makrokristall verteilt ist. Es gibt aber auch Kristalle, in denen die Mikrokomponente, entsprechend der geringeren oder größeren Löslichkeit der Mikrokomponente im Innern des Kristalls angereichert

---

[1]) *O. Hahn* u. *L. Imre*, Z. Phys. Chem. A, **144**, 161–186 (1929).

oder abgereichert ist. Im ersteren Fall folgt der Einbau nach dem sogenannten Nernstschen Verteilungsgesetz, im anderen Fall liegt ein logarithmisches Gesetz vor. Durch die klassische Methode der Herstellung reiner Radiumsalze mittels fraktionierter Kristallisation aus Bariumsalzen, wobei also das Radium als die Mikrokomponente in dem Mischkristallsystem Barium-Radium-Salzgemisch vorliegt, waren viele Erfahrungen über die Art der Anreicherung des Radiums gesammelt. Aber über die Gesetzmäßigkeiten hatte man ganz verschiedene Vorstellungen, je nach den Bedingungen, unter denen gearbeitet worden war. Mit meinen Mitarbeitern, unter denen ich N. Riehl, H. Käding, O. Erbacher, R. Mumbrauer und Vera Senftner nenne, wurden die Bedingungen der Abscheidungen genau studiert und festgestellt, wann homogene, wann inhomogene Kristalle entstehen[1]). Die Arbeiten sind in „Applied Radiochemistry" (S. 65—90) im einzelnen besprochen[2]).

Bei unseren Untersuchungen über die Bestätigung des Hahnschen Fällungssatzes stießen wir auf Beispiele, die mit der Aussage des Fällungssatzes, daß wahre Mitfällung nur unter Mischkristallbildung vor sich geht, zunächst nicht in Einklang zu bringen waren. Wir fanden nämlich mischkristallartige Abscheidung bei nicht mischkristallbildenden Komponenten und schlossen daraus, daß in solchen Fällen die Mikrokomponente in Form „anomaler" Mischkristalle in das Gitter der Mikrokomponente eingebaut wird.

Ein interessantes Beispiel für derartige „anomale" Mischkristalle ist die Abscheidung von Blei, in Form des radioaktiven Blei-Isotops ThB, in auskristallisierendes Barium*chlorid*. Der Einbau der Blei-Isotope ThB oder RaD erfolgt nach dem Nernstschen Verteilungssatz. Dabei kristallisiert das Barium*chlorid* monoklin, das Bleichlorid rhombisch. Im Gegensatz dazu nimmt auskristallisierendes Barium*bromid* das Blei nicht auf. Als Folge dieses unterschiedlichen Verhaltens von Bariumchlorid und Bariumbromid kann man bei der fraktionierten Anreicherung von Radium aus Bariumsalzen das bei der Umwandlung des Radiums entstehende RaD, ebenfalls ein Isotop des Bleis — soweit es schon vorhanden ist —, mit dem Radium zusammen gewinnen, oder man kann es vom Radium abtrennen. Im ersten Falle arbeitet man mit Barium-Radiumchlorid, im letzteren Falle mit Barium-Radiumbromid[3]).

Ein anderes Beispiel ist der mischkristallartige Einbau von ThB (Blei) in die Alkalisalze Natriumchlorid, Kaliumchlorid und Kaliumbromid[4]). Die aktive

---

1) Z. B. *R. Mumbrauer*, Z. Phys. Chem. (9) **156**, 113—134 (1931), **165**, 477 (1933); *H. Käding, R. Mumbrauer* u. *N. Riehl*, Z. Phys. Chem. (A) **161**, 362—372 (1932).

2) Cornell University Press, Ithaca, N. Y., 1936.

3) *O. Hahn*, Z. Krist. A **87**, 387—416 (1934).

4) *H. Käding*, Z. Phys. Chem. A, **162**, 174 (1931).

Mikrokomponente wird in dem auskristallisierenden Alkalisalz sehr stark angereichert, und der für die Mischkristallbildung charakteristische Verteilungskoeffizient ist während des ganzen Verlaufes der Kristallisation bemerkenswert konstant. Die Alkalisalze kristallisieren dabei im Steinsalzgitter, das Bleichlorid oder -bromid rhombisch! Wenn zusätzlich zu der aktiven Mikrokomponente Blei in steigender Gewichtsmenge dem System zugefügt wird, so ist das Verhalten der drei genannten Alkalisalze verschieden. Kaliumchlorid nimmt noch ziemlich viel gewöhnliches, also inaktives Blei in sein Gitter auf. Kaliumbromid weniger, Natriumchlorid am wenigsten. Besondere Versuche haben gezeigt, daß das Blei in den Alkalisalzen nicht als Pb-Kation, sondern als komplexes Alkali-Blei-Anion eingelagert wird.

$BaCl_2$ + Pb(ThB) $BaBr_2$ + Ra(ThX) $BaBr_2$ + Pb(ThB)

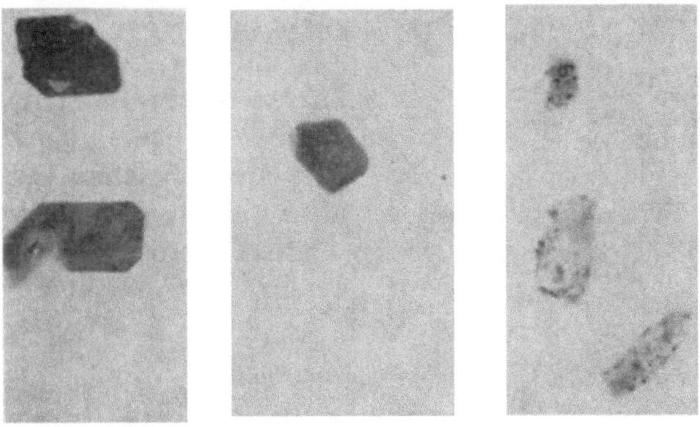

a b c

Abb. 5
Radiographien von a) anomalen, b) normalen Mischkristallen und c) zufälliger Adsorption

Ganz im Gegensatz zu dem Einbau der Mikrokomponente Blei in das Steinsalzgitter nimmt das Cäsiumchlorid das ThB nicht in sein Gitter auf, also ein typischer Unterschied bei den verschiedenen Gitterarten, der es berechtigt erscheinen läßt, in dem Fall des Steinsalzgitters von Mischkristallen, allerdings von anomalen Mischkristallen, zu sprechen.

Meine Mitarbeiter haben diese Untersuchungen nach verschiedenen Richtungen weitergeführt und haben auch eine ganze Gruppe neuartiger Abscheidungsvorgänge untersucht, nämlich die Einlagerung der Mikrokomponente zu inneren geordneten Adsorptionssystemen, streng zu trennen von den üblichen normalen Adsorptionsvorgängen, von denen bei Besprechung des Hahnschen Adsorptionssatzes die Rede war. Auf die experimentellen Einzelheiten über dieses Arbeitsgebiet sei auf "Applied Radiochemistry" (S. 90—130) hingewiesen.

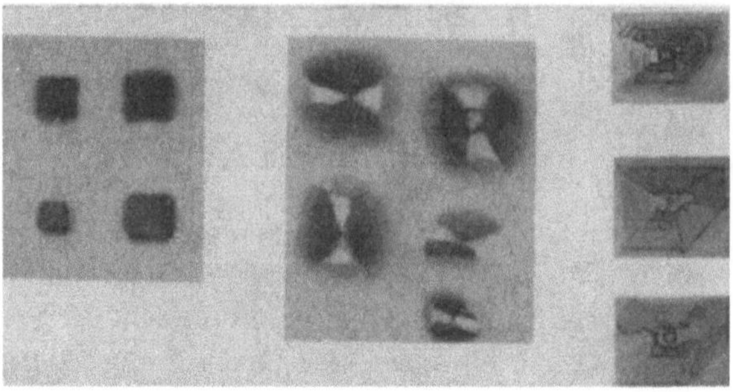

a b c

Abb. 6
Radiographien an ein und denselben Kaliumbichromatkristallen, mit verschiedenartigen Einlagerungen kleiner Mengen von a) Blei (ThB), b) Radium (ThX) und c) Polonium

Einige Untersuchungen seien, bevor das Kapitel über Mitfällung und Mischkristalle abgeschlossen wird, noch kurz erwähnt. Es handelt sich um die Erklärung des lange beobachteten, zunächst völlig unverständlichen Heliumgehalts in Steinsalz und Sylvin (Kaliumchlorid) und um die vergebliche Suche nach einem inaktiven Radium und dem unbekannten Element Ekacäsium.

b) Über Blei und Helium in Steinsalz und Sylvin

Es wurde weiter oben mitgeteilt, daß die im Steinsalzgitter kristallisierenden Alkalihalogenide bei Auskristallisieren aus bleichloridhaltigen Lösungen das Blei zu nicht unerheblichem Betrage in das Gitter aufnehmen, obgleich die Alkalihalogenide und das Bleichlorid nicht isomorph sind. Ich habe derartige Kristalle als „anomale" Mischkristalle bezeichnet. Diese Tatsache führt zu gewissen Folgerungen über den Blei- und den Heliumgehalt der Salzlager der Norddeutschen Tiefebene. Da das Meerwasser geringe Mengen von Radium enthält, nachgewiesen an seiner Emanation, so muß das Wasser auch die Endprodukte der Radiumreihe enthalten, und zwar sowohl das Blei als auch das intermediäre Produkt Radium D, ein Blei-Isotop. Beim Eindampfen des Meerwassers fällt zunächst das Calciumcarbonat aus, das das im Wasser anwesende Radium und Blei mitnimmt. Aber Uran und Thor bleiben in der Lösung. Der sich außer dem Calciumcarbonat absetzende Gips nimmt Radium und Blei nicht mit auf. Die dann folgende Abscheidung der Steinsalzlager und der „Abraumsalze" Sylvin, Carnallit u. a. geschieht in Anwesenheit des aus dem Uran und Radium entstandenen Bleis. Da wir — wie oben erwähnt — nachgewiesen hatten, daß Chlornatrium und Chlorkalium (Sylvin) das Blei als „anomale" Mischkristalle in ihre

Gitter aufnehmen, müssen diese Salze also Blei enthalten. Dies wurde auch festgestellt. Ein oder einige Zehntel Milligramm pro Kilogramm Alkalisalz wurden immer gefunden[1]). Der Carnallit und ein Kaliummagnesiumchlorid nehmen dagegen Blei, wie wir gefunden haben, nicht in ihr Gitter auf, und dieses Abraumsalz enthält in der Tat auch kein Blei.

Neben dem inaktiven Blei war in den Laugen des eindampfenden Meeres aber auch das aktive Blei-Isotop Radium D als Zerfallsprodukt des in den Laugen enthaltenen Radiums in geringen Mengen anwesend und wurde deshalb von dem Steinsalz und dem Sylvin mischkristallartig mitgefällt, während der Carnallit es nicht aufnimmt. Aus dem mit einer Halbwertszeit von 22 Jahren zerfallenden Radium D entsteht nun aber das α-strahlende, also Helium produzierende Polonium. *Der ursprünglich unverständliche Befund eines geringen, aber sicher nachweisbaren Gehaltes von Helium in Steinsalz und Sylvin der Norddeutschen Tiefebene ist hiermit erklärt.* Desgleichen ist es verständlich, daß im reinen Carnallit und Kainit kein Helium nachgewiesen worden ist. Man sieht aus diesem Ergebnis, daß dem durch unsere radiochemischen Arbeiten entwickelten Begriff der „anomalen Mischkristalle" auch für manche Abscheidungsvorgänge in der Natur ein gewisses allgemeineres Interesse zukommt[2]).

c) *Suche nach inaktivem Radium und nach einem Ekacäsium*

Der Anlaß zur Suche nach einem schwachaktiven oder inaktiven Radium kam von dem Vergleich mit den sehr stabilen höheren Elementen Uran und Thor, die etwa in derselben Menge in der Natur vorkommen wie ihre niedrigeren Homologe Wolfram und Hafnium. Da auch das Radium eine gerade Ordnungszahl hat und diese Elemente gerader Ordnungszahl meist stabiler und häufiger sind als die Nachbarn mit ungerader Ordnungszahl, schien es nicht hoffnungslos, nach einem stabilen Radium oder „Ekabarium" aus Bariumsalzen zu suchen, nachdem durch die Arbeiten über die Fraktionierungsmethoden für Radium aus Bariumsalzen der sicherste Weg zur guten Anreicherung bekannt war[3]). Ich ließ mir in einer Fabrik mehrere hundert Kilogramm Witherit (Bariumcarbonat) auf Bariumbromid verarbeiten. 270 kg dieses Bariumchlorids wurden fraktioniert kristallisiert. Ich konzentrierte die 270 kg auf 40 mg, wobei nach unseren früheren Versuchen über die Anreicherung des Radiums aus dem Gemisch eine 500000fache Anreicherung des Eka-Bariums vorliegen mußte. Eine von Dr. Donat

---

1) *O. Hahn* u. *H. J. Born*, Naturwiss. **22**, 138 (1934).

2) *H. J. Born*, Chem. der Erde **9**, 60 (1934).

3) *O. Hahn* u. *K. Donat*, Z. Phys. Chem. A, **139**, 143 (1928).

im Kaiser-Wilhelm-Institut vorgenommene spektralanalytische Prüfung ließ aber keinerlei Radiumlinien erkennen. Das Ergebnis war, daß Bariumminerale sicher weniger als $1 \cdot 10^{-10}$ g des gesuchten „Eka-Barium" enthalten, diese Substanz also nicht existiert.

Ein entsprechender Versuch wie beim „Eka-Barium" wurde für ein „Eka-Cäsium" vorgenommen. Dabei konnte man sehen, daß der Gedanke der Existenz gar nicht so abwegig war.

Es hatte natürlich einen gewissen Reiz, einen Vertreter des Elements mit der Ordnungszahl 87 zu suchen. Wenn auch die Elemente mit ungerader Ordnungszahl allgemein weniger verbreitet sind als die mit gerader, so war die Möglichkeit der Existenz nicht ausgeschlossen. Da ein Eka-Cäsium nach allem, war wir aus unseren Versuchen über Mitfällung gesehen hatten, mit den Salzen des Cäsiums sicher Mischkristalle bilden würde, haben wir versucht, das unbekannte Element aus großen Mengen des Actinium-Isotops Mesothor 2 resp. den Emanationen Radon und Thoron, als Folge einer Nebenreaktion nachzuweisen. Im ersteren Falle hätte es sich um eine α-Strahlenemission des 3wertigen Mesothor 2, im anderen Falle um eine schwache β-Strahlung der Emanationen gehandelt. Das Ergebnis war negativ. Aus einem Mesothor-Radium-Präparat von 75 mg Radiumelement wurde nach Abtrennung aller der zahlreichen bekannten Radium- und Mesothor-Umwandlungsprodukte ein Cäsiumplatinchlorid ausgefällt, das etwa ein Zehnmilliardstel der Ausgangsaktivität betrug[1]). Danach konnte das eventuelle Abzweigungsverhältnis Eka-Cäsium zu Mesothor 2 kaum mehr als ein Hundertmillionstel betragen (berechnet aus der Aktivität des Msth 2 zur Gesamtaktivität des Mesothor-Radiumpräparates).

(Wenn man an die heute geltenden Sicherheitsvorschriften über das Arbeiten mit radioaktiven Substanzen denkt, dann sieht man, wie leichtsinnig wir früher gearbeitet haben.)

Natürlich war neben dem negativen Versuch mit dem Mesothor 2 auch der Gedanke naheliegend, das Actinium (oder auch das Mesothor 2) unmittelbar auf α-Strahlen, also auf eine Nebenreaktion der β-Umwandlungen, zu prüfen. Seltsamerweise machte ich solche Versuche nicht, obgleich es mir bei meinen früheren Arbeiten mit Actinium nie gelungen war, ein wirklich inaktives Actinium zu gewinnen. Ich traute der Güte meiner Reinigungsmethode nicht genügend. Hier war später die französische Forscherin Mademoiselle Perey zielbewußter und glücklicher[2]). Sie konnte zeigen, daß beim Actinium etwa 1 % der Atome unter Emission von α-Teilchen in ein Isotop des Elements Eka-Cäsium übergeht; aus dem Element 89 entsteht das Element 87. Die neue Substanz hat eine Halbwertszeit von 21 min und geht unter Emission von β-Strahlen in das lange bekannte

---

1) *O. Hahn*, Naturwiss. **14**, 158—162 (1926).

2) *M. Perey*, J. Phys. et le Radium **10**, 435, 439 (1939).

Actinium X über. Mademoiselle Perey nannte die Substanz zunächst Actinium K, später wählte sie den schöneren Namen Francium.

d) *Indikatormethode*

Die Indikatormethode beruht darauf, daß man inaktive oder sehr schwach aktive chemische Elemente durch ihre stark aktiven oder sonstwie leicht nachweisbaren Isotope in Konzentrationen erkennen und bestimmen kann, die sich dem gewöhnlichen chemischen Nachweis entziehen. Die Methode stammt von G. v. Hevesy und F. Paneth aus dem Jahre 1913 und hatte schon zu der Zeit, als es noch keine künstlich aktiven Isotope gewöhnlicher chemischer Elemente gab, ein ziemlich großes Anwendungsgebiet[1]).

Seitdem es möglich ist, künstlich aktive Vertreter fast aller chemischen Elemente in praktisch beliebig großer Aktivität zu erhalten, ist die Indikatormethode vor allem durch den aktiven Kohlenstoff 14 ein unentbehrliches Werkzeug chemischer, biochemischer und biologischer Forschung geworden. Auf dieses Gebiet kann hier nicht eingegangen werden. In dem kurzen Überblick der in "Applied Radiochemistry" wiedergegebenen eigenen Arbeiten kommen künstlich aktive Isotope nicht vor; sie waren noch nicht entdeckt. Ein paar Beispiele mit natürlich aktiven und künstlichen Isotopen seien aber kurz erwähnt.

Beim Actinium, dem Element der Kernladungszahl 89, war eine Strahlung nicht nachgewiesen. Aber das aus dem Radium-Isotop Mesothor 1 entstehende Actinium-Isotop Mesothor 2 mit seiner bequemen Halbwertszeit von 6,2 h sendet durchdringende β-Strahlen und γ-Strahlen aus und läßt sich deshalb sehr gut als „Indikator" für das strahlenlose Actinium verwenden.

Durch diese Verwendung des Mesothoriums 2 konnte in Fortsetzung von Arbeiten von Curie[2]) die Anreicherung des Actiniums aus Lanthan-Actinium-Mischungen genauer studiert werden. In Übereinstimmung mit Curie und Rosenblum[3]) stellte sich die fraktionierte Fällung der Lanthan-Actinium-Oxalate aus salpetersaurer Lösung als sehr erfolgreich heraus. Diese Methode wurde von uns später dazu benutzt, zu beweisen, daß sich die bei der Bestrahlung des Urans mit Neutronen entstehenden „Erdalkali-Isotope" in Lanthan und nicht in Actinium umwandeln, ein weiterer Beweis dafür, daß die Erdalkali-Isotope Barium und kein Radium waren.

Die Verwendung des α-strahlenden Protactiniums als Indikator für das von mir aufgefundene Isomere Uran Z wurde beim Uran Z schon erwähnt.

---

1) *G. v. Hevesy* u. *F. Paneth*, Z. anorg. Chem. **82**, 323 (1913); Sitz.-Ber. Österr. Akad. Wiss. **122**, 1001 (1913); ausführlicher Bericht: *F. Paneth*, Z. Angew. Chem. **35**, 549 (1922).

2) *Mme. P. Curie*, J. chim. phys. **27**, 1 (1930).

3) *Mme. P. Curie* et *M. S. Rosenblum*, C. R. **193**, 33 (1931).

Umgekehrt wurde das β-strahlende Uran Z auch als Indikator für das α-strahlende Protactinium herangezogen, und zwar zur experimentellen Bestimmung der Halbwertszeit des Protactiniums aus dessen Nachbildung aus Uran. Die Arbeit wurde von meinem Mitarbeiter Ernst Walling[1]) durchgeführt, und es ist wohl interessant, auf diese sehr subtile und ausführliche Arbeit kurz einzugehen.

Die erste ungefähre Bestimmung der Halbwertszeit des von Hahn und Meitner 1917 aufgefundenen Vertreters des Elements 91 stammt von den Entdeckern und bestand in der Abscheidung des nachgebildeten Protactiniums aus einigen möglichst alten Uranpräparaten, deren Alter zu mindestens 20, mindestens 52 und mindestens 60 Jahren angegeben war[2]). Wir fanden im Mittel 12000 Jahre, mußten diesen Wert aber als einen Mindestwert angeben, weil die Altersangaben des Urans nur Mindestwerte bedeuteten und weil man nicht sicher sein konnte, ob die alten Uranpräparate bei ihrer Herstellung wirklich ganz frei von Protactinium waren.

Nach der Auffindung des Protactinium-Isotops Uran Z durch Otto Hahn konnte man daran denken, dieses β-strahlende Isotop als Indikator für das Protactinium zu verwenden und die Bestimmung unter einwandfreien Bedingungen zu wiederholen. Wiederum sollte also die Nachbildung des Protactiniums aus Uran bestimmt werden, und zwar aus besonders gereinigten Uransalzen. Ein eventueller Gehalt an Protactinium wurde durch chemische Trennung vom Uran bei Zugabe des Indikators UZ abgetrennt. Es standen danach E. Walling drei von Protactinium völlig freie gereinigte Uranpräparate von je einigen Kilogramm Uranylnitrat zur Verfügung. Sie wurden nach einer bestimmten Zeit zwischen 3,6 und 4 Jahren vom Uran abgetrennt, wieder unter Zuhilfenahme des UZ als Indikator für den Abscheidungsgang.

Das Verfahren war also etwa das folgende:

Eine geeichte Menge von UZ wird zu der Uranlösung gegeben, deren Protactinium-Gehalt bestimmt werden soll. Aus der Lösung wird das Protactinium und das UZ abgeschieden, und aus der Ausbeute des leicht nachweisbaren, in seiner Ausgangsaktivität bekannten β-Strahlers erhält man die Ausbeute des in dem Uran in der genau definierten Zeit entstandenen Protactiniums, also die Halbwertszeit.

E. Walling fand einen abgerundeten Wert von 20000 Jahren unter der Voraussetzung, daß die α-Aktivität des Protactiniums zum Uran I in einem Uranmineral, damals von uns als „Abzweigungsverhältnis" bezeichnet, 3 % beträgt.

---

1) *E. Walling*, Inauguraldiss. Berlin 1928.

2) *O. Hahn* u. *L. Meitner*, Ber. Dt. Chem. Ges. **54**, 69 (1921).

Eine Bestätigung unserer Halbwertszeit gab zunächst A. v. Grosse[1]) etwa gleichzeitig durch unmittelbaren Vergleich der α-Aktivität des von ihm zuerst rein hergestellten Protactiniums zu einer gleichen Gewichtsmenge Uran. Später konnte v. Grosse seine Bestimmung verbessern und gab den heute gültigen Wert von 32000 Jahren für die Halbwertszeit des Protactiniums an[2]).

Nun war aber unser Wert von 20000 Jahren unter der Annahme eines „Abzweigungsverhältnisses" von 3 % berechnet. Später wurde die Aktivität von Actino Uran (235), also auch von Protactinium, zu Uran I in Uranmineralien zu 4,6 % bestimmt.

Mit diesem Wert von 4,6 % statt 3 % steigt der Wallingsche Wert von rund 20000 Jahren auf 30600 Jahre, in erstaunlicher Übereinstimmung mit dem späteren Grosseschen Wert von 32000 Jahren. Dabei betrugen die von Walling aus je 5000000 Uranaktivitätseinheiten[3]) radioaktiv rein abgetrennten Protactiniummengen je 11—12 Einheiten; ein schöner Beweis für die Zuverlässigkeit der Indikatormethode und die Zuverlässigkeit des Arbeiters.

Ein weiteres Beispiel für das Uran Z als Indikator für Protactinium werden wir später bei der Besprechung der Bestrahlung des Urans mit Neutronen kennenlernen. Es handelte sich darum, ob das oder die von Fermi als Vertreter eines Elements 93 angegebenen künstlichen Isotope vielleicht Isotope des Elements 91, Protactinium, sein könnten.

Erwähnt sei hier auch schon kurz, daß eine bei der Bestrahlung des Urans mit Neutronen entstehende β-strahlende aktive Substanz von 23 min Halbwertszeit durch das gewöhnliche natürliche Uran als Indikator als ein künstliches Uran-Isotop festgestellt werden konnte. Damit wurde dieses Uran-Isotop einwandfrei als Muttersubstanz eines wirklichen Trans-Urans, des Elements 93, erkannt, im Gegensatz zu zwei sehr kurzlebigen Substanzen, die wir in Bestätigung Fermischer Versuche für Uran-Isotope halten mußten, die es aber nicht waren. (Genaueres hierüber im Kapitel B 1, d).

7. *Die Emaniermethode*

Die Arbeitsrichtung, von der wir im folgenden sprechen wollen, kann man in gewisser Beziehung auch als eine Art Indikatormethode bezeichnen. Aber das radioaktive Edelgas, Thoron oder Radon, dient hier nicht als Indikator für ein Isotop des Thorons oder Radons, sondern als Indikator für Oberflächen und Oberflächenänderungen von Substanzen, in denen eine solche Emanation aus ihrer Muttersubstanz Thorium X oder Radium gebildet wird, wenn diese in der

---

1) *A. v. Grosse*, Ber. Dt. Chem. Ges. **61**, 233 (1928).

2) *A. v. Grosse*, Naturwiss. **20**, 505 (1932).

3) *O. Hahn*, Naturwiss. **20**, 505—506 (1932).

zu untersuchenden Substanz in kleiner Menge homogen verteilt enthalten ist. Wie die Entdeckung des radioaktiven Rückstoßes ist auch die „Emaniermethode" das Ergebnis einer ursprünglich irrtümlichen Erklärung bestimmter experimenteller Beobachtungen.

Vor der Entdeckung der Isotopie durch Frederick Soddy und der Erkenntnis, daß die Ordnungszahl die Anzahl der chemischen Elemente bis zum Uran auf 92 begrenzt, wurden von den verschiedensten Seiten immer wieder gelegentlich „neue chemische Elemente" beschrieben, die sich dann später als irrtümlich herausstellten. Auch Lise Meitner und ich hatten bei unseren Arbeiten über β-Strahlen ursprünglich keine Hemmung, ein neues chemisches Element anzunehmen, wenn es sich um die Bestätigung unserer Annahme handelte, daß einheitliche Substanzen nur eine Art von Strahlen, also entweder α- oder β-Strahlen, abgeben könnten. Da wir sowohl beim Thorium X als auch beim reinen Radium neben den seit langem bekannten α-Strahlen auch eine β-Strahlung aufgefunden hatten, sollten diese Substanzen also komplex sein, und wir unterteilten sie in Thorium X_1 und Thorium X_2 und in Radium und Radium X. Wir glaubten in der Tat zunächst, eine Bestätigung für unser Radium X zu haben. Bei meinen radiochemischen Untersuchungen hatte ich gelegentlich radiumhaltige Eisenhydroxydniederschläge im β-Strahlenelektroskop gemessen. Nach einigen Wochen mußten diese mit der Radiumemanation, dem Radon, im Gleichgewicht sein, durften sich also nicht mehr ändern. Sie änderten sich aber und wurden in mehrmonatiger Messung immer stärker aktiv. Also schloß ich auf ein ziemlich langlebiges, bisher unbekanntes Radium X, das sich in dem radiumhaltigen Hydroxydniederschlag nachbildete. In Wirklichkeit war die Erklärung aber viel trivialer. Das oberflächenreiche Eisenpräparat gab anfangs sein Radon zu einem sehr erheblichen Teil nach außen ab. Das Hydroxyd alterte aber, seine Oberfläche wurde kleiner und kleiner. Entsprechend blieb zunehmend mehr und mehr Radon in dem Präparat stecken, die Aktivität nahm zu.

Die Beobachtung dieses Alterungsvorganges war nun der Ausgangspunkt für eine neue radiochemische Arbeitsmethode, die ich „Emaniermethode" genannt habe. Sie hat sich im Laufe der Jahre nach den verschiedensten Seiten als fruchtbar erwiesen. Oberflächenausbildung und Oberflächenänderung ursprünglich oberflächenreicher Substanzen konnten in ihrem Verlauf geprüft werden: systematische Änderungen bei Temperaturerhöhung, Gitteränderungen kristallinischer Substanzen, stufenweise chemischer Abbau komplexer Salze, chemische Reaktionen im festen Zustande u. a. m.

Im folgenden soll auf die Methode etwas näher eingegangen werden[1]). Werden Radiothor (oder Thorium X) oder Radium in der zu untersuchenden

[1]) Über die Arbeiten bis etwa 1934 ist in meinem Buch "Applied Radiochemistry", Cornell University Press, ausführlicher berichtet. Hier sind auch die verschiedenen Meßmethoden eingehend beschrieben.

Substanz gleichmäßig verteilt, so entsteht in der Substanz die Emanation, und aus dem Entweichen des Edelgases lassen sich dann Schlüsse über Ausbildung und Veränderung der Substanz ziehen. Unter Emaniervermögen versteht man dann den Prozentsatz der herausdiffundierenden Menge an Edelgas zu der Gesamtmenge der in der Substanz gebildeten Menge. Oberflächenreiche Präparate haben ein hohes Emaniervermögen, oberflächenarme, wie kristallisierte Niederschläge, ein sehr geringes. Ändert sich etwas an der großen Oberfläche, wie bei dem oben zitierten Beispiel des Eisenhydroxyds durch Austrocknen, langsame Rekristallisation, so sinkt das Emaniervermögen. Ändert sich etwas an dem kristallisierten Niederschlag, wodurch die Oberfläche vergrößert wird, dann steigt das Emaniervermögen.

Werden die Hydrate des Eisens und des Thoriums bei gewöhnlicher Temperatur mit kleinen Mengen von Radiothor ausgefällt, so beträgt ihr Emaniervermögen 80 %, ja bis zu 90 %. Werden solche Präparate in nicht zu trockener Luft aufbewahrt, dann altern sie nur sehr langsam.

Derartige radiothorhaltige Niederschläge sind besonders zur Gewinnung des aktiven Niederschlags ThB in unendlich dünner Schicht an einer dem Thoron ausgesetzten negativ elektrisch geladenen Platte geeignet. Mit seiner bequemen Halbwertszeit von 10,6 h hat es sich als besonders guter Indikator für das Blei bewährt (z. B. durch v. Hevesy und Paneth).

Beim Erhitzen gehen bei den hochemanierenden Niederschlägen charakteristische Strukturveränderungen vor sich, die durch Änderungen im Emaniervermögen deutlich zum Ausdruck kommen[1]).

Außer den hochemanierenden Radiothorpräparaten wurden von Heidenhain auch radiumhaltige Eisenniederschläge gewonnen, die ihr Radon bei gewöhnlicher Temperatur bis zu 100 % nach außen abgeben[2]). Noch nach 8 Jahren hatte ein solches Präparat ein Emaniervermögen von mehr als 92 %.

Später hat F. Straßmann in meinem Institut derartig hochemanierende Präparate als langgliedrige Fettsäuresalze gewonnen. Er prüfte das Emaniervermögen der Bariumsalze der Fettsäuren als Funktion ihrer Kettenlänge. Folgende kleine Tabelle zeigt die Ergebnisse[3]):

Bariumsalz	*Emaniervermögen in Prozenten*
Acetat	3— 4
Propionat	17—18
Butyrat	60—65
Capronat	96
Palmitat	100

1) *O. Hahn* u. *V. Senftner*, Z. Phys. Chem. (A) **170**, 191—211 (1934).

2) *O. Hahn* u. *J. Heidenhain*, Ber. Dt. Chem. Ges. **59**, 284—294 (1926).

3) *F. Straßmann*, Z. Phys. Chem. B, **26**, 362 (1934).

Erstaunlich ist es, daß auch die entsprechenden Thoron statt Radon entwickelnden Salze ein kaum geringeres Emaniervermögen aufweisen. Bei einer Halbwertszeit des Thorons von weniger als 1 min ist eine solche Diffusionskapazität direkt verblüffend.

Alterungsversuche wurden auch an mit Radiothor oder Thorium X radioaktiv indizierten Gläsern verschiedener Zusammensetzung[1]) und an Thoriumniederschlägen, die aus verschieden alten Thoriumsolen gewonnen waren, durchgeführt[2]). Die große Widerstandsfähigkeit des Jenaer Glases gegenüber korrodierenden anderen Gläsern, die allmähliche Kristallitbildung alter Thoriumsole ließ sich deutlich verfolgen.

Die Straßmannschen Ergebnisse mit den fettsauren Salzen wurden später von Bjerge[3]) dazu benutzt, ein kurzlebiges Neon 23 mit einer Halbwertszeit von 40 sec aus einem hochemanierenden Natriumstearat nachzuweisen und abzuscheiden, wenn dieses Salz mit Neutronen bestrahlt wird.

Gehen wir von dem Verhalten hochemanierender Präparate bei gewöhnlicher Temperatur zu Untersuchungen über das thermische Verhalten oberflächenarmer Substanzen über, so lassen sich mit der Emanationsabgabe die mannigfachsten Untersuchungen mit Erfolg vornehmen. Aus den Untersuchungen von Tammann kennen wir die sogenannte Temperatur der Gitterauflockerung, die bei kristallisierten Salzen und Oxyden ungefähr gleich der halben absoluten Schmelztemperatur der betreffenden Verbindung ist. Solche Gitterauflockerungen lassen sich mit der Emanationsabgabe leicht nachweisen und genauer bestimmen.

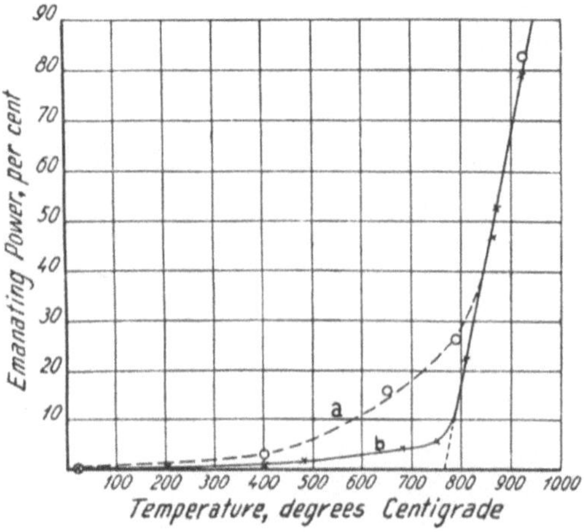

Abb. 7
Emaniervermögen von Bariumsulfat beim Erhitzen

In der Abbildung 7 sehen wir das Verhalten eines bei 110 °C getrockneten und das eines geglühten aktiven Bariumsulfats[4]).

In den beiden Kurven ist das Emaniervermögen zunächst sehr klein. Bei dem nicht geglühten, sondern bei 110 °C getrockneten Präparat (gestrichelte Kurve) beginnt bei steigender Temperaturerhöhung die Emanationsabgabe früher als bei

[1]) M. *Heckter*, Glastechn. Ber. **12**, 156—172 (1934).

[2]) G. *Graue*, Diss. Berlin 1931.

[3]) T. *Bjerge*, Nature **139**, 757 (1937).

[4]) F. *Straßmann*, Naturwiss. **19**, 502—504 (1931).

dem hochgeglühten Salz (ausgezogene Kurve). Aber zwischen 700 °C und 800 °C beobachten wir einen steilen Anstieg der Emanationsabgabe, die in kurzer Zeit bis zu etwa 90 % ansteigt. Zurückextrapoliert finden wir eine Temperatur von etwa 770 °C, und dies entspricht in der Tat ungefähr der halben absoluten Schmelztemperatur des Bariumsulfats von 1360 °C. Daß das durch die Kurve a veranschaulichte Präparat schon früher anfängt, Emanation abzugeben, beweist, daß auch beim Trocknen bei 110 °C in dem Bariumsulfat noch geringe Mengen von Wasser enthalten waren, dessen Abgabe bei höherer Temperatur durch die Emanation angezeigt wird. Nach dem Abkühlen zeigen beide Präparate wieder das sehr geringe Emaniervermögen des feinkristallisierten Salzes.

α) Physikalische Umwandlungen

Von besonderem Interesse sind wohl die Untersuchungen, bei denen durch die Temperaturerhöhung strukturelle Umwandlungen nachgewiesen und in ihrem Verlauf studiert werden können. Ein schönes Beispiel bietet die von Zimens im Kaiser-Wilhelm-Institut für Chemie durchgeführte Untersuchung des thermischen Verhaltens verschiedener Erdalkalicarbonate[1]).

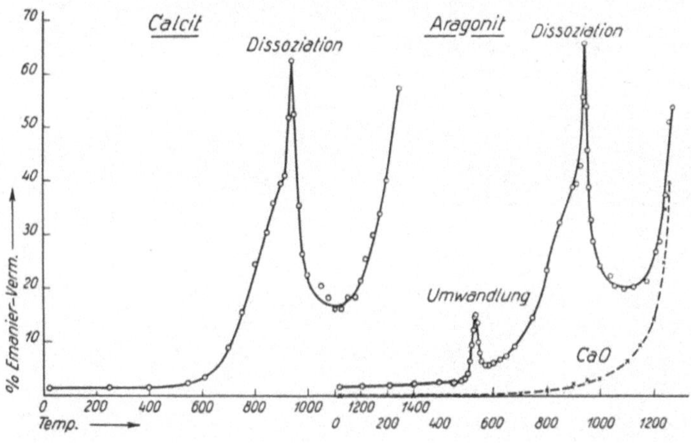

Abb. 8
Das Verhalten von $CaCO_3$ beim Erhitzen, Umwandlung von Aragonit in Calcit

Die Abbildung 8 zeigt das thermische Verhalten von Calcit und Aragonit, also von hexagonalem und rhombischem Calciumcarbonat, ausgefällt mit kleinen Mengen von ThX. Die Salze wurden in einer Atmosphäre von CO_2 allmählich erhitzt und die Emanationsabgabe verfolgt. Das bei niedriger Temperatur niedrige

[1]) *K. E. Zimens*, Naturwiss. **25**, 429 (1937); Z. Phys. Chem. (B) **37**, 231—240 (1937).

Emaniervermögen des Calcits nimmt zunächst nur langsam zu, oberhalb 600 °C steigt es sehr schnell an. Wird der Aragonit in genau derselben Weise behandelt, dann ist dessen Verhalten bis etwa 450 °C dasselbe wie beim Calcit. Aber bei etwa 500 °C steigt das Emaniervermögen schnell zu einer scharfen Spitze an, fällt dann wieder ab, um schließlich wieder den Verlauf des Calcits zu zeigen. Der rhombische Aragonit hat sich bei 500 °C in den Calcit umgewandelt. Neues Erhitzen zeigt jetzt nur noch das Verhalten des Calcits. Es handelt sich um die nicht reversible monotrope Umwandlung, was auch durch Debye-Scherrer-Aufnahmen kontrolliert wurde.

Von 600 °C ab beginnt also das Emaniervermögen wieder stark anzusteigen. Hier ist die Tammannsche „Auflockerungstemperatur" oder „Platzwechseltemperatur" erreicht. Kurz nach 900 °C zeigt die steile Spitze die Dissoziation des Carbonats an. Durch die plötzliche CO_2-Abgabe wird die gesammelte Emanation mitgerissen. Der zweite starke Anstieg beim Erhitzen bis über 1 200 °C gibt die Auflockerung des entstandenen Calciumoxyds.

Eine sehr ausführliche Untersuchung hat Zimens auch über das Verhalten des Barium- und Strontiumcarbonats beim Erhitzen durchgeführt. Geringe Herstellungs- und dadurch bedingte Teilchengrößen-Unterschiede ergaben zunächst mannigfache Kurvenformen. Aber sicher feststellbar war der Nachweis, daß im Gegensatz zur monotropen Umwandlung des rhombischen $CaCO_3$, des Aragonits, das Bariumcarbonat und Strontiumcarbonat enantiotrope Umwandlungen vom rhombischen in das hexagonale Gitter erleiden [1]).

In Fortsetzung dieser Arbeiten hat H. Kallweit in meinem Institut nach der Emaniermethode die Umwandlungen bestimmt, die beim Erhitzen der Mischkristalle Calciumcarbonat – Strontiumcarbonat bei variiertem Mischungsverhältnis auftreten, und mit den Aufnahmen von Debye-Scherrer-Diagrammen kontrolliert. Der bei einem bestimmten Mischungsverhältnis der Komponenten stattfindende Übergang der monotropen Umwandlung des Aragonits in die enantiotrope des Strontianits kam klar zum Ausdruck [2]).

β) Chemische Umwandlungen

Viele chemische Verbindungen, besonders Salze mit verschiedenen Molekülen von Kristallwasser, erleiden beim Erhitzen eine stufenweise Dehydratisation, die sich durch die stufenweise Emanationsabgabe klar unterscheiden läßt. Cl. Lieber [3]) hat solche Versuche bei den Halogeniden des Bariums durchgeführt und gezeigt, wie genau definiert die stoßweise Emanationsabgabe bei den einzelnen Hydratstufen vor sich geht.

---

1) *K. E. Zimens*, Z. Phys. Chem. (B) **37**, 241—259 (1937).

2) *H. Kallweit*, Diss. Univ. Berlin 1943.

3) *Cl. Lieber*, Z. Phys. Chem. A **182**, 153 (1938).

Ein besonders schönes Beispiel bietet das wasserhaltige saure Bariumoxalat[1]), bei dem fünf verschiedene Umwandlungsstufen mit einer einzigen Kurve dargestellt werden. Die Kurve der Abb. 9 zeigt fünf verschiedene Maxima und Minima bis zur endgültigen Umwandlung in Bariumcarbonat.

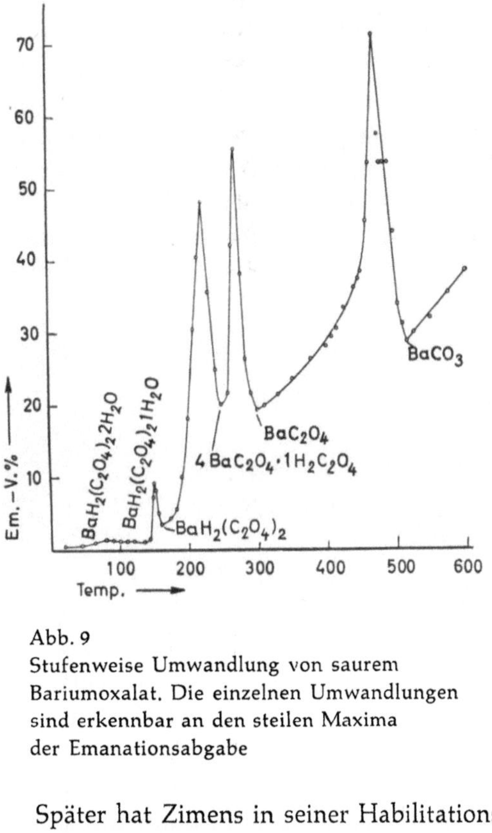

Abb. 9
Stufenweise Umwandlung von saurem Bariumoxalat. Die einzelnen Umwandlungen sind erkennbar an den steilen Maxima der Emanationsabgabe

Von O. Werner wurde die Methode in meinem Institut auch auf radiumhaltige Metalle ausgedehnt, und metallkundliche Vorgänge wurden damit studiert[2]).

Die experimentelle Anordnung der Emaniermethode wurde im Institut dann im Verlauf der einzelnen Aufgaben systematisch verbessert, so von H. J. Born zum Nachweis sehr schneller Umwandlungsvorgänge[3]) und von K. E. Zimens durch eine vollautomatische Registrierapparatur anstelle der früheren Elektroskopmessungen.

Neben den genannten rein experimentellen Arbeiten beschäftigten sich Flügge und Zimens als erste ausführlich mit einer Theorie des Emaniervermögens und publizierten eine ausführliche Abhandlung über die Bestimmung von Korngrößen und von Diffusionskonstanten aus dem Emaniervermögen[4]).

Später hat Zimens in seiner Habilitationsschrift eine eingehende Zusammenfassung über die Praxis und die quantitativen Anwendungen der Emaniermethode veröffentlicht[5]). In einem ersten Teil wird die praktische Durchführung der Messungen mit den im Laufe der Jahre immer verbesserten Methoden im einzelnen dargestellt. Hier findet sich eine vollständige Bibliographie über die Emaniermethode mit 81 Originalbeiträgen und 10 Zusammenfassungen. Im zweiten Teil wird auf die Auswertung der Messungen eingegangen.

---

1) *B. Sagortschew*, Z. Phys. Chem. A **177**, 235 (1936).

2) Z. B. *O. Werner*, Naturwiss. **23**, 456 (1935); Z. f. Metallkunde **27**, 215 (1935).

3) *H. J. Born*, Z. Phys. Chem. A **179**, 256 (1937).

4) *S. Flügge* u. *K. E. Zimens*, Z. Phys. Chem. B **42**, 179—220 (1939).

5) *K. E. Zimens*, Z. Phys. Chem. A **191**, 1—52 u. 95—128 (1942).

In einem gewissen Zusammenhang mit den kurz geschilderten Oberflächenänderungen, die durch das Emaniervermögen nachweisbar gemacht wurden, steht eine größere Arbeit von K. Starke[1]) über „Untersuchung der Oberflächen von Katalysatormischungen und der dabei durch Reaktionen im festen Zustand auftretenden Oberflächenänderungen".

Eine ganze Reihe von interessanten Arbeiten über Reaktionen im festen Zustand, untersucht mit der Emaniermethode, hat Wilhelm Schröder in den Jahren 1940—1948 in der Z. f. Elektrochem. veröffentlicht. Schröder untersuchte Auflockerungsvorgänge von Metalloxyden und vor allem die Reaktionen, die beim Erhitzen von Mischungen zwei- und dreiwertiger Metalloxyde zur Spinellbildung führen. Die mit diesen Reaktionen verbundenen Strukturänderungen ließen sich mit der Emaniermethode gut verfolgen. Von einer näheren Besprechung der Arbeiten muß hier abgesehen werden, weil sie nicht im Kaiser-Wilhelm-Institut durchgeführt wurden.

B. Arbeiten mit künstlich radioaktiven Atomarten

1. Bestrahlung des Urans und Thoriums mit Neutronen — mit Lise Meitner und Fritz Straßmann

a) Einleitung

Im Jahre 1919 hatte Rutherford die erste künstliche Elementverwandlung nachgewiesen. Durch Bestrahlung von Stickstoff mit den α-Teilchen eines sehr starken Radiumpräparats, also Heliumkernen, konnte er zeigen, daß ein minimaler Teil des Stickstoffs in Sauerstoff, und zwar in das Sauerstoff-Isotop O 17, umgewandelt wird, wobei ein Wasserstoffkern (Proton) ausgesandt wird.

Den Wasserstoff erkannte er auf dem Zinksulfidschirm durch die größere Reichweite des Protons gegenüber dem α-Teilchen. Blackett untersuchte diese Reaktion durch Wilson-Aufnahmen. In 20000 Aufnahmen beobachtete er 8 Fälle, wo die Bahn des α-Teilchens endete und die des Protons auftrat.

Die Reaktionsgleichung heißt also:

$$^{14}_{7}N + ^{4}_{2}He \rightarrow ^{17}_{8}O + ^{1}_{1}H .$$

Rutherford rechnete aus, daß es wohl Tausende von Jahren dauern würde, mit der gleichen Strahlenquelle auch nur 1 Kubikmillimeter Wasserstoff zu gewinnen.

---

1) *K. Starke*, Z. Phys. Chem. B **37**, 81—104 (1937).

Bunsentagung über „Radioaktivität" in Münster, 16. bis 19. Mai 1932.
Von links: James Chadwick, Georg von Hevesy, Lili Geiger, Hans Geiger, Lise Meitner, Lord Ernest Rutherford of Nelson, Otto Hahn, Stefan Meyer, Karl Przibram

Postkarte vom Mendelejew-Kongreß, Leningrad, 13.9.1934. Transkription: Liebe Edith. Obige Mendelejeff-Marke wurde eigens für den Kongress hergestellt. Aufheben! – Wir feiern hier so, daß wir allmählich etwas erschöpft werden. Keine Nacht vor 1/2 2 oder 2 Uhr. Tausend Grüsse, D. Otto. – Herzlichen Gruß, Stock – Herzliche Grüsse, H. Wieland – Mit besten Grüßen Otto Hönigschmid – Herzlichen Gruß Ihr Biltz – Viele Grüße von F. Paneth – Viele herzl. Grüße. Es ist sehr interessant u. ziemlich anstrengend. Deine Lise

Links: Otto Hahn und Lise Meitner vor dem KWI für Chemie, 1935.
Rechts: Fritz Straßmann (1902 – 1980), Hahns Assistent seit 1935

Die fundamentale Entdeckung der künstlichen Elementverwandlung war der Beginn zahlreicher neuer Entdeckungen. Bald folgten neue Kernumwandlungen mit anderen Elementen, aber nur mit solchen von ziemlich niedriger Kernladung (bis zu Argon und Kalium hinauf), weil höhere Kernladungen die Heliumkerne so stark abstoßen, daß sie auch bei zentralem Stoß nicht mehr in das Kerninnere einzudringen vermögen.

Das Jahr 1932 brachte dann die Entdeckung des Positrons, also des positiven Elektrons, des schweren Wasserstoffs und, last not least, des Neutrons, letzteres durch Chadwick in England. Dieses neue Teilchen mit der Masse des Wasserstoffatoms, aber der Kernladung 0, entstand bei der Bestrahlung des Berylliums mit α-Teilchen.

$${}^{10}_{4}Be + {}^{4}_{2}He \dashrightarrow {}^{1}_{0}n + {}^{13}_{6}C$$

Zwei Jahre später fand das Ehepaar Joliot-Curie weitere Reaktionen, die Neutronen liefern: bei der Bestrahlung des Bors und des Aluminiums mit α-Teilchen entstehen auch Neutronen, aber die zweiten Partner der Reaktion waren keine stabilen Atomarten, sondern sie waren radioaktiv. Aktiver Stickstoff und aktiver Phosphor waren entstanden.

$${}^{10}_{5}B + {}^{4}_{2}He \rightarrow {}^{13}_{7}N^{*} + {}^{1}_{0}n\,; \quad {}^{13}_{7}N^{*} \xrightarrow[10\ \text{min}]{\beta^{+}} {}^{13}_{6}C$$

$${}^{27}_{13}Al + {}^{4}_{2}H_2 \rightarrow {}^{30}_{15}P^{*} + {}^{1}_{0}n\,; \quad {}^{30}_{15}P^{*} \xrightarrow[2{,}2\ \text{min}]{\beta^{+}} {}^{30}_{15}Si\,.$$

(Der* an den Symbolen bedeutet, daß diese Isotope des Elements radioaktiv sind.)

Die künstliche Radioaktivität war entdeckt!

Das neu aufgefundene Neutron führte zu der stürmischen Weiterentwicklung der Atomkernforschung, deren bisheriges Ergebnis die Nutzbarmachung der Kernenergie zu friedlichen Zwecken und die Möglichkeit der Gewinnung vieler künstlicher chemischer Elemente in fast beliebiger Aktivität in auch dem normalen Chemiker zugänglichen Mengen bedeutet — aber auch die Atombombe und die Wasserstoffbombe.

b) Das Fermische Eka-Rhenium, Element 93

Obgleich die im folgenden zu besprechenden Arbeiten von Hahn, Meitner und Straßmann über die für Trans-Urane gehaltenen künstlichen Atomarten sich später in ihrer Interpretation als irrtümlich herausgestellt haben, erscheint es interessant und lehrreich, die Gründe dafür darzustellen, daß es erst nach vierjähriger Arbeit gelungen ist, die wahren Vorgänge bei der Bestrahlung des Urans mit Neutronen zu erkennen. Alle anderen Forscher, die auf diesem Gebiet gearbeitet hatten, waren zu den gleichen Ergebnissen gekommen. Es gab keine andere Erklärung als die Annahme dieser „Trans-Urane".

Der Italiener Fermi war der erste, der auf die große Bedeutung der Neutronen zur Auslösung von Kernreaktionen hinwies, weil er voraussah, daß diese ungeladenen Partikel in die Atomkerne eindringen konnten, ohne von ihrer positiven Ladung abgestoßen zu werden. Fermi und seine Mitarbeiter haben daher die Elemente fast des ganzen Periodischen Systems mit Neutronen bestrahlt. Sie erhielten durch Einfang der Neutronen zunächst radioaktive Isotope des bestrahlten Elements, die unter Emission von β-Strahlen zerfielen und dabei in Atome des nächsthöheren Elements übergingen. Die italienischen Forscher führten ihre Versuche bis zum Uran, also damals dem Element mit der höchsten Ordnungszahl, aus. Sie fanden β-strahlende Substanzen verschiedener Halbwertszeit, von etwa 10 s, 40 s, 13 min und 90 min. Die ersten beiden Substanzen ließen sich schon wegen ihrer Kurzlebigkeit chemisch nicht vom Uran trennen; sie wurden in Analogie zu den Ergebnissen der Neutronenbestrahlung mittlerer chemischer Elemente als Produkte des Neutroneneinfangs beim Uran gedeutet, also als künstliche Uran-Isotope. Da diese β-Strahlen emittierten, zog Fermi den Schluß auf die Entstehung von Isotopen jenseits Uran, auf ein oder einige Trans-Urane. Diskutiert wurde für den 13-Minuten- und 90-Minuten-Körper die Möglichkeit zweier Isotope des Elements 93 oder auch einer Zerfallsreihe Element 93 Eka-Rhenium (13 min) zu Element 94 Eka-Osmium (90 min). Diese Erklärungen von Fermi wurden von A. v. Grosse[1]), dem 10 Jahre früher die Isolierung des Protactiniums in meinem Institut gelungen war, bezweifelt. Er diskutierte es als wahrscheinlicher, daß der am besten untersuchte 13-Minuten-Körper ein Isotop nächstniedrigeren Elements, des Protactiniums?

Von anderer Seite (Ida Noddack) wurde sogar der Einwand gemacht, man müsse zunächst einmal alle Elemente des Periodischen Systems ausschließen, bevor man die Behauptung aufstellen könne, ein Element jenseits Uran zu haben. Dieser Einwand wurde damals als allen physikalischen Vorstellungen über Kernphysik widersprechend nicht ernstlich diskutiert[2]). Es blieb nur die Frage: handelt es sich bei Fermi um ein oder einige Elemente jenseits Uran oder um Isotope des nächstniedrigeren Elements, des Protactiniums.

Zu diesem Zeitpunkt entschlossen sich Lise Meitner und ich, die Fermischen Versuche nachzumachen, um zu entscheiden, ob der 13-Minuten-Körper ein Protactinium-Isotop sei, wie v. Grosse annahm. Der Entschluß zur Nacharbeit lag für uns nahe. Als Entdecker des Protactiniums kannten wir seine chemischen Eigenschaften und hatten außerdem in Gestalt des von mir aufgefundenen β-strahlenden Protactinium-Isotops Uran Z[3]) einen „Indikator" mit der sehr bequemen Halbwertszeit von 6,2 h.

---

1) *A. v. Grosse* u. *M. S. Agruss*, Nature **134**, 773 (1934).

2) *Ida Noddack*, Naturwiss. **27**, 212 (1939).

3) Über das erste radioaktive Isomer Uran Z, siehe Kapitel A 3.

Mit der Indikatormethode konnten wir einwandfrei feststellen, daß der Fermische 13-Minuten-Körper sicher kein Isotop des Protactiniums war[1]). Die Fermische Behauptung mußte also richtig sein, der 13-Minuten-Körper war demnach ein Trans-Uran der Kernladung 93, Eka-Rhenium.

c) Die zwangsläufige Aufstellung der sogenannten Trans-Uran-Reihen

Mit der Aufklärung der Kontroverse Grosse gegen Fermi begannen unsere Arbeiten über die Bestrahlung des Urans (und auch Thoriums) mit Neutronen. Sie umfassen einen Zeitraum von 4 Jahren, sie sind in etwa 20 Originalarbeiten niedergelegt. Von 1935 bis 1938 wurden praktisch alle Arbeiten in Gemeinschaft mit F. Straßmann durchgeführt. Es dauerte bis Ende 1938, bis die richtige Erklärung der Prozesse gefunden wurde.

Wie kam es zu dem Irrweg, wie war er möglich? Durch die Arbeiten von Fermi mit den zahlreichen Elementen des Periodischen Systems war das Schema der durch Neutroneneinfang bewirkten Umwandlungsvorgänge bekannt. Das um ein Neutron, also eine Masseneinheit, vermehrte Isotop des bestrahlten Elements emittierte β-Strahlen, die positive Kernladung des entstehenden Isotops stieg dabei um eine Einheit; dies bedeutete eine Art von Anpassung an dessen im Vergleich zur Kernladung zu hohe Masse. Vor allem galt diese Reaktion für verlangsamte Neutronen, also, wie Fermi schon festgestellt hatte, für solche Neutronen, deren Anfangsenergie durch Bremsung in wasserstoffhaltigen Substanzen, wie Wasser, Paraffin etc., herabgesetzt war. Durch diese Verlangsamung der Neutronenenergie wurden die Ausbeuten größer. Die Prozesse waren verstärkbar. Auch wir haben unsere Versuche beim Uran zunächst immer mit verlangsamten Neutronen durchgeführt, und der Prozeß schien deshalb klar: durch die β-Strahlung entstand das nächsthöhere Element im Periodischen System.

Seit Entdeckung der künstlichen Kernreaktionen wurde in der Folgezeit von anderer Seite zwar eine ganze Reihe verschiedener Kernprozesse auch mit schnellen Neutronen, mit hochbeschleunigten Protonen oder auch α-Teilchen, also Heliumkernen, aufgefunden. Die Reaktionen lieferten aber immer Atomkerne mit einer Kernladung, die entweder isotop mit dem Ausgangskern waren oder nur um plus oder minus 1 oder höchstens 2 Einheiten vom Ausgangskern verschieden waren. Bei der chemischen Identifizierung der entstehenden Produkte konnte man also nur in der unmittelbaren Nachbarschaft des bestrahlten Elements suchen. Die Abgabe größerer Bruchstücke, deren Kernladung und Masse die des Heliums übertraf, erschien mit *energiearmen* Neutronen „indiskutabel"[2]).

An dieser Auffassung der Kernphysik änderte sich bis Ende 1938 nichts.

---

1) *O. Hahn* u. *L. Meitner*, Naturwiss. **23**, 37 (1935).

2) Siehe die Bemerkung über *I. Noddack* weiter oben.

In Fortsetzung unserer Versuche über den 13-Minuten-Körper, den wir in Übereinstimmung mit Fermi also als Eka-Rhenium bezeichneten, weil er im Periodischen System in der Vertikalen senkrecht unter dem Rhenium stand, analog der Stellung Uran zu Wolfram, Thorium zu Hafnium, untersuchten wir nun auch den Fermischen 90-Minuten-Körper, von dem anfangs nicht sicher war, ob er ein Isotop des 13-Minuten-Körpers sei oder vielleicht ein Folgeprodukt. Wir stellten durch chemische Trennungen fest, daß die beiden Substanzen chemisch verschieden waren; unser Schluß auf ein Folgeprodukt, nämlich auf ein Isotop des Elements 94, Eka-Osmium, war also gerechtfertigt. (Das Periodische System hatte damals noch nicht die der „Lanthaniden-Reihe" entsprechende Actiniden-Reihe. Hinter Eka-Rhenium schlossen sich die homologen Platinmetalle an.)

Bald konnten wir zeigen, daß dieser 90-Minuten-Körper keine einheitliche Substanz war. Wir bestimmten einen Körper zu 59 min Halbwertszeit neben einigen längerlebigen und auch kurzlebigen Begleitern[1]).

Die Beobachtungen wurden immer verwickelter und die Zuordnung der zahlreichen Substanzen in ein plausibles System naturgemäß schwierig. Denn als Ausgangssubstanzen blieben ja immer nur die künstlichen Uran-Isotope.

Die Folgeprodukte — alles β-Strahler — mußten alle als Elemente jenseits Uran, als Trans-Urane, angesehen werden, beginnend vom Eka-Rhenium, dann in Anlehnung an die entsprechenden im Periodischen System senkrecht unter ihnen stehenden Platinmetalle übergehend zu Eka-Osmium, Eka-Iridium, Eka-Platin.

Da es jeweils zwei Substanzen von anscheinend gleichen chemischen Eigenschaften und ungefähr gleicher Intensität gab, fiel bei unseren Erörterungen das sehr viel seltenere Uran-Isotop der Masse 235 als Ausgangssubstanz für eine der Reihen aus. Alle Produkte leiteten sich demnach aus dem Uran 238 ab. Wir waren daher gezwungen, zwei isomere Reihen anzunehmen, deren eine bis zum β-strahlenden Eka-Platin, die andere bis zum Eka-Osmium, vielleicht Eka-Iridium, verfolgt werden konnte.

In zwei ausführlichen Arbeiten aus dem Jahre 1937 haben wir in den Berichten der Deutschen Chemischen Gesellschaft und in der Zeitschrift für Physik unsere Ergebnisse zusammengestellt[2]). In der einen wurden mehr die chemischen Ergebnisse, in der anderen die physikalischen Konsequenzen zusammengestellt, die sich aus der den Kernphysikern schwer verständlichen Isomerie über mehrere Glieder hinaus aufdrängten.

---

1) *O. Hahn* u. *L. Meitner*, Naturwiss. **23**, 230 (1935).

2) *O. Hahn, L. Meitner, F. Straßmann*, Ber. Dt. Chem. Ges. **70**, 1374—1392 (1937); *L. Meitner, O. Hahn, F. Straßmann*, Z. f. Phys. **106**, 249—270 (1937).

Otto Hahn im Labor, um 1939

Labortisch mit den Apparaturen, die zur Entdeckung der Uranspaltung führten
(seit 1953 in den Sammlungen des Deutschen Museums in München)

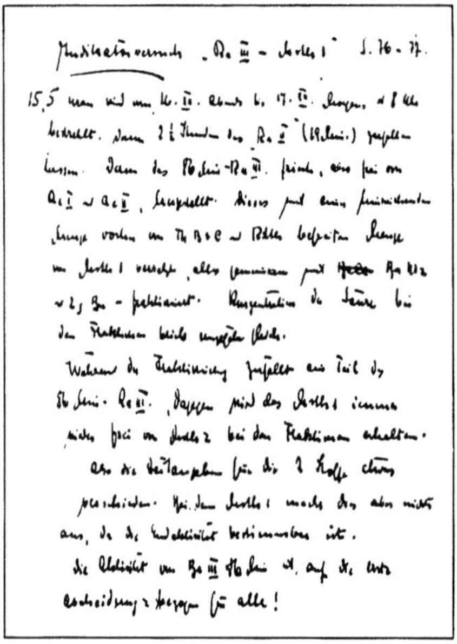

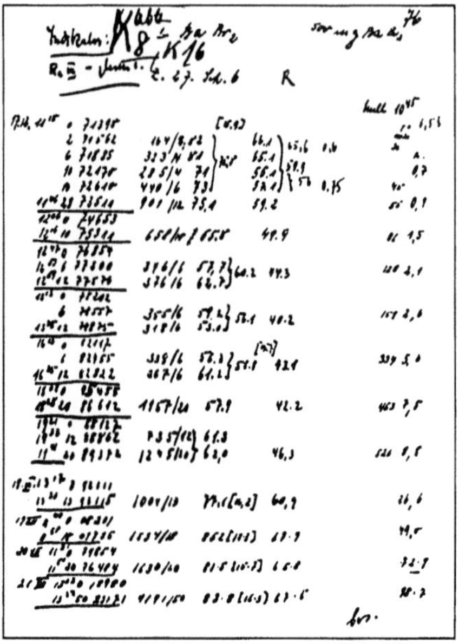

Das Protokoll des entscheidenden Experiments am 17. Dezember 1938 (der „aufregenden Ra-Ba-Msth-Fraktionierung") im Laborheft II. – Links: Versuchsbeschreibung von Hahn. Rechts: Meßreihen von Hahn und Straßmann

Otto Hahn im Labor, um 1939

Der Inhalt der chemischen Arbeiten wurde folgendermaßen gegliedert:

I. Unterscheidung aller Trans-Urane (Ordnungszahlen 93—96) vom Uran und den benachbarten tiefer stehenden Elementen.

II. Chemischer Nachweis der künstlichen Uran-Isotope.

III. Unterscheidung des Eka-Rheniums (Z = 93) von den Homologen der Platinmetalle (Z = 94, 95, 96).

IV. Unterscheidung der Homologe der Platinmetalle untereinander.

1. Trennung des Eka-Osmiums (Z = 94) vom Eka-Iridium (Z = 95).
2. Trennung des Eka-Platins (Z = 96) von den übrigen Homologen der Platinmetalle (Z = 95 und 94).

V. Ähnlichkeiten und Unterschiede zwischen den Trans-Uranen und ihren niedrigeren Homologen Rhenium und den Platinmetallen.

In der folgenden Tabelle sind die beiden Umwandlungsreihen wiedergegeben mit einem erst 1938 aufgefundenen weiteren Produkt von etwa 60 d Halbwertszeit. Wir haben es versuchsweise für ein Eka-Iridium angesehen und dort in der Tabelle hinzugefügt.

Die beiden Umwandlungsreihen

$$\text{I.}\quad {}_{92}\text{U} + {}_{\bullet}\text{n} \rightarrow ({}_{92}\text{U} + \text{n}) \xrightarrow[10\,\text{s}]{\beta} {}_{93}\text{Eka-Re} \xrightarrow[2{,}2\,\text{min}]{\beta} {}_{94}\text{Eka-Os} \xrightarrow[59\,\text{min}]{\beta} {}_{95}\text{Eka-Ir} \xrightarrow[66\,\text{h}]{\beta}$$

$${}_{96}\text{Eka-Pt} \xrightarrow[2{,}5\,\text{h}]{\beta} {}_{97}\text{Eka-Au?}$$

$$\text{II.}\quad {}_{92}\text{U} + {}_{.}\text{n} \rightarrow ({}_{92}\text{U} + \text{n}) \xrightarrow[40\,\text{s}]{\beta} {}_{93}\text{Eka-Re} \xrightarrow[16\,\text{min}]{\beta} {}_{94}\text{Eka-Os} \xrightarrow[5{,}7\,\text{h}]{\beta} {}_{95}\text{Eka-Ir?} \xrightarrow[60\,\text{d}]{\beta}$$

Da alle die hier aufgeführten Substanzen aus saurer Lösung mit Schwefelwasserstoff fällbar waren, die in ihren chemischen Eigenschaften ungefähr mit den homologen Platinmetallen verträglich waren, erfolgte keinerlei Kritik an diesem Schema.

Daß die *nach* der Auffindung der Uranspaltung hauptsächlich von Amerikanern entdeckten wirklichen Trans-Urane gar keine chemische Analoga zu den Platinmetallen Osmium, Iridium, Platin waren, sondern einer der Gruppe der Lanthaniden entsprechenden Actinidengruppe zuzurechnen sind, wurde erst Jahre später erkannt. Die Vermutung auf eine den Lanthaniden analoge, etwa dem Uran ähnliche Reihe, die vom Thorium, Protactinium oder Uran ihren Ausgang nehmen könnte, hatten zwar vor Jahren Niels Bohr und V. M. Goldschmidt geäußert. Wir mußten aber unsere, mit Schwefelwasserstoff aus saurer Lösung fällbaren Substanzen als richtige Homologe der Platinmetalle ansehen, und die Namen Eka-Osmium, Eka-Iridium, Eka-Platin waren deshalb berechtigt.

In der zweiten hier genannten, mehr physikalischen Arbeit wurden die Wirkungsquerschnitte für die angenommene Neutroneneinfangs-Reaktion berechnet und für beide Reihen als gleich befunden; der sich ergebende Wert bewies, daß nur das Uran 238 für die Aktivierung mit Neutronen in Frage kam. Das seltene Uran 235 wurde, wie schon erwähnt, also nicht in Betracht gezogen.

d) Ein künstliches Uran-Isotop von 23 min Halbwertszeit

Die in der Tabelle angegebenen beiden Umwandlungsreihen wurden sowohl durch schnelle als auch, mit viel besserer Ausbeute, durch thermische, also etwa durch Wasserstoff verlangsamte Neutronen ausgelöst[1]). Neben diesen zwei Reihen haben wir eine weitere Substanz aufgefunden, die durch schnelle und thermische Neutronen nicht entsteht, sondern nur durch verlangsamte mit einer definierten Energie, also durch einen Resonanzprozeß[1])[2]). Es handelte sich um ein Uran-Isotop mit 23 min Halbwertszeit. In diesem Fall konnte der klare chemische Beweis dafür erbracht werden, daß es sich in der Tat um ein Uran-Isotop handelt. Fraktionierte Fällungen des künstlichen Körpers und des zur Bestrahlung benutzten Urans als Uranyl-Natriumacetat ergaben für die erste und letzte Fraktion bei gleichen Gewichtsmengen Uran die gleiche Aktivität des 23-Minuten-Körpers.

Da die Substanz β-Strahlen emittierte, bestand nicht der leiseste Zweifel daran, daß aus ihm ein Element 93, Eka-Rhenium, entstehen mußte. Wir haben bei unseren schwachen Präparaten das neue Element nicht gefunden und schlossen, daß es ein langlebiger Körper sein müsse. Der Körper hatte uns aber auch nicht besonders interessiert, denn wir mußten ja glauben, schon Isotope des Elements 93 in Gestalt der 2-Minuten- und 16-Minuten-Körper als Umwandlungsprodukte der Fermischen kurzlebigen „Uran-Isotope" von 10 s und 40 s Halbwertszeit zu haben, s. die Tabelle Seite 121.

Hier tritt wieder die fast tragische Verwirrung zutage, die durch die Annahme der 10-Sekunden- und 40-Sekunden-Körper als Uran-Isotope ausgelöst war. Hätten wir nicht schon den Fermischen 13-Minuten-, von uns genauer als 16-Minuten- bestimmten Körper als Umwandlungsprodukt eines der kurzlebigen Fermischen sogenannten Uran-Isotope als Vertreter des Elements 93 zu kennen geglaubt, dann hätten wir uns natürlich Mühe gegeben, das Element 93 aus dem 23-Minuten-Körper zu finden. Und das wäre gar nicht schwer gewesen. Durch Bestrahlen einer größeren Uranmenge oder durch mehrfache Wiederholung der Bestrahlung hätten wir sicher 10mal mehr der unbekannten Substanz ansammeln und mit einem dünnwandigen Zählrohr ihre Existenz nachweisen können. Neben

---

1) *O. Hahn, L. Meitner,* Naturwiss. **24**, 158 (1936).

2) *L. Meitner, O. Hahn, F. Straßmann,* Z. Phys. l. c., 259—262 (1937).

der Auffindung des Protactiniums, des langlebigen Vertreters des Elements links vom Uran, wären wir dann vielleicht auch die Entdecker des Elements rechts vom Uran geworden.

Später, nach der Entdeckung der Uranspaltung, haben McMillan und Abelson das Umwandlungsprodukt des 23-Minuten-Urans aufgefunden und seine Eigenschaften beschrieben. Seine Halbwertszeit beträgt 2,3 d; die Entdecker haben das Element Neptunium genannt[1]). (Näheres siehe S. 149.)

Wenn wir hier kurz die Arbeiten über unsere „Trans-Urane" zusammenfassen wollen, dann können wir sagen, daß viele und gewissenhaft durchgeführte Untersuchungen durch von der Physik geforderte Voraussetzungen — wie wir bei dem Kapitel „Spaltung" noch sehen werden — zu falschen Ergebnissen geführt haben. Aber niemanden trifft ein Vorwurf. Fermi konnte nicht anders als seine kurzlebigen Substanzen als Uran-Isotope aufzufassen. Aus ihnen ergaben sich die vielen Umwandlungsprodukte, deren Glieder alle höhere Kernladungen haben mußten als das Uran. Die chemischen Eigenschaften waren verträglich mit den Eigenschaften homologer Platinmetalle, und solche mußten damals als Elemente jenseits des Urans angesehen werden.

Es hätte eigentlich auffallen müssen, daß zwei vermutete „Uran-Isotope" unter ganz anderen Bestrahlungsbedingungen entstanden als das einwandfrei identifizierte 23-Minuten-Uran. Die beiden als Uran vermuteten Isotope entstanden bevorzugt mit thermischen Neutronen, das 23-Minuten-Uran entsprach einem definierten Resonanzprozeß. Aber die Verhältnisse waren ja so verwickelt, daß man auch dieses merkwürdige Ergebnis hingenommen hat.

2. *Nicht erkannte Spaltung des Thoriums*

Wie das Uran, hatten Fermi und seine Mitarbeiter auch das Thorium in den Kreis ihrer Bestrahlungsversuche einbezogen[1]) und zwei β-Strahler von etwa 1 min und 24 min Halbwertszeit aufgefunden.

Auch wir haben, etwa gleichzeitig mit der Bestrahlung des Urans, begonnen, uns mit dem Thorium zu beschäftigen. Die Arbeit mit Thorium war bei unseren schwachen Strahlenquellen — wir hatten nur Radium-Berylliumröhrchen (mit 500—1000 mg Radium) für die Neutronengewinnung zur Verfügung — eigentlich besonders subtil, wenn wir es mit dem Uran verglichen. Ein gereinigtes Uranpräparat ist ein reiner α-Strahler, der sein Umwandlungsprodukt Uran X erst in

---

1) E. M. *McMillan* u. *P. H. Abelson*, Phys. Rev. **55**, 510 (1939); **57**, 1185 (1940).

2) E. *Fermi* und Mitarbeiter, Proc. Roy. Soc. London A, **146**, 483 (1934); Proc. Roy. Soc. London A, **149**, 522 (1935).

24 d zur Hälfte nachbildet. Bei einer nicht zu langen Bestrahlung hat man bei der Abtrennung der künstlichen Umwandlungsprodukte also außer dem nachgebildeten Uran X nur mit dem Uran als natürlichem Radioelement zu rechnen.

Beim Thorium hat man normalerweise ein Gemisch von Thorium, Mesothorium 1, Mesothorium 2, Radiothorium, Thorium X mit aktivem Niederschlag vorliegen. Und diese natürliche Aktivität war außerordentlich viel stärker als unsere schwachen künstlichen Produkte. Für Fermi und die anderen Forscher, die das Gebiet bearbeiteten, bedeutete das keine Schwierigkeiten, da sie sehr viel stärkere künstliche Strahlenquellen zur Verfügung hatten. Die mit ihnen beim Thorium erzielten künstlichen Aktivitäten waren so groß, daß kleine Verunreinigungen mit Resten der zahlreichen natürlichen Thoriumprodukte viel weniger oder gar nicht ins Gewicht fielen.

Daß wir uns dennoch an das Thorium heranwagten, hatte zwei Gründe. Es stand uns das natürliche Thorium zur Verfügung, das seit vielen Jahren in regelmäßigen Zwischenräumen von dem sich dauernd nachbildenden Mesothorium befreit worden war, weil ich mir in früheren Jahren vorgenommen hatte, ein möglichst radiothorfreies Thorium als reinen α-Strahler zu gewinnen.

Das Mesothor (Msth 1 + Msth 2) ist die Muttersubstanz des Radiothors. Dieses Radiothor kann chemisch von seinem Isotop Thorium nicht getrennt werden, und so kann man nur durch die dauernde Abtrennung des Mesothors erreichen, daß das mit 1,9 Jahren Halbwertszeit zerfallende Radiothor mit allen seinen Umwandlungsprodukten allmählich verschwindet (s. S. 44). Während der letzten Jahre hatte F. Straßmann diese regelmäßigen Mesothorabtrennungen von früheren Mitarbeitern übernommen. 1935 beim Beginn unserer Arbeiten schätzten wir den Gehalt unseres Thoriums an Radiothor auf etwa 1 % der Thoraktivität. Mit einem solchen Präparat konnten wir die Bestrahlungsversuche wagen, besonders da uns durch jahrzehntelange Beschäftigung mit der Chemie des Thoriums und des von mir schon 1907 aufgefundenen Mesothoriums die Trennungsmethoden der einzelnen Produkte völlig vertraut waren.

So hatten wir gleich bei unserer ersten Arbeit über die künstlichen Umwandlungsprozesse beim Thorium ein ermutigendes Ergebnis[1]). Wir fanden, daß bei der Bestrahlung ein „verstärkter“ und ein „unverstärkter“ Prozeß ausgelöst wird.

Der Fermische 1-Minuten-Körper gehört zu einem nicht verstärkbaren Prozeß, er bildet, wie wir feststellen konnten, eine Substanz von etwa 11 min Halbwertszeit nach. Die Bildung des Fermischen 24-Minuten-Körpers ist verstärkbar; statt 24 min fanden wir etwa 30 min. Bei allen Angaben über Halbwertszeiten mußten wir aber mit einer gewissen Ungenauigkeit rechnen. In Übereinstimmung mit der Vermutung von Fermi konnten wir zeigen, daß die als 24- resp. nunmehr als 30-Minuten-Körper bestimmte Substanz ein Isotop des Thoriums war.

---

[1]) O. *Hahn* u. L. *Meitner*, Naturwiss. **23**, 320 (1935).

Die nicht verstärkbare 1-Minuten-Substanz haben wir als ein Radium-Isotop angesehen und das daraus entstehende Produkt als ein Actinium-Isotop[1]). Diese Ansicht wurde in Versuchen von Curie, v. Halban und Preiswerk bestätigt und durch eine neue Substanz von 3,5 h Halbwertszeit erweitert, die von diesen Forschern als Actinium identifiziert wurde[2]).

Mit den gleichen Umwandlungsvorgängen beim Thorium befaßten sich auch E. Rona und E. Neuninger[3]). Wie wir verwendeten auch sie ein Thoriumpräparat, das seit 14 Jahren von Stefan Meyer im Wiener Radium-Institut in regelmäßigen Abständen vom Mesothor befreit worden war, um das Radiothor verschwinden zu lassen. Rona und Neuninger bestätigten unsere Ergebnisse und beschrieben ein weiteres Actinium-Isotop von 24 h Halbwertszeit. Sowohl Curie, v. Halban und Preiswerk als auch Rona und Neuninger gaben, abgesehen von den beiden von uns aufgestellten Prozessen, weitere Zerfallsschemata, auch andere Produkte an, die aber von uns nicht bestätigt werden konnten. Auch diesen Forschern standen damals nur relativ schwache Strahlenquellen zur Verfügung, so daß auch geringe Verunreinigungen oder die zwangsläufig entstehenden natürlichen Thoriumzerfallsprodukte die Aufklärung der Prozesse und die Bestimmung der Halbwertszeiten der Umwandlungsprodukte recht schwierig machten. Dabei hatten Curie und Mitarbeiter offenbar nur ein Thorium mit relativ viel Radiothor zur Verfügung, was das Arbeiten ja noch wesentlich erschwerte.

In einer späteren ausführlichen Arbeit haben wir unsere Ergebnisse bei der Thoriumbestrahlung zusammengefaßt[4]).

Als verstärkbarer, vermutlicher Resonanzprozeß wurde die folgende Reaktionsfolge aufgestellt:

$$^{232}\mathrm{Th} + n \rightarrow {}^{233}\mathrm{Th} \xrightarrow[26\ \mathrm{min}]{\beta^-} {}^{233}\mathrm{Pa} \xrightarrow[25\ \mathrm{d}]{\beta^-} {}^{233}\mathrm{U}\,?$$

Der 25-Tage-Körper war neu von uns aufgefunden.

Als unverstärkbare Prozesse stellten wir die folgenden Zerfallsschemata auf:

$$^{232}\mathrm{Th}\,(n, \alpha) \rightarrow {}^{229}\mathrm{Ra} \xrightarrow[<1\ \mathrm{min}]{\beta^-} {}^{229}\mathrm{Ac} \xrightarrow[\sim 18\ \mathrm{min}]{\beta^-} \mathrm{Th}\,?$$

$$^{232}\mathrm{Th}\,(n, \alpha) \rightarrow {}^{229}\mathrm{Ra} \xrightarrow[15\ \mathrm{min}]{\beta^-} {}^{229}\mathrm{Ac} \xrightarrow[\sim 3{,}5\ \mathrm{h}]{\beta^-} \mathrm{Th}\,?$$

$$^{232}\mathrm{Th}\,(n, \alpha) \rightarrow {}^{229}\mathrm{Ra} \xrightarrow[\sim 4\ \mathrm{h}]{\beta^-} {}^{229}\mathrm{Ac} \xrightarrow[20\ \mathrm{bis}\ 30\ \mathrm{h}]{\beta^-} \mathrm{Th}\,?$$

---

1) O. *Hahn* u. L. *Meitner*, Angew. Chem. **49**, 127 (1936).

2) *I. Curie, H. v. Halban, P. Preiswerk*, Comptes Rendus **200**, 1841, 2079 (1935).

3) E. *Rona* u. E. *Neuninger*, Naturwiss. **24**, 491 (1936).

4) *L. Meitner, F. Straßmann, O. Hahn*, Z. f. Phys. **109**, 538—552 (1938).

Unter der Annahme von (n, α)-Prozessen wurden also drei Radium-Isotope und drei daraus entstehende Actinium-Isotope beschrieben, wobei — wie schon betont — mit einer gewissen Unsicherheit in den Halbwertszeiten gerechnet werden mußte.

Der letzte Satz unserer sehr ausführlichen Arbeit lautet:

„Es wurde hier zum erstenmal das Entstehen isomerer Reihen unter α-Abspaltung nachgewiesen. Die bisher vorliegenden Erklärungsmöglichkeiten für Isomerie werden diskutiert."

Wir machten also bei den unverstärkbaren Prozessen zur Erklärung des Auftretens von Radium-Isotopen die plausible Annahme einer α-Abspaltung. Versuche zum Nachweis solcher α-Strahlen hatte aber v. Droste in unserem Institut ohne Erfolg vorgenommen[1]). Die Wirklichkeit war aber, wie sich nach der Auffindung der Uranspaltung herausstellte, ganz anders. Die Radium- und Actinium-Isotope waren Barium- und Lanthan-Isotope! α-Strahlen traten nicht auf. Ein Zweifel an der Richtigkeit unserer damaligen Ergebnisse wurde nicht erhoben, obgleich das Auftreten solcher „isomerer Reihen" den Theoretikern auch hier Kopfzerbrechen bereitete.

Einen Teil der in der oben angegebenen Tabelle als Radium und Actinium bezeichneten künstlichen Isotope hatten wir und auch Curie, v. Halban und Preiswerk schon im Jahre 1935 beschrieben. Hätte man damals das Radium vom Träger Barium oder das Actinium vom Träger Lanthan abzutrennen gesucht, dann wäre die Atomkernspaltung schon mehrere Jahre früher entdeckt worden!

3. *Lise Meitner, ihr Fortgang aus Berlin*

Die im letzten Kapitel genannte Arbeit über Thorium und Neutronen war im Mai 1938 von Meitner, Hahn und Straßmann eingereicht worden. Am 10. Juli 1938 schickten wir noch eine neue Arbeit über unsere Untersuchungen mit Uran an die „Naturwissenschaften"[2]). Sie beschrieb ein weiteres Trans-Uran von rund 60 d Halbwertszeit, dessen genetische Einordnung noch unsicher war. Die wahrscheinlichste Annahme war die für ein Eka-Iridium der Trans-Uran-Reihe (II)[3]).

Dies war die letzte Arbeit mit Lise Meitner im Kaiser-Wilhelm-Institut, ihre letzte Arbeit in Deutschland, nach mehr als dreißigjähriger Zusammenarbeit.

Lise Meitner war als Österreicherin bis zur Einverleibung Österreichs in das Deutsche Reich im Frühjahr 1938 von den Hitlergesetzen verschont; mehr als

---

1) *G. v. Droste*, Z. f. Phys. **110**, 84—94 (1938).

2) *L. Meitner, O. Hahn, F. Straßmann*, Naturwiss. **26**, 475—476 (1938).

3) Siehe S. 121, das Schema 1937.

50 % nichtarisch, fiel für sie dieser Schutz nun weg. Die Möglichkeiten, ihr ihre selbständige leitende Stellung am Institut zu erhalten, wurden immer geringer. Ein Versuch von Geheimrat Bosch, dem Präsidenten der Kaiser-Wilhelm-Gesellschaft, ihr die Erlaubnis zur Ausreise zu erwirken, schlug fehl. Geheimrat Bosch teilte Lise Meitner und mir in einer privaten Unterhaltung den abschlägigen Brief des Kultusministers mit. Trotz aller ihr bis zuletzt bewiesenen Hilfe und Freundschaft konnte der Präsident nun nichts mehr für ihre Ausreise unternehmen.

Deshalb wurde nunmehr Professor Scherrer in Zürich gebeten, an Professor Coster in Holland zu schreiben. Die Professoren Coster, Fokker und de Haas erreichten es, daß die holländische Regierung sich bereit erklärte, Lise Meitner ohne Visum nach Holland hereinzulassen. Die Ausreise gelang. Professor Niels Bohr veranlaßte dann Professor Siegbahn in Stockholm, ihr eine Arbeitsmöglichkeit in Stockholm anzubieten, und Lise Meitner nahm das Angebot an.

4. *Fritz Straßmann*

Der dritte aus unserer „Trans-Uran-Gruppe", Fritz Straßmann, war äußerlich in keiner Weise betroffen. Nach den vielen Arbeiten, die er teils allein, teils mit mir, teils mit Lise Meitner und mir veröffentlicht hatte, lag es nahe, daß er sich neben seiner Stellung am Kaiser-Wilhelm-Institut für Chemie an der Berliner Universität habilitierte. Auf meinen Vorschlag hin machte er bei der Universität einen entsprechenden Antrag. Er erhielt den Bescheid, er müsse vorher Mitglied einer der nationalsozialistischen Organisationen werden. Dies lehnte er aber ab. Darauf wurde ihm die Habilitation nicht gestattet. In meinem Institut konnte er aber ungestört weiterarbeiten; wir waren von den Hochschulgesetzen ja weniger stark betroffen.

Nach dem Ende des Krieges geschah auch hier die „Wiedergutmachung". Ohne vorherige Habilitation wurde Straßmann Ordinarius für anorganische Chemie und Radiochemie an der neugegründeten Universität Mainz.

5. *Die sogenannten „Radium"-Isotope*

Auf S. 121 wurde eine Übersicht gegeben über die zahlreichen sogenannten „Trans-Urane", die bei der Bestrahlung des Urans mit thermischen Neutronen zu entstehen schienen. Als letztes Produkt war im Jahre 1938 noch der 60-Tage-Körper aufgefunden worden, dessen Zugehörigkeit zu den großen Reihen nicht genau bestimmt werden konnte, der aber auch ein „Trans-Uran" sein mußte.

Zu diesen schon zahlreichen künstlichen Atomarten kam durch Curie und Savitch[1]) seit 1937 noch ein weiterer Körper hinzu, der die Verhältnisse noch mehr verwickelte. Die Verfasser beschrieben eine Substanz mit einer Halbwertszeit von 3,5 h mit chemischen Eigenschaften, die nicht genau feststellbar waren. Der Körper wurde zunächst für ein Isotop des Thoriums gehalten. Auf Grund eines persönlichen Schreibens von Hahn und Meitner an die Verfasser gaben sie diese Erklärung auf. Danach wurde die Substanz für ein Isotop des Actiniums angesehen. Aber eine fraktionierte Fällung des neuen Körpers mit Lanthan als Träger unter Zugabe kleiner Mengen von natürlichem Actinium zeigte die Verschiedenheit des 3,5-Stunden-Körpers auch von Actinium. Die Substanz verhielt sich dem Lanthan sehr ähnlich.

Mit Widerstreben schlossen die Verfasser ihre Mitteilung mit den Worten[2]):

> «Il semble donc que ce corps ne puisse être qu'un élément transuranien possédant des propriétés très différentes de celles des autres éléments transuraniens connus, hypothèse qui soulève des difficultés d'interprétation.»

In einer etwas späteren ausführlichen Arbeit werden ihre Ergebnisse über die chemischen Eigenschaften ihres 3,5-Stunden-Körpers noch einmal im einzelnen beschrieben. Die Ähnlichkeit mit dem Lanthan wird nochmals betont, aber das „erlösende" Wort fällt nicht, nämlich die Identität mit dem Lanthan. Die Verfasser schreiben:

> «Dans l'ensemble, les propriétés de R 3,5 h sont celles du lanthane, dont il semble jusqu'ici qu'on ne puisse le séparer que par fractionnement[3]).»

Es wurde deshalb eine Reihe von Möglichkeiten diskutiert, wie man den 3,5-Stunden-Körper in die Reihe der „Trans-Urane" einfügen könne. Die Versuche kamen den Verfassern aber selbst schwer verständlich und unbefriedigend vor. Sie waren in der gleichen unangenehmen Situation beim Lanthan wie wir kurz danach beim Barium. Das Lanthan bot sich eigentlich dauernd an; aber das Verbot der Physik vor solchen Sprüngen im Periodischen System verhinderte den Sprung in das Außergewöhnliche. In ihrer letzten Mitteilung wiesen sie übrigens darauf hin, daß ihr 3,5-Stunden-Körper augenscheinlich noch weitere Substanzen längerer Halbwertszeit enthält, von denen aber bisher weder Halbwertszeiten noch genetische Zugehörigkeit feststellbar waren.

Da es sich bei dem 3,5-Stunden-Körper von I. Curie und Savitch also um ein weiteres Trans-Uran von ungewöhnlichen Eigenschaften handeln sollte, haben

---

1) *I. Curie* u. *P. Savitch,* J. Phys. et Radium **8**, 385 (1937).

2) *I. Curie* u. *P. Savitch,* C. R. **206**, 1643 (1938).

3) *I. Curie* u. *P. Savitch,* J. de Phys. et Radium **9**, 355 (1938).

wir versucht, den 3,5-Stunden-Körper abzuscheiden und genauer zu untersuchen. Neben der für die Trans-Urane immer benutzten Schwefelwasserstoffällung wurden jetzt einzelne andere analytische Gruppen geprüft.

Dabei zeigte sich, daß mit dem für die Seltenen Erden als Träger verwandten Lanthan, dem für die Erdalkalien verwendeten Barium und dem als Träger für die vierte Gruppe zugesetzten Zirkon verschiedene aktive Substanzen ausgefällt wurden. Was dabei den von I. Curie und Savitch beschriebenen 3,5-Stunden-Körper betraf, so schlossen wir daraus, daß es sich bei ihm nicht um eine einheitliche Substanz handelte, so daß die chemische Zuordnung dadurch erschwert wurde.

Am aufschlußreichsten waren die Versuche mit Barium, und schon in einer ersten Mitteilung[1]) haben wir angegeben, daß bei der Bestrahlung des Urans mit Neutronen außer den zahlreichen „Trans-Uranen" noch drei isomere Radium-Isotope entstehen. In der ersten Mitteilung über die aktiven Radium-Isotope brachten wir drei Reaktionsfolgen, beginnend mit den β-strahlenden Radium-Isotopen und drei daraus entstehenden Actinium-Isotopen. Wir gaben auch „in roher Annäherung" ungefähre Halbwertszeiten für diese neuen Produkte an. Dabei wurde aber schon auf die unerwartete Tatsache hingewiesen, daß diese Prozesse auch mit thermischen, also langsamen Neutronen entstehen. Deshalb schien eine möglichst gründliche Bestimmung der chemischen Eigenschaften der neu gefundenen künstlichen Radioelemente unerläßlich.

In einer zweiten, nunmehr ausführlichen Mitteilung „Über den Nachweis und das Verhalten der bei der Bestrahlung des Urans mittels Neutronen entstehenden Erdalkalimetalle" wurden nun die neuen „Radium-Isotope, ihre Halbwertszeiten und Umwandlungsprodukte" einer genauen Analyse unterworfen[2]). Der Schluß, daß es sich um isomere Reihen von Radium-Isotopen handelt, wurde damit begründet, daß sie sich mit Barium abscheiden ließen und alle die Eigenschaften zeigten, „die dem Element Barium eigen sind". Uran, Protactinium, Thorium, Actinium ließen sich sicher abtrennen. „Es bleibt also, wenn man das Barium selbst außer Betracht läßt, nur das Radium übrig". Als Träger diente immer das Barium. Am nächstliegenden bei dessen Fällung war natürlich die Fällung als Bariumsulfat, neben dem Chromat das schwerstlösliche Bariumsalz. Nach früheren Erfahrungen und Vorversuchen wurde aber von der Abscheidung der Radium-Isotope mit Bariumsulfat abgesehen, denn der oberflächenreiche Sulfatniederschlag reißt neben geringen Mengen von Uran auch Spuren von Thorium- und Actinium-Isotopen mit; der Niederschlag ist also nicht radio-

---

1) *O. Hahn* u. *F. Straßmann*, Naturwiss. **26**, 755 (1938).

2) *O. Hahn* u. *F. Straßmann*, Naturwiss. **27**, 11—15 (Januar 1939).

chemisch rein. Auf Vorschlag von F. Straßmann haben wir statt Bariumsulfat das aus starker Salzsäure in sehr schönen Kriställchen ausfallende Bariumchlorid gewählt. Das Chlorid fällt zwar nicht quantitativ aus, das war aber auch gar nicht nötig.

Zur Prüfung der Reinheit solcher Bariumchloridkristalle seien zwei Versuche wiedergegeben.

Eine einmalige Fällung von Bariumchlorid aus 10 g nichtbestrahltem Uranylnitrat, das im Gleichgewicht mit den β-Strahlen UX_1 und UX_2 war und das eine Aktivität von ungefähr 400 000 Teilchen/min hatte, zeigte eine Aktivität von ungefähr 14 Teilchen/min.

Eine Fällung des Bariumchlorids aus einem Actinium-Isotop (β-strahlendes Mesothor 2) von 2500 Teilchen/min wies eine Aktivität von etwa 3 Teilchen/min auf. In ähnlicher Weise wurden die Niederschläge aus bestrahltem Uran, die also die zahlreichen „Trans-Urane" enthielten, geprüft, immer mit dem gleichen guten Ergebnis. Natürlich konnte bei den Bariumfällungen nicht ohne weiteres ein Unterschied zwischen Barium- und Radium-Isotopen gemacht werden. Da Barium „verboten" war, blieb also nur Radium übrig.

Der Hauptteil der Arbeit befaßte sich nun mit den nach verschiedenen Bestrahlungsdauern für die „Radium-Isotope" erhaltenen Aktivitätskurven. Sie führten zu der endgültigen Aussage über die Anzahl der Isotope und ihrer Halbwertszeiten. Ungefähre Angaben konnten dann auch über die Halbwertszeiten der daraus entstehenden „Actinium-Isotope" gemacht werden. Gegenüber den drei Isotopen unserer ersten Mitteilung nahmen wir jetzt noch ein weiteres sehr kurzlebiges Radium als Muttersubstanz eines Actinium-Isotops von weniger als 30 min Halbwertszeit an.

6. *Die „Radium"-Isotope waren Barium*

Nachdem so der Hauptteil der im vorliegenden besprochenen Arbeit sich sehr ausführlich mit der Analyse der verschiedenen künstlichen „Radium-Isotope" befaßt hat, kommt zum Schluß der Mitteilung etwas ganz Neues: der experimentelle Hinweis darauf, daß die „Radium-Isotope" in Wirklichkeit gar kein Radium, sondern Barium sind und daß die „Actinium-Isotope" in Wirklichkeit Lanthan-Isotope sind, ein *allen bisherigen Erfahrungen der Kernphysik widersprechendes Ergebnis.*

Es ist wohl am einfachsten, den letzten Teil dieser Mitteilung wörtlich hier anzugeben[1]).

[1]) *O. Hahn* u. *F. Straßmann*, Naturwiss. 27, 11 (1939).

Nun müssen wir aber noch auf einige neuere Untersuchungen zu sprechen kommen, die wir der seltsamen Ergebnisse wegen nur zögernd veröffentlichen. Um den Beweis für die chemische Natur der mit dem Barium abgeschiedenen und als „Radium-Isotope" bezeichneten Anfangsglieder der Reihen über jeden Zweifel hinaus zu erbringen, haben wir mit den aktiven Bariumsalzen fraktionierte Kristallisationen und fraktionierte Fällungen vorgenommen, in der Weise, wie sie für die Anreicherung (oder auch Abreicherung) des Radiums in Bariumsalzen bekannt sind.

Bariumbromid reichert das Radium bei fraktionierter Kristallisation stark an, Bariumchromat bei nicht zu schnellem Herauskommen der Kriställchen noch mehr. Bariumchlorid reichert weniger stark an als das Bromid, Bariumkarbonat reichert etwas ab. Entsprechende Versuche, die wir mit unseren von Folgeprodukten gereinigten aktiven Bariumpräparaten gemacht haben, *verliefen ausnahmlos negativ: Die Aktivität blieb gleichmäßig auf alle Bariumfraktionen verteilt,* wenigstens soweit wir dies innerhalb der nicht ganz geringen Versuchsfehlermöglichkeiten angeben können. Es wurden dann ein paar Fraktionierungsversuche mit dem Radium-Isotop ThX und mit dem Radium-Isotop $MsTh_1$ gemacht. Sie verliefen genau so, wie man aus allen früheren Erfahrungen mit dem Radium erwarten sollte. Es wurde dann die „Indikatorenmethode" auf ein Gemisch des gereinigten langlebigen „RaIV" mit reinem, radiumfreien $MsTh_1$ angewandt: das Gemisch mit Bariumbromid als Trägersubstanz wurde fraktioniert kristallisiert. *Das $MsTh_1$ wurde angereichert, das „RaIV" nicht,* sondern seine Aktivität blieb bei gleichem Bariumgehalt der Fraktionen wieder gleich. Wir kommen zu dem Schluß: Unsere „Radium-Isotope" haben die Eigenschaften des Bariums; als Chemiker müßten wir eigentlich sagen, bei den neuen Körpern handelt es sich nicht um Radium, sondern um Barium.

Diese Arbeit war also ursprünglich im wesentlichen der Entwirrung der Radium-Isotope und ihrer Umwandlungen gewidmet. Die Überschrift hieß deshalb auch ursprünglich: „Über den Nachweis und das Verhalten der bei der Bestrahlung des Urans mittels Neutronen entstehenden Radium-Isotope". Der Umschwung kam durch die fraktionierte Kristallisation: Barium — künstliches Radium und durch die Indikatorenmethode: fraktionierte Kristallisation — natürliches Radium und künstliches Radium.

Nach diesen neuen Ergebnissen überlegten wir nun, ob wir in dem Titel der Arbeit schon „Barium-Isotope" statt „Radium-Isotope" schreiben sollten. Die schon zum größten Teil geschriebene Arbeit hätte damit völlig umgeschrieben werden müssen, denn der Hauptinhalt bot dann kein besonderes Interesse mehr. Aber wir wollten möglichst schnell veröffentlichen. So wählten wir den Ausdruck

„Erdalkali-Isotope" und warteten die Endergebnisse noch nicht ganz abgeschlossener Indikatorversuche mit den stabileren Isotopen ab, um dann alle Versuche mit Kurven und Zahlen belegen zu können. Dies ist dann in einer zweiten Arbeit, die noch im Januar 1939 eingesandt wurde, geschehen[1]).

7. Indikatoren-Beweise für die Zerspaltung von Uran und Thorium

Schon in unserer ersten Arbeit machten wir uns Gedanken über die tatsächlich auftretenden Vorgänge. Wir mußten ja ein Zerbrechen des schweren Uranatoms in kleinere Bruchstücke annehmen und zogen die Massenzahlen des oder der bekannten natürlichen Barium-Isotope von der Massenzahl des Urans ab. Wir kamen auf die Elemente No. 43 (heute Technetium), Ruthenium, Rhodium, Palladium, also im wesentlichen die mittleren Platinmetalle, deren Eigenschaften wir mit unseren „Trans-Uranen" für verträglich hielten. Ein Irrtum war dabei, daß wir mit den Massenzahlen statt mit den Kernladungen operierten.

Die richtige Erklärung gaben dann zuerst Meitner und Frisch[2]), denen wir unsere Ergebnisse schon vor unserer Veröffentlichung brieflich zur Kenntnis gegeben hatten und die dann ihre Ergebnisse sowohl uns als auch Niels Bohr ebenfalls vor dem Erscheinen ihrer Arbeit mitgeteilt hatten.

Bohr erwähnte dies am 26. Januar 1939 auf einer Sitzung der Amerikanischen Physikalischen Gesellschaft, und das ermöglichte einigen Anwesenden, noch am selben Tage den physikalischen Nachweis der Uranspaltung zu wiederholen, den O. R. Frisch bereits am 16. Januar zusammen mit den mit Lise Meitner gemeinsam angestellten Überlegungen an die englische Zeitschrift „Nature" zur Veröffentlichung geschickt hatte.

Diese Arbeiten erschienen dann leider erst im März, während die später durchgeführten amerikanischen Bestätigungen früher erschienen.

Der von uns als Zerplatzen, von Meitner und Frisch als Zerspaltung (fission) bezeichnete Vorgang war also Uran 92 $\longrightarrow$ Barium 56 + Krypton 36. Meitner und Frisch machten in ihrer ersten Mitteilung auch schon eine Schätzung über die bei der Zerspaltung zu erwartenden außerordentlich hohen Energiebeträge, die sie zu etwa 200 MeV pro zerspaltetem Uranatom angaben. In unserer zweiten Mitteilung brachten wir neben den endgültigen Indikatorenversuchen auch den Nachweis für die Zerspaltung des Thoriums, allerdings nicht mit thermischen, sondern mit schnellen Neutronen, und bewiesen als zweite Bruchstückgruppe beim Uran das Auftreten von Edelgasen, indem wir Krypton durch dessen Zerfallsprodukte Strontium und Yttrium nachwiesen.

---

[1]) *O. Hahn* u. *F. Straßmann*, Naturwiss. **27**, 91 (1939).

[2]) *L. Meitner* u. *O. R. Frisch*, Nature **143**, 239 (1939).

In dieser zweiten Arbeit sind also die Indikatorversuche mit dem α-strahlenden Radium-Isotop Thorium X, mit dem β-strahlenden Mesothorium und deren fraktionierte Kristallisation mit dem Bariumbromid und mit dem — wie wir festgestellt hatten — zur Trennung Radium-Barium noch wirksameren Chromat durchgeführt worden, immer mit so wenig Atomen, daß sie nur im Geiger-Müller-Zähler nachgewiesen werden konnten.

Zu allem Überfluß wurde noch ein sogenannter „Kreislaufprozeß" mit dem langlebigen Barium IV (früher Radium IV) ausgeführt. Das gereinigte Präparat wurde in zwei Teile geteilt, der größere Teil davon einem Kreislauf über sechs chemisch verschiedene, schön kristallisierende Bariumsalze unterworfen und danach das nicht bearbeitete Kontrollpräparat Bariumchlorid mit einer gleichen Menge des nach den vielen Kristallisationen wieder zurückgewonnenen Bariumchlorids — nach Abtrennung der inzwischen entstandenen Umwandlungsprodukte — in seiner Aktivität verglichen. Das „Barium IV" war durch alle die verschiedenen Verbindungen hindurch immer bei seinem Isotop, dem gewöhnlichen Barium, geblieben. *Man könnte diesen Kreislauf als einen 6fachen Indikatorversuch bezeichnen!* In ähnlicher Weise wurden auch einige Indikator-Kurven mit bestrahltem Thorium gemacht, die die Spaltung des Thoriums mit schnellen Neutronen beweisen.

Bei der ausführlichen Diskussion über einige Fragen zu den neuen Ergebnissen machten wir die Bemerkung, daß bei der Aufspaltung nach den Kernladungen, also z. B. Barium und Krypton, gleichzeitig eine Anzahl von Neutronen emittiert werden könnte. Die Massenzahlen für die primären Spaltprodukte kamen nämlich höher heraus als die Massenzahlen der bekannten Isotope von Barium und Krypton.

Wir machten auch mit völlig unzureichenden Mitteln und deshalb ohne Erfolg einen Versuch, solche zusätzlichen Neutronen nachzuweisen. Der experimentelle Beweis kam dann zuerst von Dodé, v. Halban, Joliot und Kowarski[1]) und bald von vielen anderen Forschern.

Mit dieser Erkenntnis der „Abdampfung" zusätzlicher Neutronen bei der Zerspaltung des Urans wurde die Nutzbarmachung der Energie der Atomkerne in den Bereich des Möglichen gebracht.

Eigentlich muß man sich immer wieder wundern, wie die chemischen Eigenschaften eines Elements bis hinab zu den einzelnen Atomen der sichere Leitfaden für ihr Erkennen bleiben. Für diejenigen, die die ausführlichen, etwas verwickelten Indikatorversuche und andere Identitätsbeweise für die Zerspaltung des Urans und Thoriums besonders interessieren, ist die am 10. Februar 1939 veröffentlichte Arbeit als Anhang I (s. S. *1*—*7*) im Original wiedergegeben. Hier sind Isotopen-

[1]) *Dodé, v. Halban, Joliot, Kowarski,* Nature **143**, 470, 680 (1939).

versuche, auf die in der Arbeit vom 6. Januar 1939 schon kurz hingewiesen wurde, mit den damals noch laufenden, aber nicht abgeschlossenen Zerfallskurven zusammenfassend dargestellt.

In dieser ausführlichen Arbeit haben wir noch vermutet, daß „unserer Meinung nach die Trans-Urane" die ihnen bisher zugeschriebene Stellung beibehalten. Die mit Schwefelwasserstoff fällbaren Substanzen standen in keinem unmittelbaren Zusammenhang mit den Edelgasen, den Alkali- und Erdalkalimetallen, mit denen die Zerspaltung aufgefunden worden war. Aber sehr bald konnten Meitner und Frisch[1]) zeigen, daß zwei Drittel der beim Bestrahlen des Urans entstehenden Produkte bei ihrer Bildung einen solchen Rückstoß erfahren, daß sie durch dünne Folien hindurch außerhalb des Urans nachweisbar waren. Diese Energie konnten die Teilchen nur durch den sehr energiereichen Spaltungsvorgang bekommen, sie konnten also keine durch Neutronenanlagerung entstandene „Trans-Urane" vorstellen. Sie waren durch Schwefelwasserstoff fällbar und wurden bald von anderen Forschern und uns selbst als Isotope des Tellurs, Jods und Molybdäns erkannt.

Von den zahlreichen „Trans-Uranen" blieb nur das aus unserem Uran von 23 min Halbwertszeit entstehende Eka-Rhenium, von den Entdeckern McMillan und Abelson „Neptunium" getaufte Element übrig.

Die Aufklärung der bei der Spaltung des Urans und Thoriums entstehenden künstlichen Isotope nahm nun einen schnellen Fortgang. Außer den verschiedenen Barium-Isotopen wurden von Cl. Lieber drei verschiedene Strontium-Isotope festgestellt und damit neben der Zerspaltung Ba + Kr die analoge Spaltung Sr + Xe bestätigt[2]).

Die durch schnelle Neutronen bewirkte Zerspaltung des Thoriums erbrachte ganz analoge Ergebnisse wie die Zerspaltung des Urans[3]), deshalb sei hier nur auf die Literatur verwiesen.

In einer im Juli 1939 eingesandten ausführlichen Arbeit über das Uran[4]) werden außer den schon vorher bekannten Produkten nähere Angaben über Cäsium-, Rubidium-, Xenon-, Krypton-, Jod- und Brom-Isotope gemacht. Es wird darauf hingewiesen, daß die Ausbeute an Produkten bei den einzelnen Prozessen sehr verschieden sein kann; gegenüber den leicht nachweisbaren Jod-Isotopen entstanden z. B. die Brom-Isotope in viel geringerer Intensität.

---

1) *L. Meitner* u. *O. R. Frisch*, Nature **143**, 471 (1939).

2) *Cl. Lieber*, Naturwiss. **27**, 421 (1939).

3) *O. Hahn*, *F. Straßmann* u. *S. Flügge*, Naturwiss. **27**, 545 (1939); *O. Hahn* u. *F. Straßmann*, Phys. Z. **40**, 673—680 (1939).

4) *O. Hahn* u. *F. Straßmann*, Naturwiss. **27**, 529 (1939).

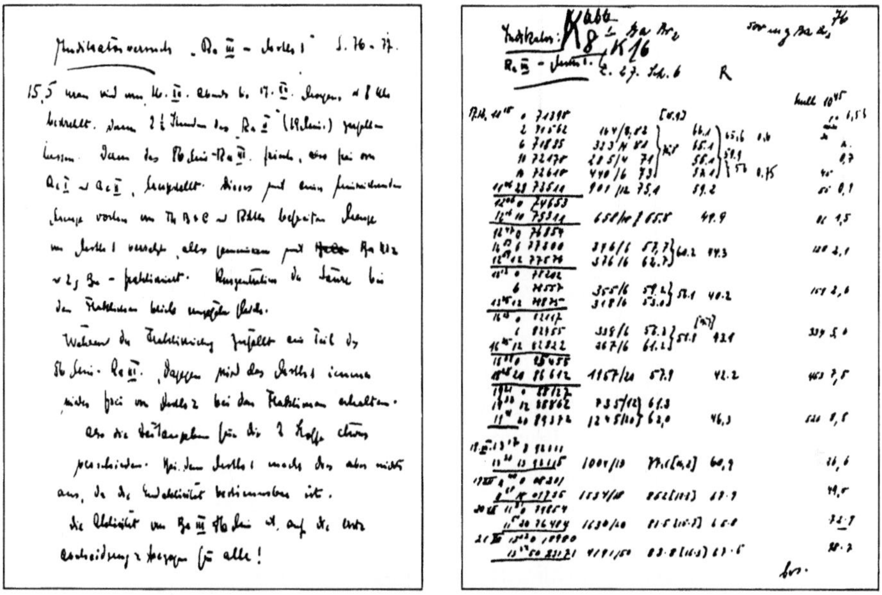

Das Protokoll des entscheidenden Experiments am 17. Dezember 1938 (der „aufregenden Ra-Ba-Msth-Fraktionierung") im Laborheft II. – Links: Versuchsbeschreibung von Hahn. Rechts: Meßreihen von Hahn und Straßmann

Otto Hahn im Labor, um 1939

Es würde ihn auch sprengen, wenn jetzt der ganze weitere Verlauf unserer Arbeiten über die Entwirrung bei der Uran- und Thoriumspaltung im einzelnen mitgeteilt würde. Auf einige, methodisch ganz interessante oder sonst wichtige Ergebnisse soll aber noch kurz eingegangen werden.

8. Entwirrung der bei der Zerspaltung auftretenden aktiven Atomarten

a) Nachweis kurzlebiger Spaltprodukte durch die Emanierfähigkeit von Uran- und Thoriumverbindungen

In dem Kapitel über die Emaniermethode habe ich über eine besondere Art der „Indikatormethode" gesprochen, die ich als „Emaniermethode" bezeichnet habe. Bei dieser Methode dienten die Edelgase Thoron oder Radon nicht als chemischer Indikator für andere gasförmige Isotope, sondern sie dienten als Indikator für Oberflächenausdehnung und Oberflächenänderungen von Substanzen, in denen eine solche Emanation aus ihrer Muttersubstanz Thorium X oder Radium gebildet wird. In dem erwähnten Abschnitt sind einige Beispiele für die mannigfache Verwendbarkeit der Methode angeführt.

Da nun bei der Zerspaltung des Urans und des Thoriums künstlich radioaktive Isotope der Edelgase Xenon und Krypton nachgewiesen wurden und da aus diesen durch stufenweise β-Umwandlung Alkali-Isotope, Erdalkali-Isotope usw. entstehen, so konnte man daran denken, das Uran oder Thorium während der Neutronenbestrahlung in einem „hochemanierenden" Zustand zu verwenden, das heißt also, den entstehenden aktiven Edelgasen Gelegenheit zu geben, zu einem möglichst großen Prozentsatz aus dem Präparat direkt nach außen zu diffundieren. Während bisher diese Edelgase dadurch nachgewiesen wurden, daß man sie während der Bestrahlung des Urans oder Thoriums durch einen starken Luftstrom aus der bestrahlten Lösung entfernte, über tiefgekühlte Adsorptionskohle leitete und die entstehenden Umwandlungsprodukte Cäsium, Rubidium etc. aus der Kohle abschied, kann man bei den hochemanierenden Präparaten das Auflösen der bestrahlten Präparate vermeiden und die Zerfallsprodukte der Emanation unmittelbar aus den herausdiffundierten Emanationen abscheiden[1]. Wir machten dabei von einer in der Radiochemie seit vielen Jahren vor allem beim Thorium geübten Methode Gebrauch, den „aktiven Niederschlag" aus einem stark emanierenden Präparat an einer negativ geladenen Platte zu konzentrieren. Die aus den Edelgasen Xenon und Krypton entstehenden Umwandlungsprodukte kann man also genauso als „aktive Niederschläge" bezeichnen wie die aktiven Niederschläge Thorium B oder Thorium C aus emanierendem Thorium.

---

[1]) *O. Hahn* u. *F. Straßmann*, Naturwiss. **28**, 54—61 (1940); **28**, 61 (1940).

Bei der Übertragung der alten Arbeitsweise auf unser Problem war eine Reihe von Punkten zu beachten.

a) Handelt es sich um den Nachweis sehr kurzlebiger Isotope des Xenons oder Kryptons, so muß das bestrahlte Uran in wirklich hochemanierender Form vorliegen, um den kurzlebigen Edelgasen die Diffusion in erheblichem Ausmaß zu erlauben.

b) Die den „aktiven Niederschlag" sammelnde negativ geladene Platte darf außer den aus dem diffundierenden Edelgas entstehenden Zerfallsprodukten keine der festen „Rückstoßteilchen" sammeln[1]).

c) Das sammelnde Metallblech darf nicht selbst durch die Neutronen aktiviert werden.

Alle diese hier genannten Bedingungen waren unschwer zu erfüllen:

zu a) Das zu bestrahlende Ammon-Uranat wurde durch schlagartiges Fällen in der Kälte in äußerst feiner, sehr oberflächenreicher Form gewonnen.

zu b) Die Rückstoßteilchen kamen aus der dicken Uranschicht an sich schon in äußerst geringer Menge heraus; die wenigen, die herauskamen, gelangten nicht bis zur Auffangplatte des „aktiven Niederschlags", was durch besondere Versuche festgestellt werden konnte.

zu c) Als Auffangplatte wurde ein Cadmiumblech verwendet, dessen aktives Neutronenanlagerungsprodukt von etwa 50 h Halbwertszeit bei unseren Bestrahlungszeiten von wenigen Minuten nicht merklich gebildet wurde. Nach längeren Bestrahlungen konnte man das Cadmium mittels Schwefelwasserstoff leicht ausfällen.

Bei den Versuchen mit Thorium haben wir „hochemanierendes" Thoriumhydroxyd aus unserem radiothorfreien alten Thorium verwendet. Die fast völlige Abwesenheit des das Thoron emittierenden Rdth + ThX war uns eine sehr angenehme Erleichterung der Arbeit[2]).

Mit dieser „Emaniermethode" haben wir beim Uran zwei sehr kurzlebige Alkali-Isotope, nämlich ein aktives Cäsium von etwa 40 s und ein aktives Rubidium von 80 s Halbwertszeit, festgestellt[3]).

Es ist vielleicht ganz lehrreich, den Arbeitsgang kurz darzustellen, mit dem uns der Nachweis und die chemische Analyse dieser besonders kurzlebigen Substanzen gelungen ist. Durch unmittelbares Messen des aktivierten Cadmium-

---

[1]) Vgl. *L. Meitner* u. *O. R. Frisch*, Nature **140**, 471 (1939).

[2]) Siehe das Kapitel über Thorium und Neutronen.

[3]) Siehe auch: *F. A. Heyn, A. H. W. Aten jun.* u. *C. J. Bakker*, Nature **143**, 516, 679 (1939). Die Forscher hatten schon vorher ein noch nicht identifiziertes Alkalimetall von 1—2 min Halbwertszeit erkannt.

bleches konnten wir bei kurzer Bestrahlung feststellen, daß man sehr schnell zerfallende Produkte schon nach 30 s oder sogar 15 s Bestrahlungszeit in leicht meßbaren Aktivitäten an das Blech bekommt[1]).

In diesen Bruchteilen einer Minute sind aus dem Uran also schon einige Edelgase entstanden, aus der „hochemanierenden" dicken Ammon-Uranatschicht herausdiffundiert und haben ihre Zerfallsprodukte an dem negativ geladenen Cadmiumblech abgesetzt. 10 min nach der Unterbrechung der Bestrahlung ist der schnelle Abfall abgeklungen, und der weitere Verlauf der Aktivitäten entspricht den schon bekannten Alkali-Isotopen und deren Umwandlungen. Graphische Auswertungen der ziemlich komplexen Kurven ließen dann auf Substanzen von etwa 40 s und etwa 80 s Halbwertszeit schließen[2]).

Zur Feststellung der chemischen Natur dieser Substanzen mußten nun schnell Trennungen durchgeführt werden. Es kamen nur Cäsium und Rubidiumtrennungen in Frage. Für das Cäsium fand F. Straßmann die Silicowolframsäure, mit der es gelang, das Cäsium frei von Rubidium blitzartig schnell, allerdings nicht quantitativ, auszufällen. Filtriert wurde durch Membranfilter, mit ein paar Tropfen Äther ausgewaschen, abgesaugt und gemessen. Durch Einspielen aller Handgriffe gelang es, die Messung 1,2—1,4 min nach Unterbrechung der Bestrahlung durchzuführen. „In dieser Zeit war die aktive Substanz vom Cadmiumblech abzulösen, zu fällen, zu filtrieren, zu waschen, mit gummiertem Cellophan abzudecken und in einem anderen Raum zu messen."

Bei den meisten Versuchen wurde eine Minute lang bestrahlt. Nach der Auswertung der Kurven (Cäsium von 7 min Halbwertszeit und Nachbildung der Zerfallsprodukte) fanden wir in den ausgeglichenen Kurven Halbwertszeiten zwischen 39 und 41 s, rund 40 s. Zweifellos lag hier ein Cäsium-Isotop vor. Das 80-Sekunden-Produkt mußte also Rubidium sein. Als bestes schnellstes Fällungsmittel für das Rubidium stellte sich die salzsaure, alkoholische Lösung von Zinnchlorid heraus. Diese fällt aber das Cäsium mit aus, und die Halbwertszeit des Rubidiums konnte nur durch Abziehen der Cäsiumaktivität bestimmt werden. Hier gelangen die ersten Messungen 1,6—1,8 min nach der Bestrahlung. Für das Rubidium fanden wir ungefähr 80 s Halbwertszeit.

Die Einzelheiten dieser Untersuchung sind in unserer zitierten Arbeit genauer beschrieben. Das schnelle Arbeiten zur Analyse kurzlebiger Produkte haben wir damals zu einem gewissen Sport ausgearbeitet. Er hat uns später bei anderen kurzlebigen Substanzen auch noch gute Dienste getan.

---

[1]) Außer unseren Radium-Beryllium-Röhrchen konnten wir jetzt bei diesen Versuchen eine kleine im Institut aufgestellte Hochspannungsquelle verwenden, die einem Neutronenäquivalent von 6—7 g Radium-Beryllium entsprach.

[2]) *O. Hahn* u. *F. Straßmann*, Naturwiss. **28**, 54—61 (1940).

Im ganzen waren jetzt, ein Jahr nach der Auffindung der Uranspaltung, von der Gruppe der Edelgase und ihrer Umwandlungsprodukte aus den ersten Versuchen und nach der „Emaniermethode" 16 Spaltprodukte als aktive Isotope der Elemente Kr, Rb, Sr, Y und Xe, Cs, Ba, La nachgewiesen und ihre Halbwertszeiten bestimmt. Hinzu kamen noch einige weitere sehr kurzlebige Edelgase, deren Existenz nur aus ihren Umwandlungsprodukten erschlossen werden konnte.

b) Direkte Messung der bei der Spaltung auftretenden Edelgase

Im vorigen Abschnitt haben wir zum schnelleren Nachweis der bei der Kernspaltung auftretenden Edelgase die „Emanierfähigkeit" oberflächenreicher Uran- und Thoriumverbindungen verwendet. Dies war ein entscheidender Vorteil gegenüber unserer früheren Methode der Durchleitung eines Luftstromes durch das Präparat während dessen Bestrahlung. Immer mußten wir dann unsere Schlüsse über das Auftreten von Edelgasen ziehen aus den festen Umwandlungsprodukten Cäsium, Rubidium etc., in die die Edelgase übergehen. Dies war also nur eine indirekte Methode zur Identifizierung der Edelgase.

W. Seelmann-Eggebert hatte deshalb im Kaiser-Wilhelm-Institut für Chemie eine Apparatur aufgebaut, mit der die β-aktiven Gase unmittelbar als Gase im Geiger-Müller-Zählrohr gemessen werden konnten[1]). Schon vorher waren Edelgase von Langsdorf[2]) und von Segré und Wu[3]) direkt nachgewiesen worden. Diesen Forschern standen die sehr starken Strahlenquellen des Berkeley-Cyclotrons zur Verfügung, und sie konnten ihre Messungen in Ionisationskammern durchführen. Mit unseren schwachen Strahlenquellen war dies natürlich nicht möglich.

Seelmann-Eggebert hat mit dem Geiger-Müller-Zähler die primären Gase der Uranspaltung untersucht und die Halbwertszeiten einiger von anderer Seite gefundenen Gase bestätigt. Als Muttersubstanz eines schon länger bekannten Cäsium-Isotops von 7 min Halbwertszeit konnte nach 7 s Bestrahlungszeit (zur möglichsten Vermeidung der Bildung der längerlebigen Edelgase) ein Xenon von etwa 30 s Halbwertszeit erkannt werden, und außerdem ein ebenfalls durch sein Folgeprodukt Rubidium identifiziertes neues Krypton-Isotop von 2,5—3 min Halbwertszeit. Eine Bestätigung für die Existenz dieses neuen Krypton-Isotops brachten unabhängig von Seelmann-Eggebert durchgeführte Arbeiten von Glasow und Steigman[4]).

---

1) *W. Seelmann-Eggebert*, Naturwiss. **28**, 451 (1940).
2) *A. Langsdorf jr.*, Phys. Rev. **56**, 205 (1939).
3) *E. Segré* u. *C. S. Wu*, Phys. Rev. **57**, 552 (1940).
4) *G. N. Glasow* u. *J. Steigman*, Phys. Rev. **57**, Abstracts 566 (1940).

c) *Getrennte Abscheidung der bei der Uranspaltung entstehenden Krypton- und Xenon-Isotope*

Außer dem von Seelmann-Eggebert und anderen nachgewiesenen neuen, ziemlich kurzlebigen Krypton von 2,5—3 min hatten Glasow und Steigman ein Rubidium von etwa 17—18 min Halbwertszeit beschrieben. Da ein Rubidium ganz ähnlicher Lebensdauer schon aus einem langlebigen Krypton nachgewiesen war, schien es uns interessant, diese beiden offenbar so ähnlichen Rubidium-Isotope zu bestätigen und ihre Halbwertszeit genauer zu bestimmen. Wichtig war deshalb die chemische Trennung der zu untersuchenden Rubidium-Isotope von den Cäsium-Isotopen. Die von uns [1]) für den Nachweis der Existenz der sehr kurzlebigen Alkali-Isotope verwendete Methode, nämlich die Abtrennung des Cäsiums als Silicowolframat, erwies sich für unsere Aufgabe als nicht günstig. Das Cäsium wird zwar frei von Rubidium schlagartig gefällt; der Niederschlag ist aber nicht quantitativ. Das aus dem Filtrat als Rubidiumzinnchlorid gefällte Rubidium ist immer cäsiumhaltig. Die Bestimmung der Halbwertszeit der beiden kurzlebigen Alkali-Isotope war zwar dadurch möglich; aber die weitere Entwirrung der aus den Edelgasen, und nicht nur den kurzlebigen, entstehenden Folgeprodukte machte eine bessere Trennung der Edelgase Xenon und Krypton wünschenswert.

Wir suchten [2]) deshalb einen direkten Weg zur Trennung der Edelgase und fanden ihn in der unterschiedlichen Adsorbierbarkeit des Kryptons und des Xenons in Adsorptionskohle, wenn diese auf verschiedene Temperatur gekühlt ist. Wir kühlten die Adsorptionsgefäße hintereinander zuerst mit festem Kohlensäure-Alkohol, dann mit flüssiger Luft. Die Kohle wurde mit Salzsäure ausgekocht, der vorher je 50 mg Rubidium und Cäsium und kleine Mengen von Barium, Strontium, Lanthan und Yttrium zugegeben waren. Die Alkalimetalle wurden, wie früher beschrieben, mit Zinnchlorid gefällt und der Aktivitätsverlauf der verschieden gekühlten Präparate gemessen. Das Ergebnis war, daß der Aktivitätsabfall der mit Kohlensäure-Alkohol gekühlten Kohle den Abklingungen der verschiedenen Cäsium-Isotope entsprach, während die mit flüssiger Luft gekühlte Kohle nur das Rubidium erkennen ließ.

Durch verschieden lange Bestrahlung ließen sich nun die Verhältnisse gut aufklären und die bisher unsicheren Ergebnisse beim Rubidium bestätigen. Es entstehen in der Tat zwei Rubidium-Isotope der sehr ähnlichen Halbwertszeit von 15,5 min und 18 min aus den sehr verschiedenen Krypton-Isotopen von einigen Minuten und von 3 h Halbwertszeit. Die stufenweise Adsorption der Edelgase hat sich also als ein brauchbares Trennungsmittel erwiesen.

---

1) O. *Hahn* u. F. *Straßmann*, Naturwiss. **28**, 54—61 (1940).

2) O. *Hahn* u. F. *Straßmann*, Naturwiss. **28**, 455—458 (1940).

d) Über eine bei der Uranspaltung auftretende Kern-Isomerie

Im Kapitel A 3 habe ich über die Auffindung des Protactinium-Isotops Uran Z berichtet. Es handelte sich dabei um den ersten bekannt gewordenen Fall einer Atomkern-Isomerie.

Bei der Untersuchung der bei der Uranspaltung auftretenden Xenon-Isotope hat H. Götte[1]) wohl als erster einen Fall von Kern-Isomerie bei Spaltprodukten nachweisen können. Er verwendete die von Seelmann-Eggebert[2]) entwickelte Apparatur zum direkten Nachweis der bei der Spaltung auftretenden Edelgase. Götte untersuchte ein Xenon-Isotop von 9 h Halbwertszeit, das nach Langsdorf, Segré und Wu[3]) aus einem Jod von 6,6 h Halbwertszeit bei der Uranspaltung entsteht. Er fand dabei neben dem 9-Stunden-Körper einen schnellen Abfall, der einer Substanz von 10 min Halbwertszeit entsprach.

Daß dieses kurzlebige Gas ebenfalls aus einem Jod-Isotop entstand, ließ sich dadurch einwandfrei beweisen, daß aus der bestrahlten Uranlösung zunächst das Jod abgeschieden wurde und die beiden Xenon-Isotope aus der Lösung des Jods nachgewiesen werden konnten. Durch systematische Versuchsreihen konnte Götte feststellen, daß das 10-Minuten-Xenon ebenso wie das schon länger bekannte 9-Stunden-Xenon aus dem Jod-Isotop von 6,6 h Halbwertszeit entsteht, wenn man nicht die sehr unwahrscheinliche Annahme machen will, daß ein zweites Jod praktisch gleicher Halbwertszeit vorhanden war. Hier lag also in der Tat ein Fall von Kern-Isomerie bei dem Edelgas Xenon vor.

In einer späteren Arbeit diskutierte Götte die Möglichkeit des Auftretens einer weiteren Kern-Isomerie bei den aus Lanthan entstehenden Yttrium-Isotopen[4]).

In diesem Kapitel wurden kurz die Wege angegeben, mittels derer wir systematisch die einzelnen Radionuklide auffinden und identifizieren konnten. Es würde zu weit führen, sämtliche Arbeiten aus den Jahren 1939 bis 1945 wiederzugeben. Aber es erscheint doch wohl lehrreich, einmal genauer an Hand einer Reihe von Kurvenbeispielen zu zeigen, wie man die Analysen der Kurven auswertet und wie man durch Variation der Strahlungsdauer, der Intensität der Bestrahlung u. a. Schritt für Schritt zu klaren Aussagen kommen kann.

Im Anhang II (s. S. *8—35*) wird deshalb eine ausführliche Arbeit abgedruckt, über die ich mit meinen Mitarbeitern Straßmann und Götte im Jahre 1942 in der Preußischen Akademie der Wissenschaften zu Berlin in möglichst allgemeinverständlicher Form berichtet habe[5]).

---

1) *H. Götte*, Naturwiss. **28**, 449—450 (1940).

2) *W. Seelmann-Eggebert*, l. c.

3) *A. Langsdorf, E. Segré* u. *C. S. Wu*, Phys. Rev. **57**, 552 (1940).

4) *H. Götte*, Naturwiss. **29**, 496 (1941).

5) *O. Hahn, F. Straßmann, H. Götte*, Abh. Preuß. Akad. d. Wiss. 1942, Mathem. Naturwiss. Kl. No. 3.

Während dieser Zeit waren die Arbeiten über die Entwirrung noch in vollem Gange, und das vorgebrachte Material brachte nur einen Teil der damaligen Ergebnisse, zeigt aber den genauen Arbeitsgang.

Vor allem am Beispiel der bei der Spaltung auftretenden zahlreichen Strontium-Isotope, ihrer Umwandlungsprodukte und ihrer Muttersubstanzen wurde der Arbeitsweg systematisch dargelegt und auch auf die Bedeutung hingewiesen, die den Änderungen der physikalischen Arbeits- und Meßbedingungen für die Interpretation der Vorgänge zukommt.

Außer diesem Bericht füge ich schließlich als Anhang III (s. S. *36–47*) eine weitere Arbeit an, die ebenfalls in gemeinverständlicher Form in der Preußischen Akademie der Wissenschaften publiziert ist und die sich mit der chemischen Methodik der Abscheidungsvorgänge befaßt[1]). Hier werden die Wege und kleinen Kunstgriffe beschrieben, die zur einwandfreien Abscheidung und Trennung der Spaltprodukte angewandt wurden. Der genaue Abscheidungsweg der einzelnen Spaltprodukte wird in diesem „allgemeinen" Teil aber nicht gebracht.

Die im Anhang III wiedergegebene Arbeit wurde nicht mehr persönlich vorgetragen, aber noch publiziert, denn im Februar und März 1944 wurde das Kaiser-Wilhelm-Institut für Chemie in Berlin-Dahlem durch Bombentreffer schwer beschädigt, und die Arbeiten mußten unterbrochen werden. Die Einrichtungen wurden — soweit dies damals noch möglich war — in die Räume einiger Spinnstoffabriken nach Tailfingen in Württemberg verlagert. Dort wurden die Arbeiten in etwas beschränktem Umfange fortgesetzt, und als Ergebnis konnten wir im Frühjahr 1945, also am Ende des Krieges, eine Tabelle[2]) aufstellen, die alle von uns seit 1939 nachgewiesenen Spaltprodukte des Urans umfaßte. Die Zahl der von uns nachgewiesenen belief sich auf 25 Elemente mit insgesamt etwa 100 aktiven Atomarten. Auf Grund allgemeiner Überlegungen hatte W. Seelmann-Eggebert noch eine Anzahl weiterer, bis dahin nicht aufgefundener Spaltprodukte, meist als Muttersubstanzen vor den bekannten vermutet, hinzugefügt.

Nachdem wir im Kaiser-Wilhelm-Institut für Chemie auch während des Krieges alle unsere Arbeiten publiziert hatten, erfolgte der erste Bericht der vereinigten amerikanischen, englischen und kanadischen Atomforscher über die Spaltprodukte im November 1946, also mehr als 1½ Jahre nach Beendigung des Krieges, mehr als ein Jahr nach dem Abwurf der Atombomben[3]).

Der Bericht umfaßt die einzelnen Spaltprodukte, die Spaltketten und ein ausführliches Literaturverzeichnis. Die Tabellen enthielten auf 21 Seiten Angaben

---

1) *O. Hahn* u. *F. Straßmann*, Abh. Preuß. Akad. d. Wiss. 1944, Mathem. Naturwiss. Kl. No. 12.

2) *W. Seelmann-Eggebert* u. *F. Straßmann*, Z. f. Naturforsch. **2a**, 80—86 (1947) (eingeliefert im Oktober 1946!)

3) Nuclei Formed in Fission: Fission Yields and Chain Relationships, J. Amer. Chem. Soc. **68**, 2411—2442 (1946).

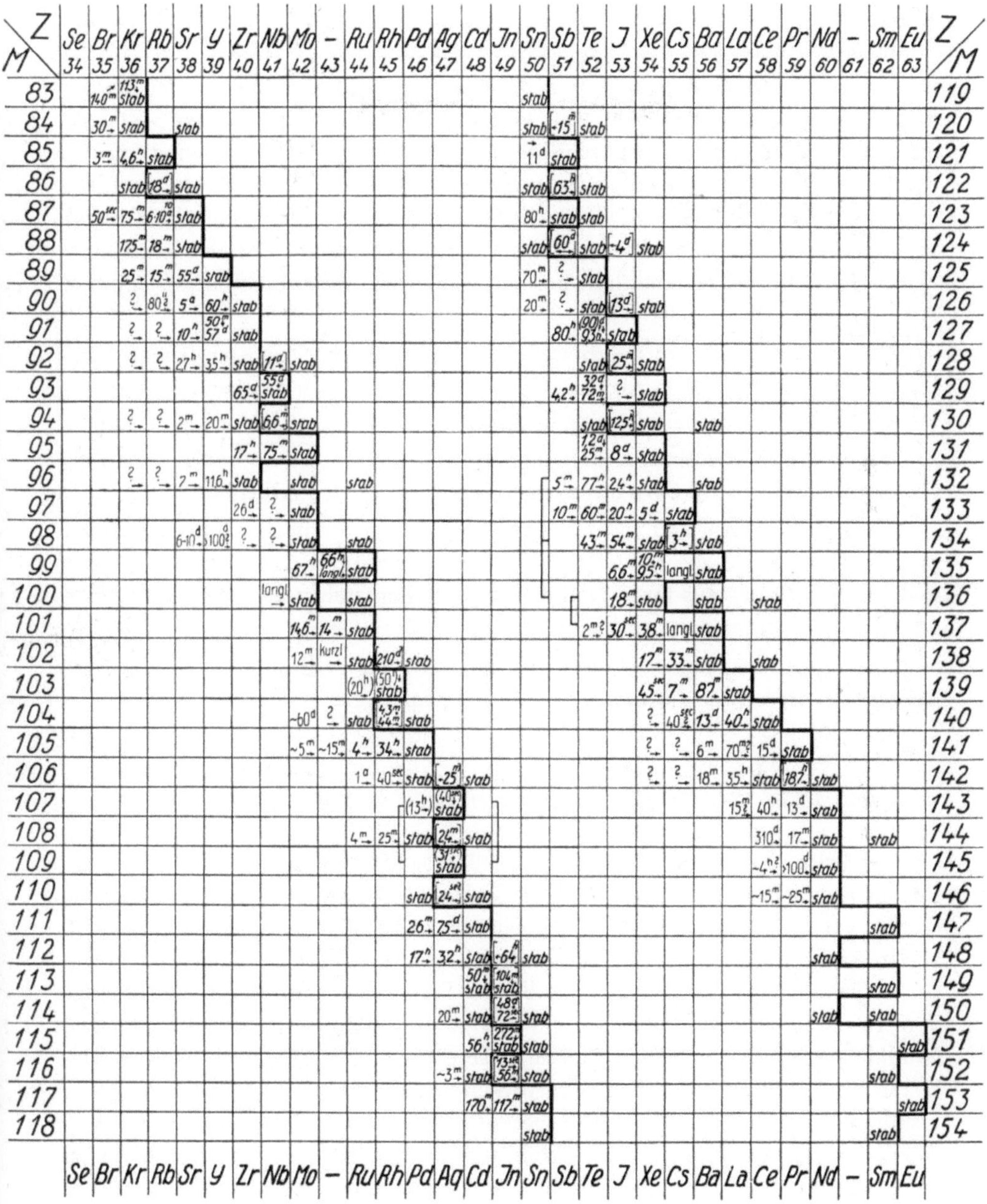

Abb. 10
Gesamtzahl der im Kaiser-Wilhelm-Institut für Chemie bis zum Frühjahr 1945 erkannten Bruchstücke des Urans

über Elemente, Massenzahl, Halbwertszeiten, Art des Zerfalls, isomere Übergänge, Spaltausbeuten, Energien der Strahlung. Es wurden 170 aktive Spaltprodukte nachgewiesen, die 36 verschiedenen Elementen zugehören.

Unsere bescheidene Tabelle von Anfang 1945 läßt sich mit diesem Bericht natürlich gar nicht vergleichen. Wir konnten mit unseren schwachen Strahlenquellen ja weder Substanzen sehr geringer Spaltausbeute finden noch solche langer Halbwertszeit. Dabei arbeiteten im Kaiser-Wilhelm-Institut nur vier Wissenschaftler voll auf dem Gebiet der Spaltung, und zwar Hahn, Straßmann, Seelmann-Eggebert und Götte, später auch H. J. Born und K. Starke, gegenüber Hunderten von Wissenschaftlern bei den Alliierten. Wir brauchen uns unserer Arbeiten also nicht zu schämen.

Am 25. April 1945 wurde ich von einer Voraustruppe von Amerikanern und Engländern aus Tailfingen abgeholt, und damit endete meine persönliche Experimentalarbeit und überhaupt meine Tätigkeit am Institut.

Außer Herrn Straßmann hatten sich bis zuletzt Dr. Seelmann-Eggebert, Dr. Götte und Dr. H. J. Born mit eigenen Beiträgen an den Arbeiten beteiligt.

So verglichen Born und Seelmann-Eggebert einige von ihnen vorher als Spaltprodukte nachgewiesene Edelgas-Isotope mit Isotopen, die durch normale (n, α)- und (n, p)-Prozesse aus ihren Nachbarelementen entstehen[1]), und Götte machte ähnliche Vergleiche beim Lanthan[2]).

Born und Seelmann-Eggebert gaben auch eine Zusammenstellung der Maximal-Energien der β-Strahlen der bei der Spaltung entstehenden Isotope[3]).

9. Welchen Elementen entsprachen „unsere" Trans-Urane?

Auf Seite 121 wurde eine Tabelle wiedergegeben mit den zwei, als isomere Reihen angegebenen, von uns für Trans-Urane gehaltenen aktiven Atomarten, die wir vor der Auffindung der Uranspaltung bei der Bestrahlung des Urans mit verlangsamten Neutronen erhalten hatten. Wir mußten sie als Elemente jenseits des Urans ansehen, weil sie aus den beiden Fermischen kurzlebigen Substanzen von 10 s und 40 s zu entstehen schienen und weil diese beiden kurzlebigen Nuklide nach dem damaligen Stande unserer Kenntnis künstliche Isotope des Urans sein mußten. Aus diesen entwickelten sich die als Eka-Rhenium, Eka-Osmium, Eka-Iridium, Eka-Platin bezeichneten isomeren Reihen, wobei alle Glieder aus saurer Lösung mit Schwefelwasserstoff fällbar waren. Der Aufstellung dieser Reihen lagen also, wie wir heute wissen, zwei grundsätzliche Irrtümer

1) *H. J. Born* u. *W. Seelmann-Eggebert,* Naturwiss. **31**, 87 (1943).

2) *H. Götte,* Naturwiss. **30**, 108 (1942).

3) *H. J. Born* u. *W. Seelmann-Eggebert,* Naturwiss. **31**, 201 (1943).

echt amerikanische Über-
treibung! 28.I.

THE NEW YORK TIMES,

Atom Explosion Frees 200,000,000 Volts; New Physics Phenomenon Credited to Hahn

By The Associated Press.

WASHINGTON, Jan. 28.—American scientists heard today of a new phenomenon in physics—explosion of atoms with a discharge of 200,000,000 volts of energy.

Theoretical physicists attending a meeting sponsored by the Carnegie Institution of Washington and George Washington University said that Dr. Enrico Fermi of the University of Rome told yesterday that this had been accomplished by Dr. O. Hahn of Berlin.

The report so stirred the limited circle of scientists with facilities to carry on such experiments that wor[illegible]n attempts to duplicate Dr. Hah[illegible] accomplishment has begun at the Carnegie Institution's terrestrial magnetism laboratory and at Columbia University.

Scientists at the meeting said the discovery was comparable in significance to the original discovary of radioactivity thirty years ago.

They said that it was too soon to discuss possible applications of the new 200,000,000-volt force, which is thirty times more powerful than radium, but pointed to the fact that radium is now the most efficient weapon used for the treatment of cancer. Like radium, it may be twenty or twenty-five years before the phenomenon could be put to practical use and it might not be practical at all, they said. Stimmt.

Dr. Fermi relatea that Dr. Hahn bombarded a synthetic element known as "ekauranium" with neutrons, the slow-moving particles of the atom, and produced barium, the substance used in making X-ray pictures of the stomach and intestines.

The only way that this could occur, according to physicists, would be for the ekauranium atom to split apart to form barium and the rare element masyrium.

In causing such a split a force of 200,000,000 volts would be generated since atoms are held together by electrical forces many hundred times more powerful than the force of gravity which holds the stars, planets, sun, earth and moon in their orbits.

Die „New York Times" vom 28. Januar 1939. Hahn hielt die 200 Millionen Volt zunächst für eine „echt amerikanische Übertreibung". Hinter den Satz „it might not be practical at all" (unterstrichen) schrieb Hahn: „Stimmt."

Otto Hahn im Labor, um 1939. „... es muß ja für Dich und Straßmann eine große Freude sein, daß Ihr wirklich die ganze physikalische Welt in Aufregung und Anregung versetzt habt. Das ist wirklich wunderbar!" (Lise Meitner an Hahn, 24. Februar 1939)

zugrunde. Der Hauptirrtum war die Annahme der kurzlebigen Fermischen „Uran-Isotope", bei deren sukzessiver β-Strahlenemission sich die Elemente 93 bis 96 bilden mußten. Der zweite Irrtum war die Annahme, daß diese Elemente ähnliche chemische Eigenschaften wie die der Platinmetalle haben müßten, weil sie mit Schwefelwasserstoff aus saurer Lösung fällbar waren, also nach der damals allgemein angenommenen Darstellung des Periodischen Systems als höhere Homologe der bekannten Platinmetalle anzusehen waren. Heute weiß man, daß die wahren, hauptsächlich von Seaborg und Mitarbeitern in den USA gefundenen Trans-Urane, nach dem Neptunium (93) das Plutonium (94), Americium (95) und Curium (96) usw., ganz andere Eigenschaften haben, nämlich, ähnlich den Seltenen Erden, den Lanthaniden, einer entsprechenden „Actiniden-Gruppe" zuzuschreiben sind. Auch diese Erkenntnis konnten wir bei der Aufstellung unserer Trans-Uran-Reihen noch nicht haben. Die Elemente 90, 91 und 92, die heute zu den „Actiniden" gerechnet werden, also das Thorium, Protactinium und Uran, waren in ihren chemischen Eigenschaften noch durchaus mit ihren niedrigeren Homologen Hafnium, Tantal und Wolfram zu vergleichen.

Wie steht es nun bei einem Vergleich unserer „Trans-Urane" mit den nach der Erkenntnis der Kernspaltung gefundenen Spaltprodukten, also den mittelschweren Elementen?

Wenn wir zunächst die 10 s und 40 s Fermischen vermeintlichen Uran-Isotope betrachten, so wurden diese unmittelbar bei direkter Messung des bestrahlten Urans gefunden und konnten deshalb folgerichtig als die ersten Neutronenanlagerungen an das Uran angesehen werden. (Ein von uns für den 40-Sekunden-Körper versuchter chemischer Nachweis auf Uran wurde nur mit Vorsicht angegeben.)

Wenn man die viel später erschienene große Seaborgsche Tabelle der Spaltprodukte ansieht, dann findet man bei den zahllosen Isotopen des Kryptons und Xenons z. B. Halbwertszeiten von 9,8 s für Krypton und 16 s für Xenon. Diese Isotope könnten für die Erklärung des 10-Sekunden-Körpers ausreichen.

Ähnlich kann man den 40-Sekunden-Körper z. B. einem Krypton von 33 s oder einem Xenon von 41 s zuordnen.

Aus den Krypton- resp. Xenon-Isotopen entstehen Alkali- resp. Erdalkali-Isotope, in einzelnen Fällen auch noch Isotope des Yttriums und des Lanthans. Diese Nuklide konnten wir aber nicht finden, da wir vor der Uranspaltung ja unsere „Trans-Urane" alle nur mit Schwefelwasserstoff aus stark saurer Lösung gefällt haben. Zu solchen Elementen gehören unter den Spaltprodukten einerseits das Molybdän und Technetium, andererseits das Zinn, Antimon und Tellur. Es ist nicht leicht, unsere für Eka-Rhenium, Eka-Osmium, Eka-Iridium und schließlich Eka-Platin gehaltenen Produkte den genannten mittelschweren Elementen alle ganz sicher zuzuordnen. Ihre Halbwertszeiten sind bei unseren Möglichkeiten nicht so genau bestimmt worden, als daß man eine sichere Übereinstimmung mit den Halbwertszeiten der später, vor allem in den USA genauer festgestellten Spaltprodukte erwarten könnte. So könnten unsere Eka-Rhenium-Isotope von 2,2 min und 16 min Halbwertszeit Zinn-Isotopen ähnlicher Halbwertszeit entsprechen, wobei man aber Molybdän oder Technetium nicht ganz ausschließen kann.

Die aus dem „Eka-Rhenium" entstehenden, also von uns als „Eka-Osmium" bezeichneten Atomarten von 59 min und 5,7 h Halbwertszeit müßten, falls sie Folgeprodukte unserer Eka-Rhenium-Isotope sind und wenn wir diese als Zinn, möglicherweise Molybdän oder Technetium, betrachten, Antimon oder Technetium resp. Ruthenium vorstellen. Für unser 5,7 h Eka-Osmium käme vielleicht ein Antimon von 4,6 h oder 5,5 h oder ein Ruthenium von 4,5 h der Seaborgschen Tabelle in Frage. Bei dem ebenfalls für ein Eka-Osmium gehaltenen 59-Minuten-Körper passen unsere chemischen Befunde auch ganz gut für ein Antimon, aber in der Seaborgschen Tabelle findet sich kein chemisch passendes Isotop entsprechender Halbwertszeit. Wir wagen nicht zu behaupten, daß unser 59-Minuten-Körper von anderer Seite bisher nicht gefunden sei. Unsere oft sehr schwach aktiven Mischungen verschiedener Nuklide mit verschiedenen Halbwertszeiten könnten uns vielleicht zu einer Fehlbestimmung geführt haben, obgleich wir gerade unser „Eka-Osmium" von 59 min gut reproduzieren konnten.

Was unser Eka-Iridium und unser Eka-Platin von 66 h und 2,5 h Halbwertszeit anbelangt, so ist es sicher, daß diese Körper identisch sind mit den Spaltprodukten Tellur und Jod. In unserer Tabelle der Spaltprodukte von 1945 finden sich ein Tellur von 3,2 d, also 77 h, und ein daraus entstehendes Jod von 2,4 h. Die heutigen genaueren Werte der Seaborg-Tabelle sind 78 h und 2,26 h.

Daß wir das bei der Spaltung entstehende Jod bei unseren „Trans-Uranen" für ein „Eka-Platin" ansahen, kam nicht nur von der Tatsache, daß es als unmittelbares Umwandlungsprodukt unseres „Eka-Iridiums" nachgewiesen war, sondern die chemischen Eigenschaften schienen die Substanz noch gut als platinähnlich auszuweisen. Denn wir fällten den 2,5-Stunden-Körper mit Ammoniumplatinchlorid aus. In Wirklichkeit fällten wir aber kein Ammonium-*Eka-Platin-Chlorid*, sondern das ebenfalls schwer lösliche Ammonium-*Platin-Jodid*.

Fassen wir unsere Arbeiten über die Bestrahlung des Urans mit Neutronen hier noch einmal kurz zusammen, dann haben wir das fast erregende Ergebnis, daß auf Grund einer einzigen, damals zwingenden Annahme der primären Entstehung zweier kurzlebiger Uran-Isotope die ganze Folge der sogenannten „Trans-Urane" hervorging. Eine andere Erklärungsmöglichkeit gab es nicht.

Mit der Auffindung der Zerspaltung des Urans (und des Thoriums) brach das ganze Gehäuse zusammen. Die kurzlebigen Uran-Isotope stellten sich als Krypton- und Xenon-Isotope heraus, die über eine Reihe von Umwandlungen wenigstens zum Teil in die Isotope mittelschwerer Metalle übergehen. Ein anderer Teil der mittelschweren Metalle sind Spaltprodukte vor den Edelgasen.

Einen Vorteil hatten die Amerikaner übrigens auch dadurch, daß wir — wie bereits erwähnt — während des ganzen Krieges unsere Ergebnisse publizierten; sie veröffentlichten dagegen gar nichts. Sie konnten also in vollem Maße unsere Ergebnisse kontrollieren und verwerten, wir konnten von ihnen nichts übernehmen. So empfinden wir heute noch eine gewisse Genugtuung über unsere bescheidenen 100 Produkte aus dem Jahre 1945.

10. *Abscheidung des Elements 93 Neptunium*

In unmittelbarer Beziehung zu unseren Trennungen der Spaltprodukte des Urans stehen einige Arbeiten meiner Mitarbeiter, auf die hier noch hingewiesen sei. Wie schon erwähnt, hatten wir einen β-Strahler von 23 min Halbwertszeit einwandfrei als Uran-Isotop identifiziert. Dieser mußte das einzig richtige der damaligen Trans-Urane liefern. Das Folgeprodukt interessierte uns jedoch nicht besonders, weil wir ja in unseren beiden 2,2 min und 16 min „Eka-Rhenium"-Produkten glaubten, das Element 93 in Händen zu haben. In Wirklichkeit stellen sie Spaltprodukte, d. h. Isotope mittelschwerer Metalle dar.

Die direkte Abtrennung des wahren Trans-Urans 93 war dadurch erschwert, daß es, wie wir jetzt wissen, gar nicht die vermuteten Eigenschaften eines Eka-Rheniums besitzt. Man konnte natürlich versuchen, es indirekt über seine chemisch bekannte Muttersubstanz von 23 min Halbwertszeit, Uran 239, zu erhalten. Dieses ist aber als Isotop normalerweise chemisch untrennbar vom Uran, dem Ausgangsmaterial der Bestrahlung. Uran 238 bildet als natürlich radioaktive Folgeprodukte Uran $X_1 + X_2$ und stört dadurch den Nachweis des künstlichen Produkts. Das gesuchte Trans-Uran, mit der Halbwertszeit von 2,3 d, wurde, wie schon erwähnt, zuerst von McMillan und Abelson aufgefunden. In einem Cyclotron, also einer sehr starken Strahlenquelle, konnten sie eine so geringe Uranmenge bestrahlen, daß die natürlichen Folgeprodukte die Untersuchung der Umwandlung des 23-Minuten-Uran-Isotops in das Trans-Uran nicht erschwerten.

Bei den uns zur Verfügung stehenden schwachen Strahlenquellen war die Bestrahlung größerer Uranmengen erforderlich. Wir hatten schon früher beim Uran den sogenannten Szilard-Chalmers-Effekt beobachtet[1]).

Durch diesen kann bei einer geeigneten Uranverbindung erreicht werden, daß die von Neutronen nicht getroffenen Kerne des Urans in der ursprünglichen Verbindung verbleiben, während die von ihnen in das 23-Minuten-Isotop umgewandelten Kerne durch Rückstoß aus dem Molekülverband gelöst und chemisch abtrennbar werden. Bei gewöhnlichen Uranverbindungen muß diese Art von Isotopentrennung wegen des Rückaustauschs der Atome versagen. Durch Bestrahlung einer organischen Uran-Komplexverbindung erreichte jedoch mein

---

1) *O. Hahn, L. Meitner* u. *F. Straßmann*, Ber. d. Dt. Chem. Ges. **70** (B), 1374 (1937).

Mitarbeiter Starke[1]) eine Anreicherung des Uran 23 min vom natürlichen Uran-Isotop auf das 10^5fache und damit ebenfalls den Nachweis des aus der 23 min-Substanz entstehenden Folgeprodukte von 2,3 d Halbwertszeit. McMillan und Abelson haben später das Element 93, dessen Vertreter das 2,3-Tage-Isotop ist, Neptunium genannt. Die Experimente an unserem Institut sind unabhängig von den amerikanischen Forschern durchgeführt worden. Sie waren beim Erscheinen ihrer Veröffentlichung praktisch abgeschlossen, durften aber aus kriegsbedingten Gründen erst später publiziert werden[2]).

In einer sehr ausführlichen, experimentell im wesentlichen von Straßmann durchgeführten Arbeit[3]) wurden mit einer verbesserten Meßapparatur (dünnwandiger Zähler wegen der gegenüber UX weicheren Strahlen) und besonderen chemischen Abscheidungsmethoden das Neptunium radioaktiv rein gewonnen und die chemischen Eigenschaften, die damals noch manche Rätsel aufgaben, genauer untersucht. Es gelang dabei die praktisch quantitative Trennung des Elements 93 vom Uran, Uran X und allen Spaltprodukten.

Schließlich hat Starke[4]) noch die chemische Natur des Neptuniums und seine Stellung im Periodischen System genauer diskutiert. Die Kriegsereignisse beendeten alle unsere Versuche, Trans-Urane jenseits des Neptuniums aufzufinden. Heute weiß man, daß sie Glieder der den Seltenen Erden analogen Actinidenreihe sind. Mit höheren Homologen des Rheniums und der Platinmetalle haben sie nichts zu tun.

11. *Radiometrische Adsorptionsanalyse*

Die durch den russischen Botaniker Tswett erfundene „Chromatographische Adsorptionsanalyse", die räumlich verschiedene Adsorption organischer Substanzmischungen an bestimmten Adsorptionssäulen, hatte sich zunächst in der organischen Chemie als eine geeignete Arbeitsweise eingeführt. Später wurde sie durch G. M. Schwab zur Unterscheidung und Trennung anorganischer Ionen zuerst verwendet. Auf meine Veranlassung hat mein Mitarbeiter R. Lindner diese Methode zum ersten Male zu einer „radiometrischen" Adsorptionsanalyse abgewandelt, nämlich zur Trennung radioaktiver Atomarten an einer Trennsäule aus Aluminiumoxyd verwendet[5]). Die Adsorbate brauchen dabei nicht mit verschiedenen Reagenzien noch besonders entwickelt zu werden, sondern die Trennungen können durch die Aktivitätsbestimmungen der verschiedenen Teile

---

1) *K. Starke*, Unveröffentl. Forsch.-Ber. vom 20. 5. 1941.

2) *K. Starke*, Naturwiss. **30**, 107, 577 (1942).

3) *F. Straßmann* u. *O. Hahn*, Naturwiss. **30**, 256 (1942).

4) *K. Starke*, Z. anorg. allg. Chem. **251**, 251 (1943); Naturwiss. **34**, 69 (1947).

5) *R. Lindner*, Z. Phys. Chem. **194**, 51 (1944).

der Adsorptionssäule ermittelt werden. Vorversuche mit radioaktivem Blei und Wismut zeigten die Brauchbarkeit der Methode. Sie wurde dann angewendet auf die Trennung des Radiums vom Barium, die ja nach der „klassischen" fraktionierten Kristallisation immer einen häufig zu wiederholenden Fraktionierungsweg erfordert.

Hier wurden die Versuche zunächst mit dem bequem zu messenden Radium-Isotop Thorium X durchgeführt. Der Erfolg war überraschend gut. Es ergaben sich einige hundertmal bessere Trennwerte als bei dem üblichen Verfahren. Aus wäßrigen Lösungen wurde im Filtrat ein großer Teil des Bariums praktisch frei von Radium gefunden. Ähnliche Ergebnisse wurden dann auch bei Verwendung nicht nur des gewichtslosen Radium-Isotops Thorium X, sondern auch beim Radium selbst erzielt.

Diese günstigen Ergebnisse veranlaßten Lindner dazu, die radiometrische Adsorptions-Analyse auf die Seltenen Erden anzuwenden, von denen ja eine ganze Anzahl in Form aktiver Isotope, teilweise auch als Uranspaltprodukte, zugänglich war. Die Anwendung der Methode auf die radioaktiven Seltenen Erden brachte unerwartet gute Ergebnisse. So war die Trennung Lanthan-Praseodym mit einer einzigen Operation einfach durchzuführen[1]), und sie ermutigte, die Versuche auch auf die Trennung der besonders schwer trennbaren Yttererden anzuwenden[2]).

Als Ergebnis wurde festgestellt, daß die radiometrische Adsorption den bisherigen Verfahren weit überlegen war.

Diese Untersuchungen wurden durch die personellen und räumlichen Umstellungen nach Kriegsende nicht weiter fortgesetzt. Dies war auch nicht mehr nötig. In den USA wurde unabhängig von uns der Gedanke der Adsorptionsanalyse ebenfalls aufgenommen, durfte aber nicht publiziert werden. 1947 erschienen dann ausführliche Referate über die experimentellen Arbeiten während der Jahre 1943—47[3]). Sie waren im Rahmen der amerikanischen militärischen Uranforschung in mehreren Arbeitsgruppen in ganz anderem Maßstab durchgeführt als dies in Deutschland möglich gewesen wäre.

Als ein Höhepunkt dieser Arbeiten ist wohl die geglückte Reinherstellung des neuen Elements 61 zu bezeichnen, das von den Herstellern den Namen Promethium erhalten hat[4]). Die Isolierung geschah sowohl mit Isotopen aus der Uranspaltung als auch aus aktiviertem Yttrium. Bei näherer Kenntnis der Methodik ist heute der beschreibende Name Adsorptionsanalyse durch den „funktionellen" Ausdruck Ionenaustausch ersetzt.

---

1) *R. Lindner*, Z. f. Naturforsch. **2a**, 329, 1947 (August 1945 eingereicht).

2) *R. Lindner* u. *O. Peter*, Z. f. Naturforsch. **1**, 67, 1946 (November 1945 eingereicht).

3) Manhattan-Project, J. Amer. Chem. Soc. **69**, 2769—81 (1947).

4) *J. A. Marinsky, L. E. Glendenin* and *C. D. Corryell*, J. Amer. Chem. Soc. **69**, 2781—85 (1947).

12. *Schluß*

Am 25. April 1945 erschien in Tailfingen (Württemberg) eine kleine Truppe von Amerikanern und Engländern, begleitet von einem Panzerwagen. Sie fragten nach dem Kaiser-Wilhelm-Institut für Chemie und „luden mich ein", mit ihnen zu kommen. Ähnliches geschah beim Kaiser-Wilhelm-Institut für Physik, wo eine Anzahl jüngerer Physiker, darunter aber auch Max v. Laue, abgeholt wurde. Zu ihnen stießen noch Werner Heisenberg, C. F. v. Weizsäcker, Walther Gerlach. Wir kamen über Frankreich, Belgien schließlich in ein schönes Landhaus in der Gegend von Cambridge in England. Die in Frankreich und Belgien sehr strenge Bewachung wurde in England wesentlich gemildert. Die Behandlung war sehr gut. Im Jahre 1945 wurde mir der Nobelpreis für Chemie für das Jahr 1944 verliehen. Da ich damals in England noch nicht „abkömmlich" war, wurde er mir am 10. Dezember 1946 in Stockholm überreicht.

Während der Zeit in England erhielt ich vom Ehrenpräsidenten der Kaiser-Wilhelm-Gesellschaft, Geh. Rat Planck, die Mitteilung, daß er und die Direktoren der Kaiser-Wilhelm-Institute mich zum Präsidenten der Gesellschaft erwählt hatten. Nach einigem Zögern nahm ich die Berufung an. Anfang 1946 kehrten wir nach Deutschland zurück. Die meisten von uns kamen in die britische Besatzungszone nach Göttingen, und seit dieser Zeit war ich Präsident der Kaiser-Wilhelm-Gesellschaft in der Britischen Zone. Die Nachfolge in meinem Institut übernahm Professor Josef Mattauch, Leiter der Radiochemischen Abteilung wurde Fritz Straßmann.

Allmählich gelang es, auch die Amerikaner und die Franzosen zur Anerkennung unserer Gesellschaft zu bringen. Aber der Name „Kaiser-Wilhelm-Gesellschaft" mußte fallen. Im April 1948 wurde die Max-Planck-Gesellschaft als Nachfolgerin der bisherigen Kaiser-Wilhelm-Gesellschaft gegründet. Im Mai 1960 übergab ich nach 12jähriger Tätigkeit das Präsidentenamt an meinen Nachfolger, Professor Adolf Butenandt.

Nobelpreis-Verleihung (Chemie, 1944) an Hahn, 10. Dezember 1946.
„Daß Hahn den Nobelpreis für Chemie voll verdient hat, ist kein Zweifel."
(Lise Meitner an Eva von Bahr-Bergius, Dezember 1945)

Otto Hahn und Lise Meitner bei der Eröffnung des „Hahn-Meitner-Instituts für Kernforschung" in Berlin, 14. März 1959. – Lise Meitner: „Aber wir haben uns jedenfalls regelmäßig die Hände gewaschen, wegen der Alpha-Kontamination." Otto Hahn: „Ja – und ich hab' mich so daran gewöhnt, daß ich das heut' noch tue."

Rückblick

Wenn ich heute auf mein langes Leben zurückblicke, dann muß ich sagen, daß ich meine wissenschaftliche Entwicklung zum großen Teile einer Reihe glücklicher Umstände verdanke.

Meinem Doktorvater, dem Organiker Theodor Zincke, verdanke ich es, daß ich nach zweijähriger Assistententätigkeit nach England zu Sir William Ramsay gehen konnte, um wegen einer mir in Aussicht gestellten Stellung in der Chemischen Industrie noch etwas Englisch zu lernen.

Bei Ramsay kam ich mit dem mir völlig unbekannten Gebiet der Radiumforschung in Verbindung, und durch einen Zufall entdeckte ich dort das neue radioaktive Element Radiothorium.

Durch die Freundlichkeit von Ramsay konnte ich in eine persönliche Beziehung zu Emil Fischer im Chemischen Institut in Berlin treten.

Zur Verbesserung meiner sehr dürftigen Kenntnisse der Radioaktivität fuhr ich aber vorher nach Kanada zu Professor Rutherford, zu der besten Quelle der Belehrung über das junge Gebiet.

Dabei war noch alles so neu, daß es nicht schwer war, Entdeckungen zu machen. Die noch nicht genau erforschten drei radioaktiven Zerfallsreihen konnten durch Auffindung weiterer aktiver „Elemente" aufgefüllt werden, und durch die 1907 zu gemeinsamer Arbeit zu mir gekommene Physikerin Lise Meitner traten die chemischen Arbeiten in glücklicher Weise in Verbindung mit der Physik.

1907 konnte ich mich für Chemie habilitieren. Aber für Radiumforschung gab es keine Berufungsmöglichkeiten. Bei den Physikern war ich ein Chemiker, bei den Chemikern galt ich für einen Physiker. Da trat wieder ein Glücksfall ein. Im Jahre 1911 wurde die Kaiser-Wilhelm-Gesellschaft gegründet.

Durch Emil Fischer wurde ich an das erste Kaiser-Wilhelm-Institut berufen und bekam die kleine Abteilung für Radioaktivität, zu der sehr bald auch Lise Meitner als wissenschaftliches Mitglied berufen wurde.

Die Entwicklung ging immer weiter. Aus der Abteilung Hahn wurde die Abteilung Hahn-Meitner, schließlich die Abteilung Hahn (Chemie) und die Abteilung Meitner (Physik). Das Kaiser-Wilhelm-Institut für Chemie wurde ein Institut für Radiochemie und Kernphysik.

Im Jahre 1938, kurz nachdem Lise Meitner nach mehr als dreißig Jahre langer Zusammenarbeit durch die Hitlergesetze Deutschland hatte verlassen müssen, erfolgte in Gemeinschaft mit Fritz Straßmann die Aufklärung der Prozesse, mit denen Hahn, Meitner und Straßmann sich fast vier Jahre beschäftigt hatten. Die Entwirrung der zahllosen künstlichen Elemente und Einzelnuklide bis Frühjahr 1945 war dann noch ein besonders reizvolles Gebiet vor allem radiochemischer und anorganischer Arbeit.

Der rapiden Weiterentwicklung der Forschung nach meiner Inhaftierung im Ausland mit den ganz anderen Forschungsmitteln und der Vielzahl der dazu notwendigen Mitarbeiter wäre ich wohl nicht mehr gewachsen gewesen.

So war es wieder ein Glücksfall, daß ich in 14jähriger Tätigkeit als Präsident der Kaiser-Wilhelm-Gesellschaft und der Max-Planck-Gesellschaft besonders zu deren Neuaufbau und Fortentwicklung einiges beitragen konnte.

Der Wunsch, das Atom zu zerspalten,
Ward von überall her uns berichtet.
Doch seid auf der Hut,
Dass nichts Böses es tut
Und sich rächt und Euch alle vernichtet.

ins Deutsche übertragen:
Otto Hahn

Hahns Übersetzung des englischen Physiker-Reims
„To smash the little atom / all mankind was intent / now anyday / the atom may / return the compliment."

Lindau, 1967: Otto Hahn im Kreise seiner Schüler.
Von links: Nikolaus Riehl, Ernst Walling, Kurt Starke, Hans Götte, Hans-Joachim Born, Karl-Erik Zimen, Fritz Straßmann, Roland Lindner, Walter Seelmann-Eggebert, Hans Käding.
„Sein Lebensmut und seine Selbstironie waren unverändert. In einem kleinen Saal des Hotels Bad Schachen hatten wir uns versammelt, um auf ihn zu warten. Er betrat den Saal mit den Worten: ‚Die Leute sagen, der Otto Hahn, lebt der denn noch? In der Tat, er lebt noch!'" (Roland Lindner).

Grabstein auf dem Göttinger Stadtfriedhof. Errichtet 1969

Anhang I-III

Reproduktionen von

3 Originalarbeiten

Anhang I

Nachweis der Entstehung aktiver Bariumisotope aus Uran und Thorium durch Neutronenbestrahlung; Nachweis weiterer aktiver Bruchstücke bei der Uranspaltung

Von Otto Hahn und Fritz Straßmann, Berlin-Dahlem

Aus „Die Naturwissenschaften" 1939, 27. Jahrg., Heft 6

Anhang II

Einiges über die experimentelle Entwirrung der bei der Spaltung des Urans auftretenden Elemente und Atomarten

Nach Versuchen von Otto Hahn, Fritz Straßmann und Hans Götte

Vorgetragen in der Sitzung der math.- naturw. Klasse am 4. 12. 1941

Aus den „Abhandlungen der Preußischen Akademie der Wissenschaften" Jahrgang 1942. Math.-naturw. Klasse. Nr. 3

Anhang III

Die chemische Abscheidung der bei der Spaltung des Urans entstehenden Elemente und Atomarten (Allgemeiner Teil)

Von Otto Hahn und Fritz Straßmann

Vorgelegt von Herrn Grapow in der außerordentlichen Gesamtsitzung vom 23. November 1944

Aus den „Abhandlungen der Preußischen Akademie der Wissenschaften" Jahrgang 1944. Math.-naturw. Klasse. Nr. 12

Anhang I

Nachweis der Entstehung aktiver Bariumisotope aus Uran und Thorium durch Neutronenbestrahlung; Nachweis weiterer aktiver Bruchstücke bei der Uranspaltung

A. Endgültiger Beweis für das Entstehen von Barium aus dem Uran.

In einer vor kurzem in dieser Zeitschrift erschienenen Mitteilung[1] haben wir angegeben, daß die bei der Bestrahlung des Urans mittels Neutronen entstehenden, anfangs für Radiumisotope gehaltenen

[1] Aus dem Kaiser Wilhelm-Institut für Chemie in Berlin-Dahlem. Eingegangen am 28. Januar 1939.

[1] O. Hahn u. F. Strassmann, Naturwiss. **27**, 11 (1939).

Ausgangssubstanzen[1] neuer radioaktiver Reihen ihrem chemischen Verhalten nach offensichtlich keine Radium-, sondern Bariumisotope sind. Im folgenden soll der Beweis für diese Annahme erbracht und unsere Aussage gleichzeitig auf das Thorium ausgedehnt werden. In dem Zerfallsschema unserer letzten Mitteilung haben wir für das Uran vier derartige „Ra"-Isotope angegeben, von denen drei mit Sicherheit nachgewiesen und in ihrer Halbwertszeit bestimmt wurden, während auf ein viertes, als „Ra I" bezeichnetes, sehr kurzlebiges aus einem vermutlichen Umwandlungsprodukt geschlossen wurde.

Es konnte sich bei den drei nachgewiesenen Erdalkalimetallen nur um Radium oder Barium handeln; auch Strontium und Calcium waren ausgeschlossen. Da fraktionierte Kristallisationen mit verschiedenen Bariumsalzen nicht die für Radium zu erwartenden An- oder Abreicherungen gegeben haben, haben wir eine Reihe von Indikatorenversuchen unserer Körper mit einwandfreien Radiumisotopen durchgeführt, um das Barium als Carbonat gefällt. Außerdem wurde ein radiumfreies Mesothorpräparat bekannter Stärke von seinen Umwandlungsprodukten befreit und ebenfalls mit Barium als Carbonat gefällt. Die beiden Carbonate wurden gemeinsam in Bromwasserstoffsäure gelöst, und dann die Bromide in der für die Radiumgewinnung üblichen Weise fraktioniert kristallisiert. Bei dieser Kristallisation werden die Folgeprodukte der aktiven Bariumisotope und auch das aus dem Msth 1 entstehende Msth 2 immer abgetrennt und man hat nun reines Barium- und reines Radiumsalz vorliegen. Wegen der Abklingung des Ba III (86 Minuten) müssen die Aktivitätswerte für diese Substanz auf eine gemeinsame Nullzeit — Beginn der ersten Kristallisation — bezogen werden. Die Nachbildung des Msth 2 aus dem konstant aktiven Msth 1 muß auf die jeweilige Kristallisation der einzelnen Fraktionen bezogen werden.

In der Fig. 1 sind die Ergebnisse für je 500 mg wasserfreies Bariumbromid wiedergegeben und ausgewertet. Die Kurven I, II und III des Teils A der

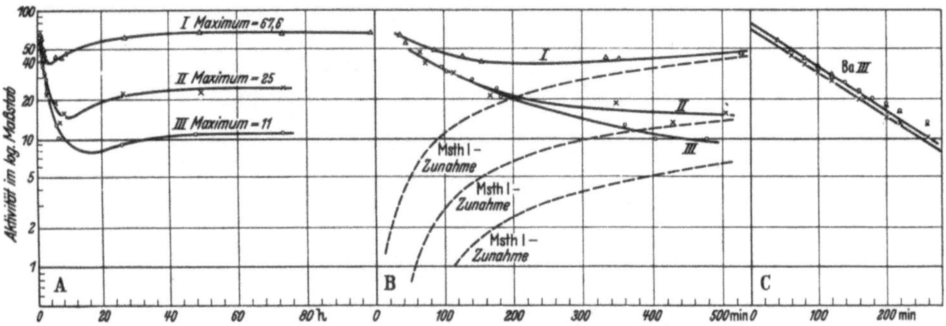

Fig. 1. Indikatorversuch Ba III—Msth 1.

das Verhalten der aus dem Uran entstehenden Erdalkalimetalle endgültig festzustellen.

Im folgenden sind diese Indikatorenversuche im einzelnen dargelegt und zahlenmäßig ausgewertet. Sie wurden mit dem bisher als „Ra III" bezeichneten 86-Minuten-Körper und dem als „Ra IV" bezeichneten 300-Stunden-Körper einerseits, mit den lange bekannten Radiumisotopen, dem β-strahlenden Msth 1 und dem α-strahlenden ThX andererseits durchgeführt. An Stelle von „Ra III" und „Ra IV" schreiben wir jetzt Ba III und Ba IV.

Folgende Kombinationen kamen zur Untersuchung:

1. Ba III + Msth 1, fraktioniert mit Bariumbromid,
2. Ba III + ThX, fraktioniert mit Bariumchromat,
3. Ba IV + ThX, fraktioniert mit Bariumchromat,
4. außerdem wurde noch ein „Kreisprozeß" mit einer ganzen Reihe kristallisierter Bariumsalze durchgeführt.

Zu 1. Etwa 15 g gereinigtes Uran wurden 12 Stunden lang verstärkt mit Ra-Be-Neutronen bestrahlt.

Nach Unterbrechung der Bestrahlung wurde $2^1/_2$ Stunden gewartet, um das „Ba II" von 14 Minuten Halbwertszeit zerfallen zu lassen. Es liegt nunmehr im wesentlichen der 86-Minuten-Körper Ba III und eine kleine Menge des langlebigen Ba IV (H.Z. etwa 300 Stunden) vor. Dann wurden 2 g Barium als Chlorid aus der Lösung des bestrahlten Urans ausgefällt und

[1] O. HAHN u. F. STRASSMANN, Naturwiss. **26**, 755 (1938).

Figur geben die direkt gefundenen Aktivitäten, mehr als 70 Stunden lang, also bis zum Gleichgewicht des Msth 1 + Msth 2 gemessen. Die Verteilung des Radiumisotops Msth 1 in den Fraktionen I, II, III verhält sich wie 67,6 zu 25 zu 11. Die erste Fraktion ist also 6mal stärker als die dritte.

Im Teil B der Fig. 1 ist der Anfang der Aktivitätskurven im vergrößerten Maßstab über die ersten 500 Minuten dargestellt. Außerdem ist für jede Kurve der aus dem Maximum des Teils A bestimmte Anstieg des Msth 2 für jedes der drei Präparate gestrichelt eingezeichnet. Der Teil C der Figur schließlich bringt die ausgeglichenen Abklingungskurven für das Ba III als Differenzen der Kurven I, II, III und der zugehörigen Msth-Zunahme.

Die Neigung der Geraden entspricht dem 86-Minuten-Abfall des Ba III. Die Gerade für die Fraktion II liegt ein klein wenig unter I und III; die Abweichung ist aber sicher innerhalb der Versuchsfehler. Alle drei Kurven werden allmählich etwas flacher, weil bei der 12stündigen Bestrahlung des Urans auch schon etwas 300-Stunden-Körper Ba IV entstanden war. Extrapoliert man die Kurven auf den Nullwert der Zeit, dann finden wir für die Aktivitäten der Fraktion I, II und III die Werte 81, 72 und 81; sie sind also innerhalb 10% gleich. *Gegenüber einer Anreicherung von 6:1 beim Radiumisotop Msth 1 hat also für das Ba III keinerlei Anreicherung stattgefunden: ein Beweis für seine Verschiedenheit von Radium und ein starker Hinweis für seine Gleichheit mit Barium.*

Zu 2. 11 g gereinigtes Uran wurden 3 Stunden lang verstärkt mit Neutronen bestrahlt. Nach $2^1/_2$stündigem Stehen (Zerfall von Ba II!) wird die Uranlösung mit 1 g Ba als $BaCl_2$ versetzt, das $BaCl_2$ mit 37% HCl gefällt, gelöst und umgefällt. Das reine Bariumchlorid wurde jetzt mit einer von allen Umwandlungsprodukten unmittelbar vorher befreiten Lösung des Radiumisotops Thor X versetzt und aus der gemeinsamen Lösung das aktive Ba + ThX als Bariumcarbonat gefällt. Dann wurde in verdünnter Salpetersäure gelöst, eine für die Abscheidung des größeren Teiles des Bariums als Chromat notwendige Menge Ammonchromat zugesetzt und die Chromatfällung durch tropfenweisen Zusatz von Ammonacetat durchgeführt. Das ThX war von einem reinen Radiothorpräparat mittels Ammoniak abgetrennt und mit Barium als Carbonat gefällt worden. Bei der Ammoniakfällung des Radiothors mittels Eisensalz geht auch das ThB + ThC in den Niederschlag; das ThX ist völlig rein. Nachdem die Hauptmenge des Bariums als Chromat ausgefallen war, wurde filtriert und der Rest des Bariums nach erneuter Zugabe von Ammonchromat und Ammonacetat niedergeschlagen. Von der ersten Hauptfraktion wurden 2 Proben zur Messung gebracht, eine zu 500 mg $BaCrO_4$ und eine zu 380 mg. Von der geringeren zweiten Fraktion kamen nur 380 mg zur Messung.

Die Fig. 2 gibt die Ergebnisse und ihre Auswertung. Teil A gibt wieder die direkt erhaltenen Aktivitätswerte, bis zum deutlichen Abfall des Thor X fortgeführt. Der anfängliche Abfall gibt den Zerfall des 86-Minuten-Körpers, dessen absolute Anfangswerte bestimmt werden sollen. Die Maximalaktivitäten der Kurven I a und I b sind nicht ganz proportional den Gewichtsmengen 380 und 500 mg. Die dünnere Schicht von 380 mg läßt relativ etwas mehr weichere ThB-β-Strahlen in den Zähler kommen als die dickere Schicht. Um die Anreicherung der Fraktion I zu der Fraktion II einwandfrei zu erhalten, muß man also die gleichen Gewichtsmengen I b und II miteinander vergleichen. Die Maximalaktivitäten sind rund 175 und knapp 9; die Anreicherung des Radiumisotops ThX in der ersten, großen Chromatfraktion gegenüber der kleineren, zweiten ist also 19,5 : 1, sie war also außergewöhnlich gut gelungen.

Der Teil B der Fig. 2 bringt nun wieder den Anfangsverlauf der Kurven mit dem abnehmenden 86-Minuten-Ba III und dem zunehmenden ThX. Die gestrichelten Kurven entsprechen der reinen Thor-X-Zunahme. Zieht man diese von den zugehörigen Gesamtaktivitäten ab, dann erhält man den Aktivitätsverlauf des reinen 86-Minuten-Ba III. Die Ergebnisse finden sich im Teil C der Figur. Die ausgeglichenen Kurven für gleiche Gewichtsmengen der Fraktion I und II liegen ganz genau zusammen. D. h. ihre absoluten Aktivitäten, auf gleiche Anfangszeit bezogen, sind identisch. Wegen der kürzeren Bestrahlung ist auch noch kein 300-Stunden-Ba IV vorhanden, so daß ein Umbiegen diesmal nicht zu beobachten ist.

Die darüberliegende Kurve ist die für die 500 mg-Substanz. Umgerechnet auf 380 mg ergibt sie den unteren, gestrichelten Abfall, der wiederum zeigt, daß in der dicken Schicht relativ etwas mehr β-Strahlen absorbiert werden. Gegenüber einer Anreicherung des Radiumisotops ThX im Bariumchromat von 19,5 : 1 haben wir keinerlei Änderung in der Aktivität des Ba III in den Fraktionen; *also ein Beweis für seine Verschiedenheit von Radium, für seine chemische Gleichheit mit Barium.*

Zu 3. Bei dem Indikatorversuch 3 kamen das langlebige Ba IV und das Radiumisotop ThX zur Verwendung, beides Substanzen, die, wenn frei von ihren Umwandlungsprodukten, zunächst zu-, dann, entsprechend ihren Halbwertszeiten von 300 Stunden und 3,64 Tagen, abnehmen. Das Ba IV wurde folgendermaßen gewonnen: 5,4 g Uran, die einen Monat lang mit Neutronen bestrahlt waren, wurden nach Unterbrechung der Bestrahlung bis zum nächsten Tage stehengelassen. Das Ba II und Ba III sind dann quantitativ zerfallen. Das Ba IV wurde mittels Bariumchlorid aus der Uranlösung abgeschieden, der Niederschlag gelöst und umgefällt, dann das Barium als Carbonat niedergeschlagen. Das ThX wurde in der oben beschriebenen Weise aus einem reinen Radiothor abgetrennt. Die das Ba IV und das ThX enthaltenden beiden Carbonatniederschläge — etwa 2—3 g — wurden gemeinsam in Salzsäure gelöst, zur Sicherheit noch einmal als Bariumchlorid gefällt und dieses über das Carbonat in verdünnter Salpetersäure gelöst. Nunmehr wurde ähnlich wie bei Indikatorversuch 2 verfahren, nämlich das Barium als Chromat fraktioniert gefällt. Es wurden folgende Fraktionen erhalten:

I. Fraktion = 200 mg Chromat.
II. Fraktion = 500 mg Chromat.
III. Fraktion = etwa 1 g Chromat.
IV. Fraktion = 500 mg Chromat.

Von diesen wurden die Fraktionen I, II und IV zur systematischen Messung verwendet.

Wir beobachten nun also zunächst die Nachbildung des aktiven Niederschlags aus dem Thor X und

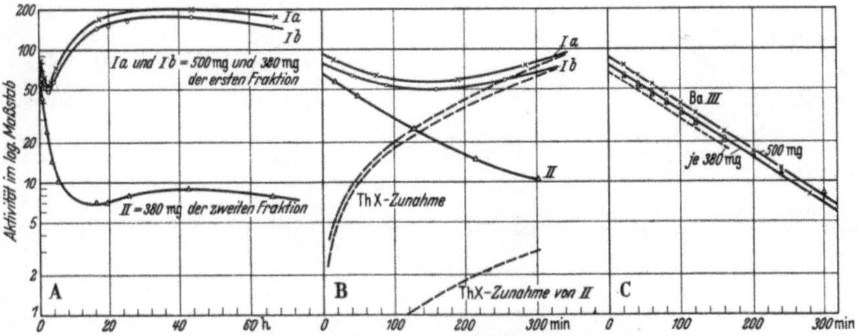

Fig. 2. Indikatorversuch Ba III—ThX.

die Nachbildung der Umwandlungsprodukte des langlebigen Ba IV. Das Maximum für das ThX wird nach etwa 40 Stunden, das für das Ba IV nach rund 100 Stunden erreicht. Nach einem Monat ist das Thor X völlig zerfallen, von dem Ba IV plus Umwandlungsprodukten sind noch rund 20% vorhanden, und man erhält dann unmittelbar die Verteilung des Ba IV auf die einzelnen Fraktionen. Wie die Fig. 3 zeigt, war es im vorliegenden Falle aber gar nicht nötig, so lange zu warten. Die Kurve I gibt den Aktivitätsverlauf der ersten Fraktion (200 mg). Die gefundenen Werte wurden mit 2,5 multipliziert, um sie auf die gleichen Gewichtsmengen wie

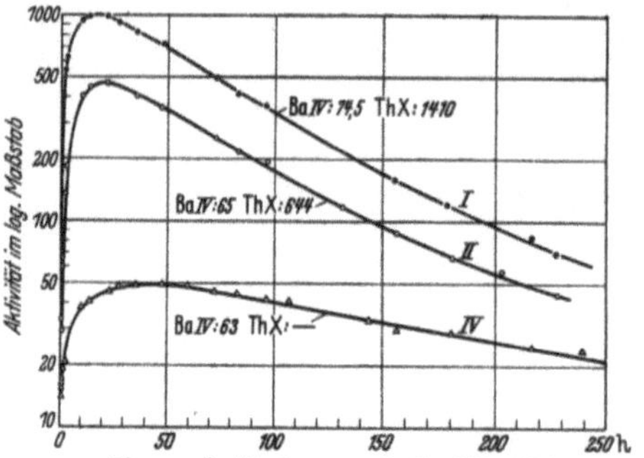

Fig. 3. Indikatorversuch Ba IV—ThX.

die der Fraktionen II und IV (je 500 mg) zu beziehen Nach Überschreitung des Maximums setzt sich die Aktivität jeder der Kurven aus dem mit 3,64 Tagen exponential zerfallenden Thor X und dem mit ungefähr 300 Stunden zerfallenden Ba IV zusammen. Aus den gefundenen Aktivitätswerten läßt sich dann unschwer die jeweilige Aktivität der beiden Komponenten errechnen. Die Ergebnisse sind für Fraktion I: 74,5 Einheiten für Ba IV und 1410 für Thor X; für Fraktion II: 65 für Ba IV und 644 für Thor X; für Fraktion IV: 63 für Ba IV und praktisch nichts für Thor X. Bei der Fraktion I wurden, wie erwähnt, nur 200 mg gemessen und auf 500 mg umgerechnet, also die relativ stärkere Strahlenbeteiligung der dünneren Schicht verwertet. Der Wert 74,5 für das Ba IV der Fraktion I muß also zu hoch sein. *Zieht man dies in Betracht, dann haben wir für die drei gemessenen Fraktionen jeweils die gleiche Aktivität für das Ba IV* und *eine außerordentlich verschiedene Aktivität für das Thor X*. Durch das Einschalten der großen, nicht gemessenen, dritten Chromatfraktion enthält die vierte praktisch überhaupt kein Thor X mehr. *Das Ergebnis ist also wiederum das gleiche wie früher: das Ba IV ist Barium und sicher kein Radium.*

Man sieht, was nebenbei erwähnt sei, daß eine gut durchgeführte Fraktionierung eines Radium-Barium-Gemisches in Form der Chromate zweifellos viel schneller zur Gewinnung von reinem Radium führt, als die bisher noch allgemein übliche Fraktionierung der Bromide oder gar der Chloride.

Zu 4. Als letzter Versuch über die chemische Identität des aktiven Ba IV mit Barium sei noch folgender „Kreisprozeß" kurz beschrieben. Die aktiven Bariumisotope wurden nach Zugabe von 2,5 g Bariumchlorid in der üblichen Weise aus einem länger bestrahlten Uran abgetrennt, nach dem Zerfall von Ba II und Ba III umgefällt, ein Viertel der Gesamtmenge beiseite gestellt und mit der Hauptmenge folgender Kreis von Bariumfällungen durchgeführt:

1. Bariumchlorid → 2. bernsteinsaures Barium → 3. Bariumnitrat → 4. Bariumcarbonat → 5. Bariumchlorid → 6. Barium-Ferri-Mannit[1] → 7. Bariumchlorid. Nachdem unser Barium diese vielen kristallisierten Verbindungen durchlaufen hatte, wurde es noch einmal zur endgültigen Reinigung umkristallisiert, und das vorher beiseite gestellte nicht umgearbeitete Bariumchlorid als Vergleichspräparat zu genau derselben Zeit ebenfalls umkristallisiert. Von dem „Kreislaufpräparat" und dem Kontrollpräparat wurden je 2 Proben zu je 250 mg in ein und demselben Zähler gemessen. Das Ergebnis zeigt die Fig. 4. „Kreislaufpräparate" und Kontrollpräparate sind innerhalb der unvermeidlichen Schwankungen völlig gleich. *Das Ba IV blieb bei all den Kristallisationen bei seinem inaktiven Isotop, dem Barium.*

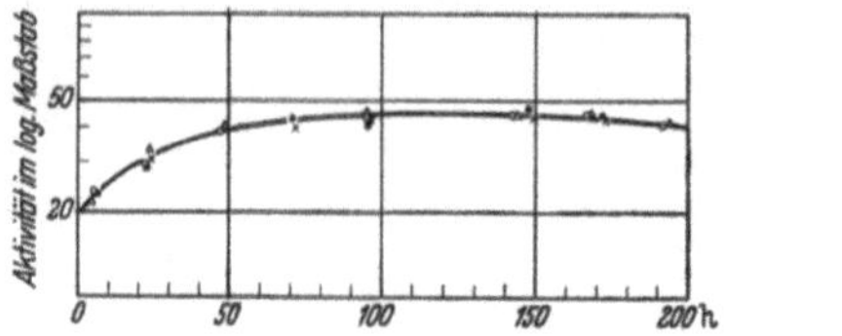

Fig. 4. Kreislaufversuch Ba IV.
o = Kreislaufbarium Nr. 1. △ = Kontrolle Nr. 1.
× = Kreislaufbarium Nr. 2. • = Kontrolle Nr. 2.

B. Nachweis, daß auch bei der Bestrahlung des Thoriums mit Neutronen Bariumisotope entstehen.

Nachdem für das Uran ein Zerplatzen in mehrere Bariumisotope experimentell sichergestellt ist, war es naheliegend, auch bei den von Lise Meitner und den Verfassern nachgewiesenen „Radium"isotopen aus Thorium nachzuprüfen, ob sie wirklich Radiumisotope sind oder ebenfalls Barium[2].

Die Versuche selbst sind beim Thorium schwieriger durchzuführen, weil beim Thorium diese Prozesse nicht verstärkbar und daher die uns bisher zur Verfügung stehenden Intensitäten recht klein sind. Die Versuche lassen aber keinen Zweifel darüber, daß auch hier Bariumisotope und keine Radiumisotope entstehen. Sowohl das „15-Minuten-Ra" wie das „4-Stunden-Ra" aus Thor wurden geprüft; in beiden Fällen wurde als Indikator für Radium das sich in dem Thorium bildende Thor X verwendet, die Fraktionierung geschah mit den Chromaten.

In der Fig. 5 ist das Ergebnis mit dem „15-Minuten-Ra" aus Thor wiedergegeben und ausgewertet. Der Teil A der Figur gibt wieder die direkten Aktivitätskurven in Stunden für je 500 mg Chromat. Die einzelnen Meßpunkte streuen sehr stark, was bei einer Anfangsaktivität von 15—20 Teilchen pro Minute nicht verwunderlich ist. Der Maximalwert für das Thor X in der ersten Fraktion ist 103, in der zweiten Fraktion 17,5.

Der Teil B bringt die Messungen während der ersten 200 Minuten und gestrichelt die entsprechende Nachbildung des aktiven Niederschlags aus dem Thor X. Der Teil C der Fig. 5 zeigt oben die ausgeglichenen Werte: gefundene Aktivitäten minus Thor X. Wir erhalten zwei gekrümmte Kurven ungefähr gleicher Intensität, sie stellen die zerfallenden 15-Minuten-Körper und ihre bei dem Zerfall sich bildenden Umwandlungsprodukte (La) dar. Zieht man die Aktivität

[1] Wir möchten Herrn Prof. Wilh. Traube für den Hinweis auf diese von ihm erstmalig hergestellte, interessante komplexe organische Bariumverbindung vielmals danken.

[2] L. Meitner, F. Strassmann, O. Hahn, Z. Physik 109, 538 (1938).

der sich nachbildenden Umwandlungsprodukte (Halbwertszeit etwa $3^1/_2$ Stunden) ab, dann erhält man die unteren Geraden, die statt der richtigen Halbwertszeiten von rund 15 Minuten solche von 20 und 21 Minuten geben. Wenn die Auswertung in diesem Falle empfehlen, in Zukunft bei solchen Versuchen die chemischen Eigenschaften der entstehenden aktiven Atomarten sehr genau zu prüfen und nicht nur die nächsten Nachbarn der bestrahlten Substanzen in Betracht zu ziehen.

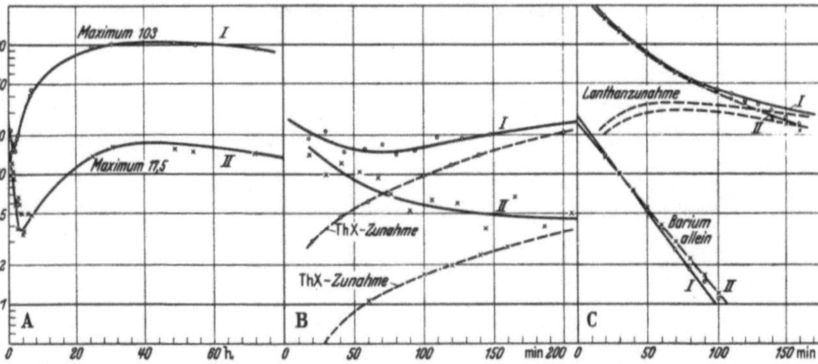

Fig. 5. Indikatorversuch 15 Min. Ba (aus Thor) — ThX.

auch nicht so schön ist wie beim Uran, so sieht man doch, daß die Anfangswerte für die bei der Bestrahlung entstandenen Erdalkalimetalle praktisch gleich sind bei einer gleichzeitigen Anreicherung des Thor X von 6:1. Der aus dem Thor beim Bestrahlen mit schnellen Neutronen entstehende 15-Minuten-Körper ist also sicher kein Radium. Da er seinen allgemeinen chemischen Eigenschaften nach nur Radium oder Barium sein kann (nicht etwa auch Strontium!), ist also der Schluß gerechtfertigt, daß er Barium ist.

Analoge Versuche, und zwar 3 Fraktionierungen, sind auch noch mit dem 4-Stunden-Körper aus Thorium und mit Thor X als Indikator gemacht worden. Die Übereinstimmung in den Anfangsaktivitäten für Ba(Th) 4 Stunden, ist infolge der sehr schwachen Ausgangsaktivitäten auch hier nicht sehr schön, so daß auf die Wiedergabe der graphischen Darstellung verzichtet wurde.

Bei der ziemlich unsicheren Auswertung fanden wir ein Verhältnis der Aktivitäten des Ba(Th) 4 Stunden in den 3 Fraktionen ungefähr wie 1,5:1:1,2. Für das Thorium X dagegen sicher 20:5:1. Wir glauben hiermit auch für den 4-Stunden-Körper aus Thorium seine Identität mit Barium sichergestellt zu haben.

Nach diesen Ergebnissen versteht man nun auch, daß es Dr. v. DROSTE[1] in unserem Institute trotz großer Mühe und sorgfältigem Arbeiten und trotz gegenteiliger Veröffentlichung von anderer Seite nicht gelungen ist, das nach der bisherigen Auffassung notwendige Auftreten von α-Strahlen (Ra aus Thor) während der Bestrahlung des Thors mit unverlangsamten Neutronen nachzuweisen.

Während beim Uran das Zerplatzen des Kerns schon durch die Wirkung verlangsamter Neutronen eintritt, sind beim Thorium für denselben Vorgang schon Neutronen von erheblicher Energie nötig[2].

Ob nach diesen Ergebnissen die stabilen, nicht aktiven Elemente, z. B. Wismut, Blei usw., überhaupt noch zu einem Zerplatzen in große Bruchstücke zu bringen sind, könnten wohl nur Versuche mit noch energiereicheren Teilchen zeigen. Sicher wird es sich

[1] G. v. DROSTE, Z. Physik **110**, 84 (1938).

[2] Vgl. L. MEITNER, F. STRASSMANN u. O. HAHN, l. c.

C. Einige Fragen zu den neuen Ergebnissen; Nachweis weiterer Uranbruchstücke.

Mit dem Nachweis der Bariumnatur der bei der Bestrahlung des Urans und des Thoriums entstehenden Erdalkalimetalle erheben sich nun eine ganze Reihe neuer Fragen. Einige von ihnen seien hier genannt.

1. Läßt sich etwas über die Atomgewichte der künstlichen Bariumisotope aussagen?
2. Sind die Bariumisotope aus Thorium dieselben wie die aus Uran?
3. Sind die Umwandlungsprodukte der Bariumisotope eindeutig als Lanthan- und Cerisotope anzusprechen?
4. Behalten die „Transurane" ihre bisherige Stellung bei?
5. Welches sind die anderen beim Zerplatzen des Urans und des Thors auftretenden Bruchstücke?

Selbstverständlich lassen sich diese Fragen heute noch nicht alle beantworten. Aber einiges ließ sich schon feststellen.

Zu 1. Die Halbwertszeit des Ba III aus Uran haben wir zu 86 Minuten gefunden. Beim Bestrahlen des inaktiven Elements Barium mit Neutronen wurde ein β-strahlendes Radiobarium von 85 Minuten Halbwertszeit mit dem vermutlichen Atomgewicht 139 beschrieben[1]. Wir haben die Entstehung dieses Bariumisotops aus Barium mit der angegebenen Halbwertszeit bestätigt. Aber selbst nach 6tägiger Bestrahlung fand sich kein sicherer Hinweis für das Auftreten eines aus diesem Radiobarium entstehenden aktiven Umwandlungsproduktes. Ist die Angabe 139 für das Atomgewicht des Radiobariums richtig, dann sollte man auch kein aktives Lanthanisotop daraus erwarten. Denn das Lanthan mit dem Atomgewicht 139 ist eine stabile Atomart. Falls unser Ba III mit dem Radiobarium identisch ist, wofür die übereinstimmenden Halbwertszeiten sehr sprechen, dann müßte unsere mit Vorbehalt gemachte Angabe eines aus dem Ba III entstehenden La-Isotops von mehreren Tagen Halbwertszeit ein Irrtum sein und durch die unvermeidliche Anwesenheit des längerlebigen Ba IV mit seinem sicher nachgewiesenen

[1] Vgl. DIEBNER u. GRASSMANN, Künstliche Radioaktivität. Leipzig: S. Hirzel 1939.

Umwandlungsprodukt vorgetäuscht sein. Wir halten es jetzt für sehr wahrscheinlich, daß das Ba III in der Tat mit dem Radiobarium identisch ist, also vermutlich *das Atomgewicht 139 hat.* Einige neue Versuche scheinen diese Annahme durchaus zu bestätigen.

Was die anderen Bariumisotope aus dem Uran anbelangt, so läßt sich für das Ba IV vielleicht die Hypothese machen, daß es die Muttersubstanz des in der Literatur beschriebenen Radiolanthans von 31—46 Stunden Halbwertszeit mit dem vermutlichen Atomgewicht 140 ist[1]. Denn das aus unserem Ba IV entstehende La-Isotop hat eine Halbwertszeit von rund 36 Stunden. Trifft unsere Vermutung zu, dann könnte man versuchen, unser Ba IV durch langes Bestrahlen von gewöhnlichem Barium mit starken Neutronenquellen neben dem bisher bekannten 85-Minuten-Radiobarium herzustellen und seine Umwandlung in ein aktives Lanthanisotop zu prüfen.

Über die vermutlichen Atomgewichte der kurzlebigen Ba-Isotope, von denen das „Ba I" bisher noch hypothetisch ist, können wir noch keine Aussagen machen. Um Mißverständnisse auszuschließen, betonen wir aber noch einmal, daß die von uns als Ba II, Ba III und Ba IV beschriebenen Isotope alle 3 Barium sind und nicht etwa das eine oder andere von ihnen Strontium sein kann.

Zu 2. Vergleicht man die Halbwertszeiten der von Lise Meitner und den Verfassern bestimmten „Ra"-, jetzt Ba-Isotope und ihren Folgeprodukten aus Thorium mit den Ba-Isotopen und ihren Umwandlungsprodukten aus Uran, dann fällt vor allem die Ähnlichkeit der beiden ersten Gruppen auf.

Die angegebenen Schemata sind:

für die Substanzen aus Uran:

$$\underset{< 1\ \text{Min.}}{\text{Ba I}} - \beta - \underset{< 30\ \text{Min.}}{\text{La I}} -$$

für die Substanzen aus Thor:

$$\underset{< 1\ \text{Min.}}{\text{Ba(Th)}} - \beta - \underset{18\ \text{Min.}}{\text{La(Th)}} -$$

Bei der III. Gruppe ist die Übereinstimmung schlecht; das Ba III hat 86 Minuten Halbwertszeit; für das dritte Ba aus Thor wurden $3^1/_2$—4 Stunden gefunden. Trotz der sehr geringen Intensitäten bei den nichtverstärkbaren Thorprodukten können wir uns nur schwer dazu entschließen, anzunehmen, daß die angegebene Halbwertszeit für das dritte Ba aus Thor so falsch sein könnte.

Interessant und mit starken, über längere Zeit verwendbaren Strahlenquellen unschwer durchzuführen wäre der Versuch, ein dem langlebigen Ba IV entsprechendes Barium auch beim Thorium zu suchen. Eine über eine Reihe von Tagen fortgesetzte, jeweils einige Stunden dauernde Bestrahlung eines radiothorarmen Thoriums müßte genügend viel langlebige Substanz ergeben. Die während dieser Zeit aus dem Thorium entstandene große Aktivität der Radiumisotope ThX und Msth 1 könnte mit Hilfe einer Reihe von Bariumchromatfraktionierungen, wie oben gezeigt wurde, ganz oder zum weitaus größten Teil abgetrennt werden. Das sehr charakteristische Verhalten des Ba IV müßte sich dann leicht zu erkennen geben.

Zu 3. Die Frage, ob die Umwandlungsprodukte der aus dem Uran und dem Thor entstehenden aktiven Bariumisotope eindeutig als Isotope des Lanthans und Cers anzusprechen sind, haben wir im einzelnen noch nicht untersucht. Wie in unserer letzten Mitteilung aber bereits erwähnt, ist das aus dem Ba II (damals Ra II) entstehende aktive Umwandlungsprodukt sicher kein Actinium und zeigt die allgemeinen Eigenschaften, die man für ein Lanthan erwarten sollte. Hier sind noch systematische Versuche durchzuführen.

Zu 4. Ein wichtiger Punkt ist die Frage nach den von den Verfassern in Gemeinschaft mit L. Meitner eingehend untersuchten „Transuranen". Behalten diese ihre bisherige Stellung bei oder sind es Elemente niedriger Ordnungszahlen? In unserer letzten Mitteilung haben wir vorsichtig darauf hingewiesen, daß das Atomgewicht eines Bariums plus dem eines Masuriums, also etwa 138 + 101, das Atomgewicht von Uran 239 ergibt. Man könnte also statt der Transurane Eka-Rhenium bis Eka-Platin etwa an Masurium bis Palladium denken. Nach einigen Versuchen, die wir gemacht haben, und nach dem allgemeinen chemischen Verhalten der Transurane Eka-Osmium bis Eka-Platin einerseits, der niederen Platinhomologen andererseits, erscheint es uns aber als ausgeschlossen, daß diese niedrigeren Homologe der Platinmetalle in den „Transuranen" vorliegen. Insbesondere gab die direkte Prüfung des „Eka-Platins" auf Palladium ein negatives Resultat. Auch eine gewisse Verschiebung der Substanzen nach niedrigeren oder höheren Ordnungszahlen, etwa Molybdän einerseits, Silber andererseits, erscheint nicht angängig. Was das Silber anbelangt, so wurde durch direkte Versuche bewiesen, daß keines der „Transurane" Silber sein kann.

Man könnte dann noch an die Serie Gallium, Germanium, Arsen und Selen denken. Von diesen ist aber nach einigen direkten Versuchen und nach ihrem allgemeinen Verhalten das Arsen, Selen und Germanium auszuschließen.

Wir sind deshalb jetzt wieder der Meinung, daß die „Transurane" bestehen bleiben. Dabei müssen wir vielleicht eine Einschränkung bezüglich des von Hahn, Meitner und Strassmann aufgefundenen 60-Tage-Körpers machen[1]. Wir hatten bei dieser Substanz eine Zuordnung noch nicht vorgenommen, es aber aus Analogiegründen für am nächstliegendsten gehalten, daß der 60-Tage-Körper ein isomeres Eka-Iridium sein könne. Hierüber sind aber noch besondere Versuche anzustellen, denn nachdem jetzt ein Zerplatzen des Urankerns bewiesen ist, kann der 60-Tage-Körper auch etwas ganz anderes sein.

Zu 5. Wenn nun die „Transurane" nicht als Bruchstücke des Urankerns neben den Bariumisotopen anzusehen sind, dann müssen wir fragen: welches sind die anderen Bruchstücke? Da eine Aufspaltung nach den Atomgewichten, also etwa Bildung von Masurium und benachbarten Elementen, offensichtlich nicht vorliegt, konnte man an eine Aufspaltung nach den Ordnungszahlen denken, wobei dann gleichzeitig eine Anzahl von Neutronen emittiert werden könnten. Wenn der Urankern mit seinen 92 Kernladungen Bariumkerne mit der Kernladung 56 abspaltet, bleibt unter der genannten Voraussetzung ein Element mit der Kernladung 36 übrig, also das Krypton. Dieses könnte sich umwandeln in Rubidium, Strontium, Yttrium und vielleicht noch weiter. *Von diesen zu erwartenden aktiven Elementen ließ sich das Strontium bequem und sicher isolieren.* Eine Lösung bestrahlten Urans wurde mit 150 mg Strontium versetzt, durch Fällung mit Schwefelwasserstoff sorgfältig von den Transuranen befreit und schließlich mit Ammoniak gefällt. Der Uranniederschlag wurde in 65proz. Salpetersäure gelöst und aus der Lösung wurde durch Zusatz rauchender Salpetersäure Strontiumnitrat ausgefällt. Das Strontiumnitrat wurde in Wasser gelöst, mit 60—70 mg

[1] Diebner u. Grassmann, l. c.

[1] O. Hahn, L. Meitner u. F. Strassmann, Naturwiss. **26**, 475 (1938).

Barium versetzt und aus schwach essigsaurer Lösung mit Ammonchromat vom Barium getrennt. Diese Trennung ist erforderlich, da Strontiumnitrat das bei der Bestrahlung entstehende Barium mitreißt. Aus dem Filtrat des Bariumchromats wurde das Strontium als Strontiumcarbonat gefällt, in Salzsäure gelöst, die Lösung mit 10 mg Yttrium versetzt und Yttrium mit carbonatfreiem Ammoniak gefällt. Im Filtrat wurde das Strontium als Carbonat gefällt und gemessen. Dieser Trennungsgang schließt Transurane, Uran, UX, UZ, Barium, daraus entstehendes Lanthan, Cer usw. und etwa aus Strontium entstandenes Yttrium, Zirkon usw., von den Erdalkalien auch das Calcium aus. Die mit dem Strontium ausfallende Aktivität aus 4 g Uran, das mehrere Tage bestrahlt worden war, betrug stets mehrere hundert Einheiten, deren Abnahme sich über mehrere Tage verfolgen ließ. *Damit ist die Existenz von Strontium nachgewiesen.*

Aus dem β-strahlenden Strontium muß ein Yttrium entstehen, und es gelingt mit Leichtigkeit, das in einem Strontium während seines Zerfalls nachgebildete Yttrium durch eine Fällung mit carbonatfreiem Ammoniak abzutrennen und durch Umfällung bei Gegenwart von inaktivem Strontium zu reinigen. Die in dieser Weise hergestellten Yttriumfällungen besaßen stets gut meßbare Aktivitäten, deren Abnahme ebenfalls über einige Tage verfolgt wurde, so daß auch die Entstehung von Yttrium als sichergestellt gelten darf.

Schließlich konnte auch auf einfache Art der Beweis für die Entstehung von Edelgas und Alkalimetall geführt werden. Eine konzentrierte Lösung von 50 g Uranylnitrat in Wasser wurde 2—5 Stunden verstärkt bestrahlt. Während dieser Zeit wurde mit verschiedener Geschwindigkeit ein Luftstrom durch die Lösung geleitet, der nach der Uranlösung ein Wattefilter von 20 cm Länge und darauf ein mit schwach angesäuertem Wasser beschicktes Absorptionsgefäß passierte. Nach Unterbrechung der Bestrahlung wurde der Inhalt des Absorptionsgefäßes mit 50 mg Caesiumchlorid versetzt (Rubidium konnte wegen seiner natürlichen β-Aktivität nicht verwendet werden), und dann wurde Caesium als Caesiumplatinchlorid gefällt und gemessen. Im Filtrat des Caesiumplatinchlorids wurde nach Zusatz von Strontium eine Carbonatfällung gemacht. Caesium- und Strontiumfällungen hatten beide gut meßbare Aktivitäten. In beiden Fällen handelte es sich um ziemlich kurzlebige Substanzen. Entsprechende Fällungen aus Versuchen ohne Neutronenbestrahlung waren vollständig inaktiv. Augenscheinlich handelt es sich auch bei diesen Umwandlungsreihen um Isotopengemische, doch können wir über ihre Anzahl und die genauen Halbwertszeiten noch keine genauen Aussagen machen.

Neben dem direkten Beweis für die Entstehung eines Alkalis und eines Erdalkalimetalls ist durch die Art der Versuchsanordnung also auch das Auftreten eines Edelgases bewiesen. Ob es sich dabei um Krypton mit daraus entstehendem Rubidium-Strontium oder um Xenon mit daraus entstehendem Caesium-Barium handelt, konnte noch nicht sicher festgestellt werden. Durch weitere eingehendere Untersuchungen soll entschieden werden, ob das Zerplatzen des Urankernes primär in Barium und Krypton oder in Strontium und Xenon erfolgt.

Während des Niederschreibens unserer letzten Versuche erhielten wir die Manuskripte zweier, in der „Nature" erscheinenden Mitteilungen von Lise Meitner und O. R. Frisch und von O. R. Frisch von den Verfassern freundlichst zugesandt. Meitner und Frisch haben darin das Zerplatzen des Uran- und des Thoriumkerns in je zwei ungefähr gleich große Bruchstücke, z. B. Barium und Krypton, diskutiert und die Möglichkeit eines solchen Vorgangs auf Grund des neueren Bohrschen Tröpfchenmodells der Atomkerne festgestellt. O. R. Frisch hat auch bereits einen experimentellen Beweis für das Auftreten solcher sehr energiereicher Bruchstücke beim Bestrahlen des Urans und des Thoriums mit Neutronen erbracht.

Zum Schluß möchten wir wieder Frl. C. Lieber und Frl. I. Bohne für ihre Hilfe bei den zahlreichen experimentellen Untersuchungen danken.

Zusammenfassung.

1. Die Entstehung von Bariumisotopen aus Uran wurde endgültig bewiesen.

2. Auch für das Thorium wurde die Bildung von Bariumisotopen festgestellt.

3. Über die Atomgewichte einiger der entstehenden Bariumisotope wurden Aussagen gemacht.

4. Augenscheinlich sind einige der Bariumisotope aus Thorium identisch mit denen aus Uran.

5. Unserer Meinung nach behalten die „Transurane" ihre ihnen bisher zugeschriebene Stellung bei.

6. Als zweite Bruchstückgruppe wurden zunächst Strontium und Yttrium festgestellt.

7. Durch eine geeignete Versuchsanordnung wurde auch das Auftreten eines Edelgases bewiesen, das seinerseits ein Alkalimetall nachbildet. Eine Entscheidung, ob es sich um Xenon-Caesium oder um Krypton-Rubidium handelt, konnte noch nicht getroffen werden. In jedem dieser Fälle würden sich dann die nachgewiesenen Folgeprodukte Barium-Lanthan usw., bzw. Strontium-Yttrium usw. daraus bilden.

Daß die im Vorstehenden beschriebenen, zahlreichen neuen Umwandlungsprodukte sich in verhältnismäßig kurzer Zeit mit — wie wir glauben — erheblicher Sicherheit feststellen ließen, war nur möglich durch die Erfahrung, die wir bei den früheren, in Gemeinschaft mit L. Meitner durchgeführten systematischen Versuchen über die Transurane und die Thorumwandlungsprodukte sammeln konnten.

Anhang II

Einiges über die experimentelle Entwirrung der bei der Spaltung des Urans auftretenden Elemente und Atomarten

Bei der Anfang 1939 von Hahn und Strassmann aufgefundenen Aufspaltung des Urans entstehen eine ganze Reihe von Elementen mittleren Atomgewichts, meist in Form mehrerer Isotope. Ihre Anzahl ist in den noch nicht vergangenen drei Jahren bereits so groß geworden, daß ein mit der Arbeitsweise nicht Vertrauter sich nur schwer ein Bild davon machen kann, auf welchen Wegen die Entwirrung der zahlreichen Substanzen vorgenommen wurde und noch wird. Bisher sind die Vertreter von 23 Elementen aufgefunden worden. Durch ihr gleichzeitiges Auftreten in mehreren Isotopen beträgt die Zahl der nachgewiesenen Atomarten heute mehr als 80.

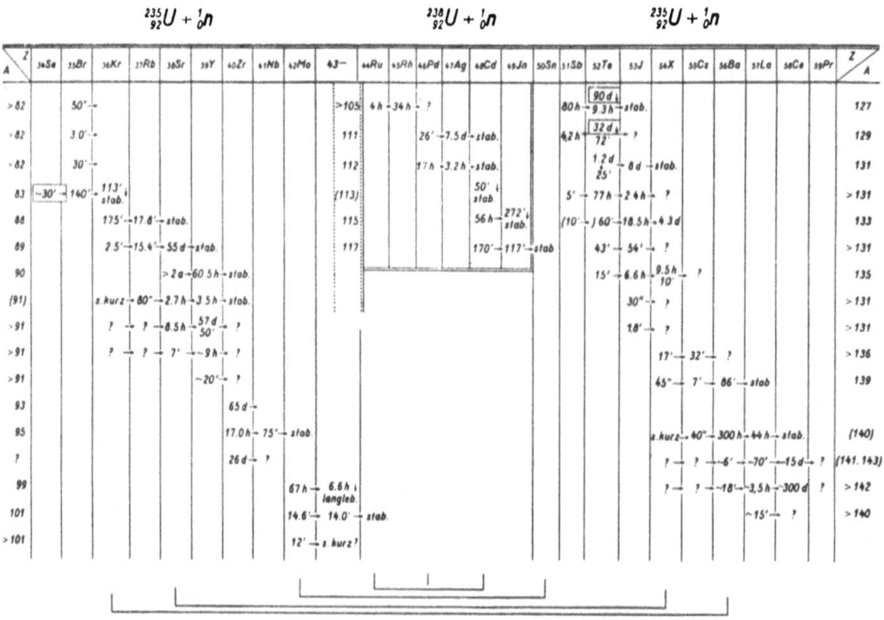

Abb. 1. Die bisher nachgewiesenen Bruchstücke bei der Uran-Spaltung.

Die Aufgaben, die hier der Lösung zuzuführen sind, sind also wesentlich verwickelter als bei den üblichen Kernreaktionen. Denn bei den letzteren handelt es sich immer nur um den Nachweis oder die Abtrennung von Atomarten gleicher Ordnungszahl oder ihrer unmittelbaren Nachbarelemente. Es ist die Aufgabe der Chemiker, die auftretenden Spaltprodukte aufzufinden, sie einander richtig zuzuordnen und den genauen Verlauf der aus den primären Produkten entstehenden Zerfallsreihen bis zur stabilen Atomart aufzuklären. Von einer sicheren Zuordnung der primären Atomarten zu einwandfreien Spaltreaktionen sind wir noch weit entfernt;

und sicher fehlen auch noch eine Anzahl vor allem kurzlebiger und langlebiger Glieder der einzelnen Reihen. Die Abb. 1 gibt einen Überblick über die bisherigen Ergebnisse, soweit sie uns heute bekannt sind[1].

Ganz allgemein, daran sei hier besonders erinnert, handelt es sich bei den künstlichen Atomarten immer um den Nachweis absolut unwägbarer und unsichtbarer Substanzmengen. Daß diese unwägbaren Substanzmengen sich aber chemisch genau so sicher identifizieren lassen wie ihre in wägbarer Menge vorliegenden Isotope, ließ sich immer wieder feststellen; nicht zuletzt durch die Auffindung der Uranspaltung selbst, bei der der Schluß auf die Barium-Isotope der ursprünglich für Radium-Isotope gehaltenen aktiven Atomarten so zwingend war, daß er gegen die bis dahin allgemein geltenden Vorstellungen über die Unmöglichkeit derartiger Zerspaltungen ausgesprochen werden mußte.

Die üblichen chemischen Nachweismittel scheiden also bei den künstlich radioaktiven Atomarten von vornherein aus. Man bedient sich zum Nachweis vielmehr immer nur der ionisierenden Strahlen (β- oder γ-Strahlen), die von den radioaktiven Atomarten ausgesandt werden. Und da die uns in Deutschland zur Gewinnung dieser Substanzen zugänglichen Strahlenquellen heute noch nicht so stark sind, daß die in der gewöhnlichen Aktivitätsmessung natürlich radioaktiver Elemente verwendeten Elektroskope allgemein Verwendung finden können, ist man in fast allen Fällen auf die Methoden der Zählung der emittierten Teilchen angewiesen. Dies geschieht am einfachsten und sichersten in dem Geiger-Müller-Zählrohr, das sich bei der Untersuchung künstlicher Radioelemente als von unschätzbarem Werte herausgestellt hat. Das Verfahren ist also so, daß man die aus der zu untersuchenden Substanz in der Zeiteinheit ausgesandten Strahlenteilchen bzw. einen gewissen, aber unveränderten Prozentsatz davon im Geiger-Müller-Zählrohr registriert. Aus der Art der erhaltenen »Aktivitätskurven« lassen sich dann Schlüsse ziehen über die einheitliche oder komplexe Natur der gemessenen Substanz, ihre »Halbwertszeiten« u. dgl.

Allgemein einzuschlagende Vorversuche.

Einige Beispiele sollen zunächst zeigen, wie man bei der systematischen Aufklärung der Prozesse vorgeht.

Die Kurve A der Abb. 2 gibt den Aktivitätsverlauf eines von seinen natürlichen Umwandlungsprodukten befreiten Uranpräparats, das mit einer verhältnismäßig schwachen Neutronenquelle (Ra + Be) kurz be-

---

[1] Einige der Barium-Lanthan-Strontium- und Yttrium-Isotope sind bisher in der Literatur noch nicht beschrieben. Sie wurden von Hahn und Strassmann nachgewiesen.

strahlt war. Der geradlinige Anstieg rührt von der Nachbildung des vorher vom Uran abgetrennten β-strahlenden Uran X her; der anfängliche Abfall dagegen gibt den Aktivitätsverlauf der durch die Einwirkung der Neutronen auf das Uran entstandenen »künstlichen Atomarten«, deren chemische Natur man zunächst nicht kennt. Bei der Kurve B der Abbildung ist man schon einen Schritt weiter. Durch eine Schwefelwasserstoffällung eines

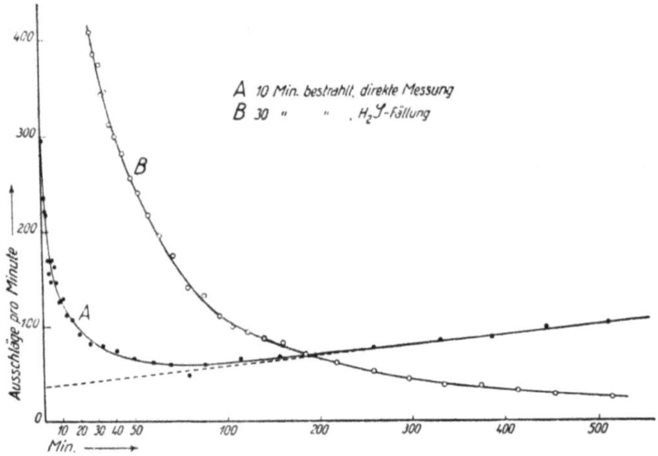

Abb. 2.

mit Schwefelwasserstoff fällbaren chemischen Elements als Träger ist eine Trennung einer Gruppe von künstlich aktiven Atomarten vom Uran erzielt worden. Die störende Nachbildung des Uran X ist beseitigt.

Aber auch aus der Kurve B kann man zunächst noch nichts besonderes erkennen. Um zu prüfen, ob es sich dabei um eine einheitliche Substanz handelt oder um ein Gemisch mehrerer, geht man von der Tatsache aus, daß einheitliche radioaktive Atomarten nach einem Exponentialgesetz zerfallen, derart, daß in gleichen Zeitintervallen jeweils der gleiche Prozentsatz der vorhandenen Menge sich umwandelt. Trägt man deshalb die gemessene Aktivität in logarithmischem Maße, die Zeit in arithmetischer Folge auf, dann erhält man für den Zerfall einer einheitlichen Atomart eine gerade Linie. In der Abb. 3 (Kurve A) ist dies für unseren Schwefelwasserstoffniederschlag geschehen. Man sieht eine gekrümmte Kurve, die allmählich geradlinig wird. Zieht man die zurückextrapolierten Werte der geraden Kurve von den experimentell gefundenen ab, dann erhält man ebenfalls eine Gerade. Es handelt sich also offenbar um zwei verschiedene Atomarten. Die längere zeigt eine Halbwertszeit von rund 60 Min., die kürzere eine von 16 Min.[1].

[1] O. Hahn, L. Meitner, F. Strassmann, Berichte d. Deutsch. Chem. Gesellsch. **69**, 905, 1936.

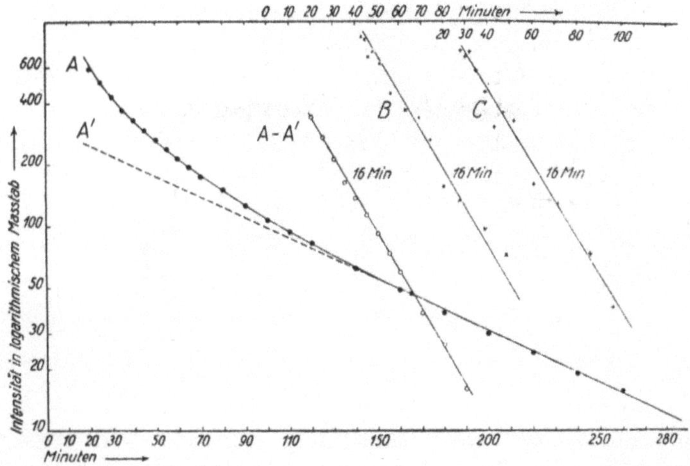

Abb. 3.

In Wirklichkeit finden sich bei dem Schwefelwasserstoffniederschlag aber noch mehr Atomarten. Wird sehr kurz bestrahlt und schon nach wenig Minuten mit der Messung begonnen, dann zeigt sich außer dem 16-Min.-Körper noch eine schneller abnehmende Substanz von rund 2 Min.

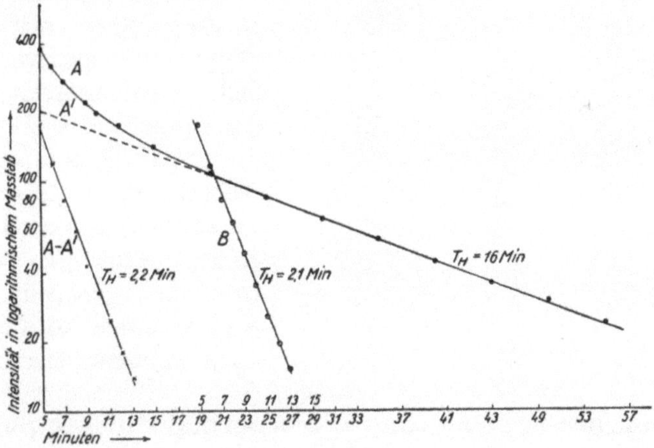

Abb. 4.

Halbwertszeit, während die längerlebige von ungefähr 60 Min. praktisch noch nicht in Erscheinung tritt (Abb. 4)[1]. Wird dagegen mehrere Stunden oder Tage bestrahlt, dann beobachtet man außer dem Körper von rund

---

[1] O. Hahn, L. Meitner, F. Strassmann, Naturw. **26**, 475, 1938.

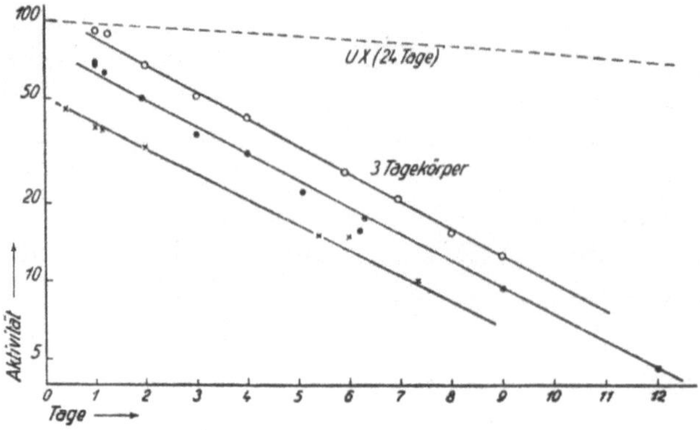

Abb. 5.

60 Min. Halbwertszeit eine langsamere Abnahme von etwa 3 Tagen[2] (Abb. 5); und schließlich nach wochen- oder monatelangem Bestrahlen noch eine von etwa 60 Tagen (Abb. 6)[1]. Die Untersuchung solcher längerlebigen Substanzen ist verhältnismäßig einfach, wenn sie in genügender Intensität vorhanden sind. Sie bleiben übrig, wenn die kurzlebigen zerfallen sind. Dabei ist aber bisher noch nichts Eindeutiges über die chemische Natur dieser Substanzen ausgesagt, außer der Tatsache, daß sie zur Gruppe der mit H_2S aus saurer Lösung fällbaren Elemente gehören oder aus solchen nach der Fällung entstanden sind. Es bedarf also noch der genauen chemischen Analyse, um die künstlichen Atomarten zu identifizieren.

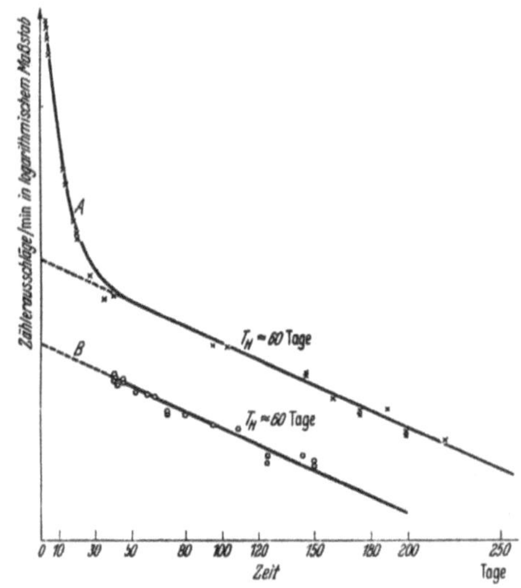

Abb. 6.

Chemische Prüfung einer scheinbar einheitlichen Substanz.

Indes kann man auch aus der ungefähr geradlinigen Abnahme einer Fällung noch nicht ohne weiteres den Schluß auf eine einheitliche Atomart ziehen. Die Aussagen aus dem Verlauf der Exponentialkurven sind nicht sehr genau, und Atomarten nicht sehr verschiedener Halbwertszeit können einen einheitlichen Abfall vortäuschen. Ein Beispiel dafür gibt die nähere

[1] Hahn, Meitner u. Strassmann, Naturw. **26**, 475, 1938.

chemische Analyse des vorher gezeigten 3-Tage-Körpers der Schwefelwasserstoffällung. Es hat sich gezeigt, daß dieser sogenannte 3-Tage-Körper seinerseits noch komplex ist. Er ist ein Gemisch von Molybdän und Tellur[1]. Versetzt man die Lösung des 3-Tage-Körpers mit kleinen Mengen von Molybdän und von Tellur und trennt diese beiden Elemente, dann findet sich die Aktivität auf beide Niederschläge verteilt, und man sieht bald, daß es sich um zwei verschiedene Substanzen handelt. Die Aktivität beim Molybdän nimmt, wenn die β-Strahlen in der üblichen Weise durch 100 μ

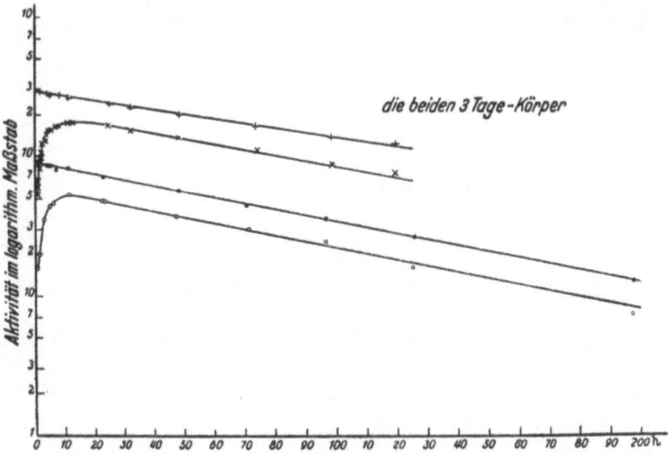

Abb. 7.

Aluminium gemessen werden, von Anfang an mit knapp 3 Tagen, genauer 67 Stunden Halbwertszeit ab, während die Aktivität des Tellurs zunächst mehrere Stunden lang zunimmt und dann erst in einen Abfall von ungefähr 3 Tagen, genauer 77 Stunden, übergeht (Abb. 7). Im letzteren Falle bildet sich also aus dem Tellur ein Umwandlungsprodukt, dessen durchdringende β-Strahlen eine starke Zunahme der Intensität des Präparates bedingen.

Es handelt sich bei dieser Tochtersubstanz um ein Isotop des Jods, das mit einer Halbwertszeit von 140 Min. zerfällt. Man kann dieses Jod aus dem Tellur ohne Schwierigkeit abtrennen und für sich messen (Abb. 8); das Tellur seinerseits nimmt danach wieder entsprechend zu[2]. Bei der Untersuchung des Schwefelwasserstoffniederschlags, der noch die schneller als mit 3 Tage zerfallenden Umwandlungsprodukte enthält (2 Min., 16 Min., 60-Min.-Körper) kann man die Entstehung des Jods aus dem 3-Tage-Tellur nicht er-

[1] Hahn und Strassmann, Naturw. **27**, 451, 1939.

[2] Ph. Abelson, Phys. Rev. **55**, 418, 1939; N. Feather und E. Bretscher, Nature **143**, 516, 1939; Hahn und Strassmann, Naturw. **27**, 451, 1939.

kennen. Die schnell abnehmenden Aktivitäten überdecken die Zunahme des Jods, und erst die getrennte Untersuchung des 3-Tage-Körpers für sich allein konnte hier die Aufklärung bringen.

Ganz analog geht man vor bei der näheren Untersuchung des 60-Tage-Körpers, der sich nach langer Bestrahlung im H_2S-Niederschlag findet. Zu dessen näherer Analyse wartet man, bis alle kürzerlebigen Substanzen der H_2S-Gruppe zerfallen sind. Auch hier zeigt dann die chemische Analyse, daß auch der 60-Tage-Körper noch keine einheitliche Atomart ist, sondern ein Gemisch von Isotopen verschiedener chemischer Elemente.

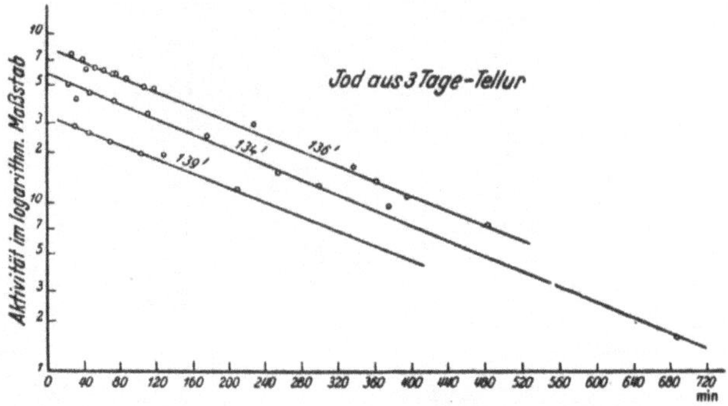

Abb. 8.

Sehr viel schwieriger kann die Analyse der kurzlebigen Substanzen sein, z. B. des genannten 2-Minuten-Körpers. Die einwandfreie Ausfällung und Reinigung eines Schwefelwasserstoffniederschlags dauert immerhin mehrere Minuten. Danach können erst die verschiedenen chemischen Trennungen beginnen. Diese nehmen in der Schwefelwasserstoffgruppe ziemlich viel Zeit in Anspruch. So können wir, was den 2-Minuten-Körper anbelangt, zwar eine ganze Reihe von Elementen ausschließen. Aber eine sichere Zuteilung ist auch heute noch nicht gelungen.

Genauere Analyse der Strontium-Isotope als Beispiel der systematischen Arbeitsweise.

Nach diesen für die verschiedensten Arten von Niederschlägen geltenden allgemein gültigen Bemerkungen soll nun eine einzelne Elementengruppe herausgegriffen und genauer analysiert werden.

Eine für die Uranspaltung wichtige und isotopenreiche Gruppe von Atomarten sind die Erdalkali-Isotope Barium und Strontium. Vertreter des Erdalkalimetalls Calcium scheinen nicht aufzutreten. Eine Entwirrung der einzelnen Halbwertszeiten lediglich aus Abklingungskurven der gemeinsam ausgefällten aktiven Barium- und Strontium-Isotope würde noch viel weniger zum Ziele führen als in dem oben beschriebenen Falle der H_2S-Fällung. Wesentlich erleichtert wird hier die Aufgabe durch die leicht und schnell durchführbare Trennung sowohl des Bariums wie auch des Strontiums vom Uran, Uran X und allen anderen Spaltprodukten.

Wir wählen für unsere Betrachtung von den beiden Erdalkali-Metallen die Gruppe des Strontiums. Beim Barium liegen die Verhältnisse ähnlich; sie sind aber für den Nichtchemiker vielleicht noch etwas verwickelter.

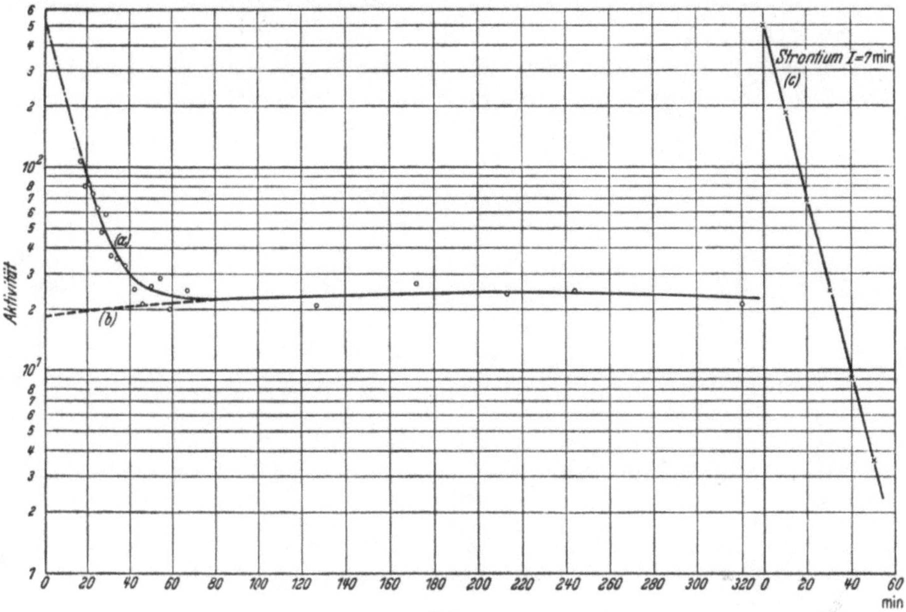

Abb. 9.

Zunächst ist die Art der Untersuchung wieder ganz ähnlich der der Schwefelwasserstoffgruppe. Nur haben wir es beim Strontium schon mit nur einem einzigen Element zu tun. Ein ungefährer Überblick über das zu Erwartende ergibt sich wieder durch verschieden langes Bestrahlen des Urans und darauf folgende möglichst schnelle Reindarstellung der künstlichen Strontium-Isotope durch deren Abscheidung und Umfällung mit Strontiumsalz als Träger der Aktivität. Dabei ließen sich verhältnismäßig einfach drei Strontium-Isotope verschiedener Halbwertszeit feststellen[1]. Die Abbildung (9) gibt den Aktivitätsverlauf eines Strontiumpräparates, das nach 16 Min. langer Bestrahlung des Urans abgeschieden war. Eine anfänglich sehr schnelle Abnahme geht in einen schwach ausgeprägten sehr allmählichen Anstieg über. Nach $3^1/_2$ bis 4 Stunden ist ein flaches Maximum erreicht,

[1] Cl. Lieber, Naturw. 27, 421, 1939.

und dann beginnt eine allmähliche Abnahme. Extrapoliert man die schwache Anstiegskurve (b) auf die Zeit Null zurück und zieht die so erhaltenen Werte von der experimentellen Kurve ab, dann erhält man die Kurve (c). Sie zeigt einen exponentialen Abfall von 7 Min. Halbwertszeit, der zweifellos einem Strontium-Isotop zugehört. Noch nicht geklärt ist aber die langsam abnehmende Kurve (b). Sie kann aus einem zweiten Strontium-Isotop herrühren, das bei seinem Zerfall ein aktives Folgeprodukt (also Yttrium) nachbildet. Sie könnte aber auch von einem Yttrium und einem daraus folgenden Zirkon herrühren.

Die nächste Abbildung zeigt, daß die erstere Annahme die richtige ist. Das Uran war einige Stunden bestrahlt worden (Abb. 10). Die Kurve a gibt

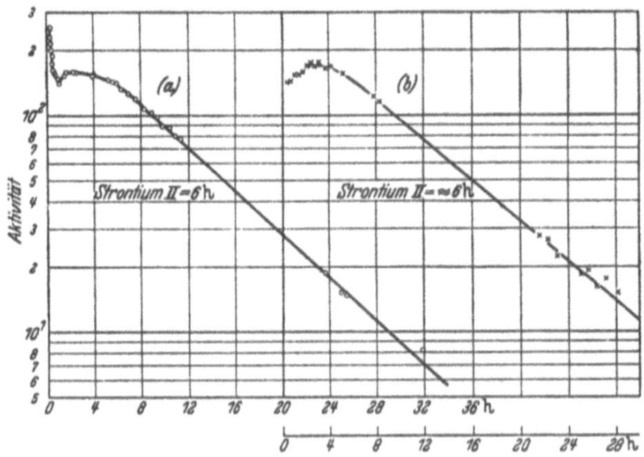

Abb. 10.

wieder die Abklingung nach unmittelbarer Abscheidung des Strontiums (viel kleinerer Maßstab als bei Abb. 9). Bei Kurve b war die Strontiumfällung erst eine knappe Stunde nach Unterbrechung der Bestrahlung vorgenommen worden. Das 7-Min.-Strontium-Isotop ist verschwunden, aber eine ganz erhebliche, während der ersten Stunden schwach, aber immerhin deutlich zunehmende Aktivität findet sich noch in dem Strontiumniederschlag. Hier liegt also ein zweites Strontium-Isotop vor, das offenbar ein Yttrium kürzerer Halbwertszeit nachbildet und dann mit seiner Halbwertszeit im Gleichgewicht mit dem Yttrium zerfällt. Die nächste Abbildung (Abb. 11) bringt die Abklingung des aus einem derartigen Strontium abgetrennten Yttriums als Beweis für die Richtigkeit unseres Schlusses. Die Halbwertszeit des Yttriums ist 3.5 Stunden; die seiner Muttersubstanz ergibt aus der vorher gezeigten Abbildung einen etwa geradlinigen Abfall, der einem Strontium von 6 Stunden Halbwertszeit zuzugehören scheint[1]. — Es war nun

[1] Cl. Lieber, Naturwissensch. l. c.

naheliegend zu prüfen, ob bei wesentlich längerer Bestrahlung nicht noch ein weiteres Strontium-Isotop auftritt, das sich bei der kurzen Bestrahlung dem Nachweis entzogen hat. Dies ist in der Tat der Fall. Die Kurven a

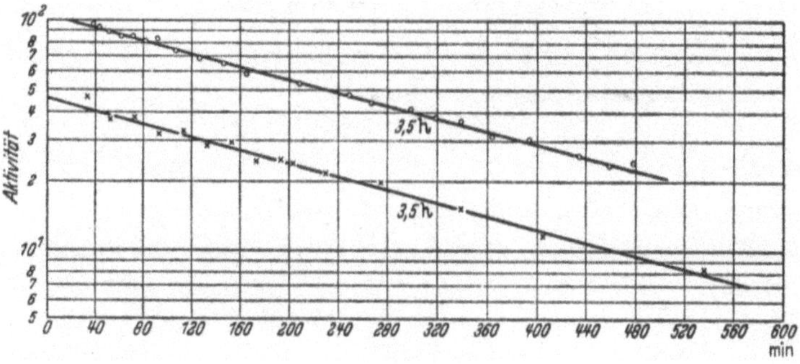

Abb. 11.

und b der Abbildung 12 zeigen einige Abfallskurven, die nach mehrtägiger Bestrahlung des Urans mit dem daraus abgeschiedenen Strontium durchgeführt wurden. Auf den schnellen Abfall des 6-Stunden-Strontiums folgt ein langsamer von ungefähr 54 bis 55 Tagen Halbwertszeit. Der Übergang

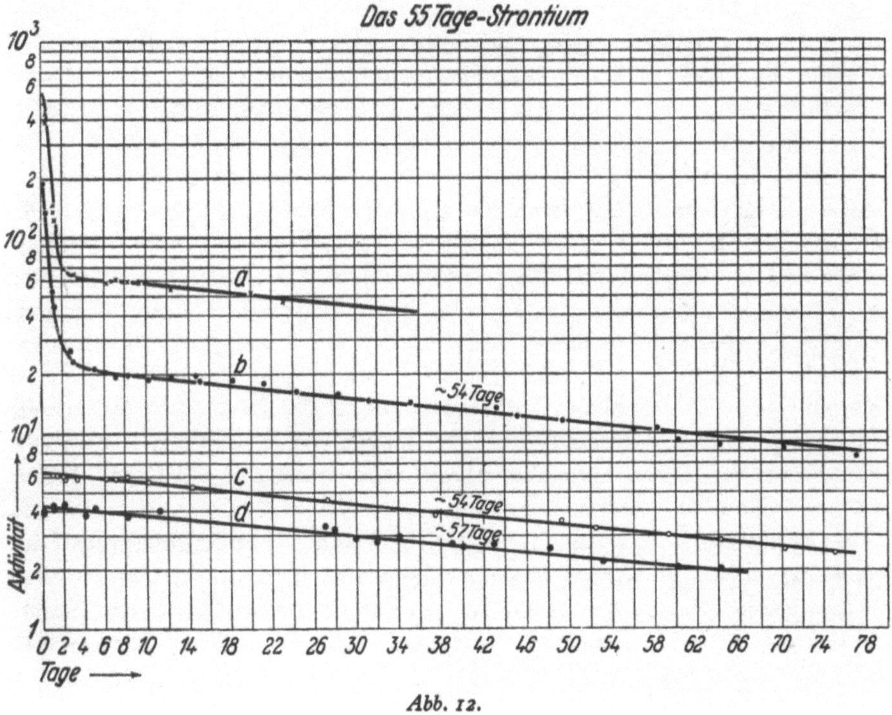

Abb. 12.

des anfänglichen schnellen Abfalls in den geradlinigen mit 55 Tagen Halbwertszeit ist allerdings etwas auffallend, und wir werden weiter unten noch darauf zurückkommen.

Daß es sich bei dem 55-Tage-Körper um Strontium handelt, zeigen die Kurven c und d der Abb. 12. Hier waren die endgültigen Strontiumabscheidungen erst vorgenommen worden, nachdem die kürzerlebigen Isotope quantitativ zerfallen waren. Von kleinen Unregelmäßigkeiten am Anfang abgesehen, stimmt der Abfall gut mit einer Zerfallszeit von 55 ± 3 Tagen überein[1].

Die Verhältnisse erscheinen bisher also soweit klar und eindeutig. Es wurden 3 Isotope nachgewiesen von 7 Min., 6 Stunden und ungefähr 55 Tagen, wobei der 6-Stunden-Körper seinerseits ein Yttrium von 3.5 Stunden nachbildet. In Wirklichkeit ist die Sache aber noch viel verwickelter.

Die weitere Aufklärung gelang mittels stärkerer Strahlenquellen und auch durch sehr viel längere, über Monate fortgesetzte Bestrahlung des Urans mit schwächeren Quellen. Sowohl das 6-Stunden-Isotop wie das langlebige Isotop des Strontiums sind noch komplex.

Wir wenden uns zunächst zum 6-Stunden-Strontium. Bei diesem war schon früher aufgefallen, daß die Zunahme durch die Nachbildung des 3.5-Stunden-Yttriums nur gering war (vgl. die Abb. 9 und 10). Man konnte dies durch eine verhältnismäßig stark absorbierbare β-Strahlung des Yttriums erklären, die sich in dem 100-μ-Zähler nur schwach beteiligt. Eine Absorptionskurve dieser β-Strahlen zeigte aber, daß es sich dabei um recht durchdringende Strahlen handelt. Man konnte nun die schwache Zunahme des 6-Stunden-Strontiums so zu erklären versuchen, daß man annahm, der 6-Stunden-Körper besteht aus mehr als einem Isotop, von denen nur das eine das 3.5-Stunden-Yttrium nachbildet[2]. Zur Prüfung dieser Annahme wurde ein Uranpräparat statt mit den Ra-Be-Röhren mit den Neutronen der Hochspannungsanlage des K. W. I. f. Physik bestrahlt. Dann wurde das Strontium abgetrennt, gereinigt und aus dem erhaltenen sehr starken Präparat alle zwei Stunden das nachgebildete Yttrium quantitativ abgeschieden und gemessen. Es wurde eine Kurvenschar erhalten, deren Anfangsaktivität in dem Tempo der Muttersubstanz des jeweils abgetrennten Yttriums abnehmen mußte. Diese Abnahme erfolgte aber nicht mit einer Halbwertszeit von 6 Stunden, sondern mit einer von 2.7 Stunden.

Die Abbildung 13 A Kurven 1—9 und Kurve B zeigt die Ergebnisse. Das 3.5-Stunden-Yttrium hat als Muttersubstanz also ein Strontium-Isotop von 2.7 Stunden Halbwertszeit. Die früher gefundene Halbwertszeit von 6 Stun-

---

[1] Siehe Anm. 1 S. 10.

[2] H. Götte, Naturw. **29**, 496, 1941.

den muß also von mindestens 2 Isotopen herrühren, von denen das eine mit 2.7 Stunden, das andere mit einer Halbwertszeit von mehr als 6 Stunden abfällt, deren Zusammenwirken die 6-Stundenabnahme vortäuscht. Dieses längere Isotop wurde ebenfalls gefunden. Es hat eine Halbwertszeit von 8.5 Stunden. Man kann es aus starken Präparaten leicht dadurch nachweisen, daß man das Strontium von 2.7 Stunden zunächst völlig zerfallen läßt und dann das noch übrige längerlebige Strontium von dem noch darin

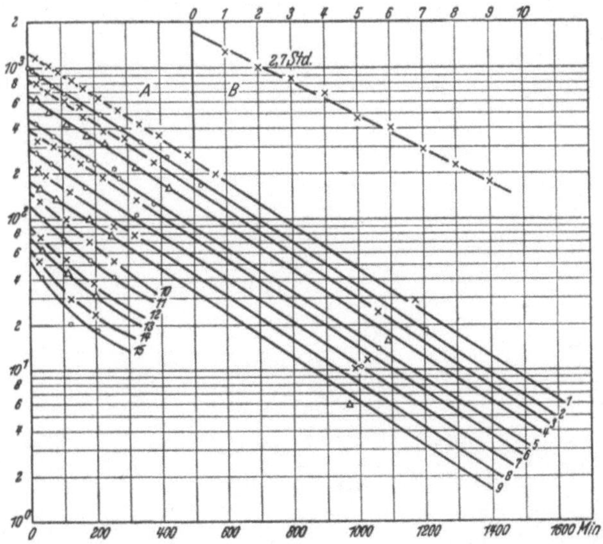

Abb. 13.

entstandenen Yttrium abtrennt und mißt. Man erhält dann Kurven, die von dem 8.5 Stunden- und dem schon oben erwähnten 55-Tage-Strontium herrühren. Zugleich konnte aber auch festgestellt werden, daß der 8.5-Stunden-Körper nicht nur die Muttersubstanz eines schon früher aufgefundenen 57-Tage-Yttriums ist[1], sondern daß daraus gleichzeitig noch ein weiteres Yttrium-Isotop von 50 Min. Halbwertszeit entsteht (siehe Abb. 14 u. 14a). Ob es sich hier um zwei isomere Yttrium-Isotope aus dem einen Strontium-Isotop von 8.5 Stunden Halbwertszeit handelt oder ob der 8.5-Stunden-Körper selbst noch aus 2 Isotopen sehr ähnlicher Halbwertszeit besteht, von denen das eine den 57-Tage-Körper, das andere den 50-Min.-Körper bildet, konnte noch nicht entschieden werden[2].

Wir kommen zum 55-Tage-Strontium. In der Abb. 12 wurden eine Anzahl von Abklingungskurven für aktives Strontium wiedergegeben, das aus

---

[1] O. Hahn und F. Strassmann, Naturw. **28**, 543, 1940.

[2] Weitere Einzelheiten über diese Versuche siehe bei H. Götte, l. c.

mehrere Tage lang bestrahltem Uran abgeschieden war. Diese Kurven zeigten insofern gewisse kleine Anomalien, als bei dem Übergang in den 55-Tage-Abfall immer eine sehr geringe Aktivitätserhöhung zu beobachten

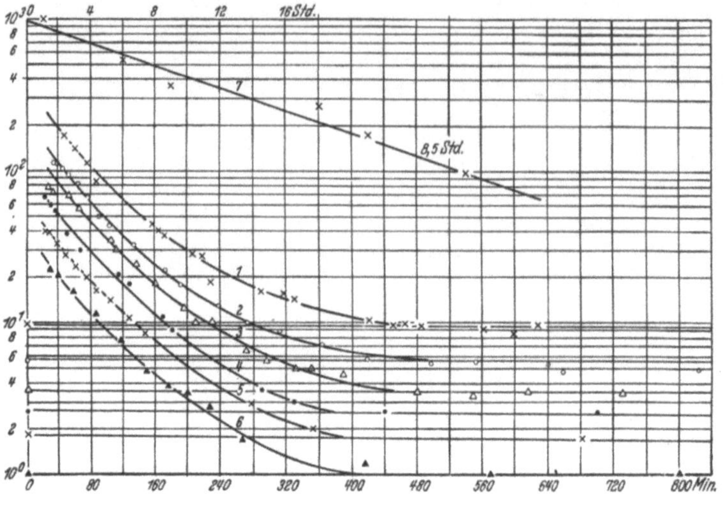

Abb. 14.

war, die wohl gerade außerhalb der Versuchsfehler lag. Wurde aus dem mit etwa 55 Tagen Halbwertszeit abnehmenden Strontium erneut das Yttrium abgetrennt, dann zeigte dieses Yttrium immer eine sehr geringe, aber doch sicher nachweisbare Aktivität, und diese schwache abtrennbare Aktivität fiel nicht in dem Tempo der 55-Tage-Abnahme seiner vermeintlichen Muttersubstanz.

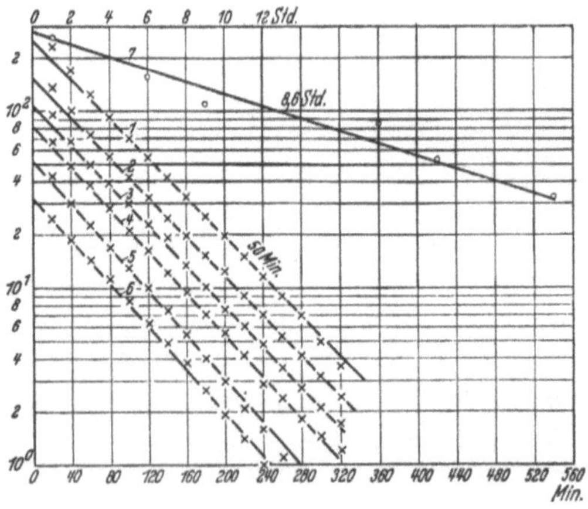

Abb. 14a.

Man mußte also wieder an die Möglichkeit denken, daß auch das 55-Tage-Strontium noch komplex sei, und außer dem 55-Tage-Strontium in kleiner Menge ein längerlebiges Strontium vorlag, das seinerseits die Muttersubstanz des sehr schwach aktiven Yttriums war.

Man sollte dann das unbekannte, längerlebige Strontium in etwas größerer Ausbeute bei möglichst langer, über viele Monate fortgeführter Bestrahlung des Urans in gegenüber dem 55-Tage-Strontium erhöhter Ausbeute erhalten. Diese

Annahme hat sich bestätigt. Die Halbwertszeit eines aus einem 11 Monate lang bestrahlten Uran abgetrennten Strontiums wird allmählich länger als 55 Tage. Und aus einem derartigen Strontium läßt sich von Zeit zu Zeit ein Yttrium-Isotop abtrennen, dessen Anfangsintensität nur äußerst langsam kleiner wird. Die Abb. 15 gibt zwei in der angedeuteten Weise durchgeführte Versuche wieder. Bei der Kurve a wurde das Yttrium von dem Strontium abgetrennt, nachdem der Abfall des sog. 55-Tage-Strontiums einen Monat lang verfolgt worden war. Nach der Abtrennung des Yttriums wurde das Strontium wieder im gleichen Zähler und in der gleichen Anord-

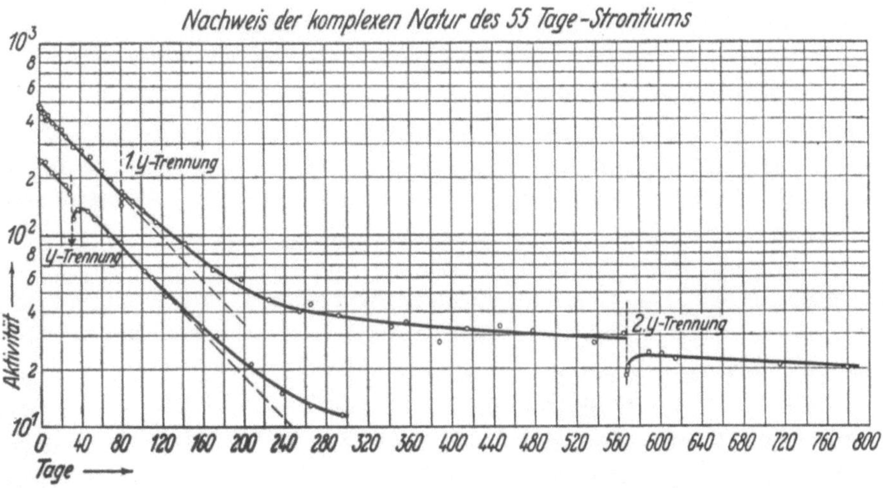

Abb. 15.

nung wie vorher weiter gemessen. Die zunächst stark verminderte Aktivität nimmt während mehrerer Tage wieder zu. Danach nimmt der Abfall seinen Fortgang; aber die Abklingung wird allmählich deutlich langsamer, als der Halbwertszeit von 55 Tagen (gestrichelte Linie) entspricht.

Noch klarer zeigt sich dies bei der Kurve b. Nach 80 Tagen wurde das Yttrium zum ersten Male abgetrennt (Punkt 1), das Strontium weiter gemessen. Die Abklingung wird immer langsamer. 570 Tage nach dem Beginn der Messung wurde dann mit dem ziemlich schwachen Präparat noch eine weitere Yttriumtrennung vorgenommen (Punkt 2 der Kurve b). Das wiedergewonnene Strontium zeigt jetzt die Aktivitätszunahme sehr viel deutlicher als vorher. Da nach dieser Zeit das 55-Tage-Strontium auf weniger als ein Promille seiner Anfangsaktivität zerfallen ist, kann es sich nur um ein neues, sehr langlebiges Strontium-Isotop handeln, das seinerseits ein aktives Yttrium nachbildet. Wir schätzen die Halbwertszeit dieses Yttrium-Isotops auf etwa 60 Stunden. Mit diesen Versuchen ist also bewiesen, daß das 55-Tage-Strontium seinerseits komplex ist und je nach der Dauer der Uranbestrahlung einen kleineren oder größeren Prozentsatz eines längerlebigen Isotops enthält. Seine Halbwertszeit konnte noch nicht genau ermittelt werden, sie ist sicher größer als 2 Jahre, die seines Umwandlungsproduktes etwa 60 Stunden.

Das reine 55-Tage-Strontium ist offenbar identisch mit einem schon früher aus dem Strontium selbst gewonnenen aktiven Isotop vom Atomgewicht 89, das in das stabile Yttrium vom gleichen Atomgewicht übergeht. Die übrigen Strontium-Isotope bilden alle zunächst aktive Yttrium-Isotope, die ihrerseits in Zirkon übergehen.

Für das 7-Min.-Strontium war ein aktives Yttrium aber zunächst noch nicht nachgewiesen worden. Der Nachweis gelang uns in jüngster Zeit durch die sehr viel stärkere Neutronenquelle des Max-Planck-Institutes für Physik.

Mit den uns bis vor kurzem zur Verfügung stehenden Präparaten war die Suche nach einem vermutlich nicht sehr kurzlebigen Umwandlungsprodukt des 7-Min.-Isotops fast hoffnungslos; man konnte nicht allzu kurz bestrahlen, weil sonst die Intensität des Strontiums nicht genügend groß war. Aus demselben Grunde mußten erhebliche Mengen von Uran zur Bestrahlung verwendet werden. Dann dauerte aber die Abscheidung und Reinigung des Strontiums so lange, daß der 7-Min.-Körper zum größten Teile zerfallen war und die längerlebigen Isotope störend in Erscheinung traten.

Durch die stärkere Neutronenquelle konnte nunmehr die Bestrahlungsdauer auf wenige Minuten reduziert werden, und mittels eines einfachen Kunstgriffs konnten fast beliebig große Uranmengen schnell auf das gesuchte Isotop verarbeitet werden. Zu diesem Zweck wurden z. B. 50 g Urannitrat vor der Bestrahlung durch mehrfaches Schütteln ihrer Ätherlösung mit wenig Wasser vom Uran X befreit. Die ätherische Uranlösung mit wenig Tropfen Wasser wurde nunmehr bestrahlt. Auf dem Weg von der Bestrahlungs- zur Verarbeitungsstelle wurde die Ätherlösung durchgeschüttelt; die kleine Menge Wasser enthält dann neben sehr wenig Uran den größten Teil aller Spaltprodukte, darunter das Strontium, das sich nunmehr sehr leicht von den übrigen Spaltprodukten und damit auch von den verschiedenen, dem Strontium chemisch am nächsten stehenden Barium-Isotopen abtrennen läßt.

Die Abklingung eines auf diese Weise nach vier Minuten langer Bestrahlung schnell abgeschiedenen Strontiums erfolgt ähnlich der in Abb. 9 wiedergegebenen Strontiumkurve. Durch die kurze starke Bestrahlung ist aber die Aktivität zugunsten des 7-Min.-Strontiums gegenüber seinen längerlebigen Isotopen verschoben, und man konnte hier hoffen, auch ein aus ihm entstehendes aktives Yttrium neben dem 3.5-Stunden-Yttrium nachzuweisen. Zu diesem Zwecke wurde 20 Min. nach der Abscheidung des Strontiums aus diesem das Yttrium abgetrennt und sein Aktivitätsverlauf gemessen. Nach einer unbedeutenden anfänglich schnelleren Abnahme resultierte eine geradlinige Kurve, die einer Halbwertszeit von ungefähr 9 Stunden entsprach.

Wurde das Strontium dagegen 1 Stunde lang stehengelassen, dann vom Yttrium befreit und nach weiteren 2 Stunden aus dem Strontium wieder eine Yttriumfällung gemacht, dann nahm dieses entschieden schneller ab und zwar, soweit sich dies bei der geringen Aktivität feststellen ließ, mit etwa 3.5 Stunden Halbwertszeit. Bestätigt wurde dieser Befund durch eine erneute starke Bestrahlung des Urans während 16 Min. In dieser Zeit bildet sich schon ein größerer Prozentsatz des 2.7-Stunden-Strontiums und aus diesem entsprechend mehr Yttrium von 3.5 Stunden Halbwertszeit. Trotzdem ließ sich auch bei diesem Versuch die Existenz des neuen 9-Stunden-Yttriums nach 20 Min. langem Stehen des schnell abgeschiedenen Strontiums sicher erkennen, während ein nach einer Zwischenfällung erneut ausgefälltes Yttrium aus dem gealterten Strontium im wesentlichen nur das 3.5-Stunden-Yttrium enthielt.

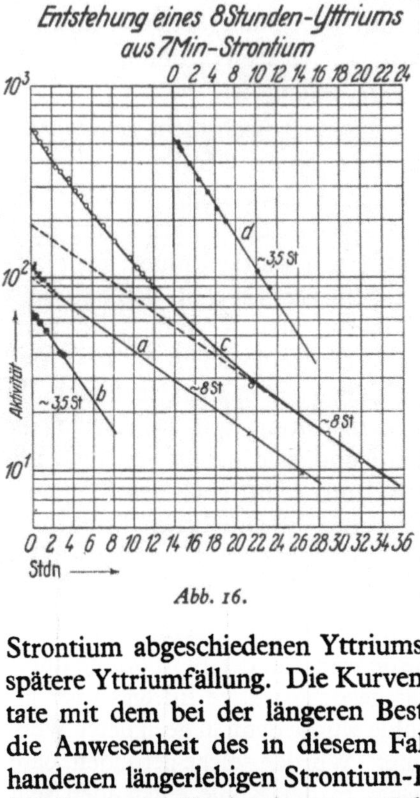

Abb. 16.

In der Abb. 16 sind diese Ergebnisse dargestellt. Die Kurve a gibt die Abklingung des nach 20 Min. aus dem Strontium abgeschiedenen Yttriums bei dem 4-Min.-Versuch, Kurve b die spätere Yttriumfällung. Die Kurven c und d geben entsprechend die Resultate mit dem bei der längeren Bestrahlung erhaltenen Strontium. Durch die Anwesenheit des in diesem Fall zu einem größeren Prozentsatz vorhandenen längerlebigen Strontium-Isotops ist der anfänglich schnellere Abfall der ersten Yttriumkurve c stärker ausgeprägt als bei a.

Diese Versuche zwingen zu dem Schluß, daß das 9-Stunden-Yttrium aus dem kurzlebigen Strontium-Isotop entsteht. Ist letzteres zerfallen, was nach einer Stunde der Fall ist, und das daraus entstandene Yttrium entfernt, dann bilden sich aus den noch übrigen stabileren Strontium-Isotopen nur noch das 3.5-Stunden-Yttrium und höchstens noch Spuren der 57-Tage- und 50-Min.-Yttrium-Isomere.

Extrapoliert man die 9-Stunden-Aktivität der Kurve c auf die Zeit Null und zieht die sich hierbei ergebenden Werte von den gemessenen ab, so erhält man allerdings keine reine 3.5-Stunden-Kurve, sondern eine anfangs schnellere Abklingung. Dies ist vielleicht ein Hinweis auf ein noch weiteres, bisher unbekanntes Yttrium-Isotop, das vielleicht noch auf eine komplexe Natur auch des 7-Min.-Strontiums schließen läßt.

In der Abb. 13 fehlte das Yttrium-Isotop von 9 Stunden Halbwertszeit, weil bei diesen Versuchen die Isolierung des Strontiums, aus welchem die Yttrium-Fraktionen gefällt wurden, erst nach dem völligen Zerfall des kurzlebigen Strontium-Isotops vorgenommen worden war.

Am Beispiel der Isotope des Elements Strontium wurden im vorigen die verschiedenen Wege beschrieben, auf denen man zum Nachweis und zur Charakterisierung seiner fünf verschiedenen aktiven Isotope und ihrer ersten Umwandlungsprodukte, der Yttrium-Isotope, gelangt ist.

Die Aufgabe ist aber auch für das eine Element noch nicht gelöst. Wir wissen aus dem Gesagten noch nichts darüber, ob diese Strontium-Isotope primäre Spaltprodukte oder ihrerseits schon Umwandlungsprodukte von Elementen niedrigerer Ordnungszahl sind. Da bei der Uranspaltung auch eine ganze Reihe von Barium-Isotopen gefunden wurden, mußte man vermuten, daß das Auftreten dieser Gruppe so zu verstehen ist, daß einerseits Strontium und Xenon oder andererseits Barium und Krypton gleichzeitig entstehen. Beide Elementenpaare mit den Ordnungszahlen 38 + 54 und 56 + 36 ergänzen sich ja zu 92, der Kernladung des spaltenden Urans. In einer der ersten Mitteilungen über die Kernspaltung war auch schon die Bildung von Xenon nachgewiesen worden[1] und bald darauf von holländischen[2] und amerikanischen[3] Forschern und uns selbst auch das Krypton[4]. Die Frage war nun also die: welche der oben beschriebenen Strontium-Isotope sind möglicherweise Umwandlungsprodukte des Kryptons, welche stammen nicht aus einem Gas.

Die ursprünglich von uns verwendete Methode zum Nachweis der Edelgase war die folgende: Ein Luftstrom wurde während der Bestrahlung durch die Uranlösung geleitet und mit ihm das gesuchte aktive Edelgas über gekühlte Adsorptionskohle geleitet. Die Kohle wurde dann in geeigneter Weise auf Alkali- oder Erdalkalimetalle verarbeitet. Wurden solche gefunden, dann konnten sie nur aus einem aktiven Edelgas in der Kohle entstanden sein, denn die Metalle bzw. ihre Salze würden mit dem Luftstrom ja nicht übergehen. Auf diese Weise wurden zunächst einige Cäsium, Barium- und Rubidium-Isotope nachgewiesen.

Aktive Strontium-Isotope fanden wir mit unseren schwachen Strahlenquellen erst nach einer neuen Methode, bei der die »Emanierfähigkeit« oberflächenreicher Uranverbindungen zum schnellen Nachweis der aktiven Edel-

---

1 O. Hahn und F. Strassmann, Naturw. **27**, 163, 1939.
2 F. A. Heyn, A. H. W. Aten, C. J. Bakker, Nature **143**, 516, 679, 1939.
3 A. Langsdorf jr., Phys. Rev. **56**, 205, 1939.
4 O. Hahn und F. Strassmann, Naturwissenschaften **27**, 529, 1939.

gase herangezogen wurde[1]. Die bei der Bestrahlung entstehenden Edelgase diffundieren aus dem »hochemanierenden« Uranpräparat nach außen, und die aus den aktiven Gasen entstehenden Umwandlungsprodukte lassen sich nun an einer negativ aufgeladenen Metallplatte sammeln. Von der Platte können die »aktiven Niederschläge« in Bruchteilen von Minuten abgelöst und dann chemisch voneinander getrennt werden. Auf diese Weise wurden neben 6 Cäsium- und Rubidium-Isotopen und mehreren Barium-Isotopen auch das 2.7-Stunden-, das 8.5-Stunden- und das 55-Tage-Strontium als Abkömmlinge von Krypton-Isotopen festgestellt[1, 2]. Ergänzend sei hier noch hinzugefügt, daß wir in späteren Versuchen mit dem durch die Uranlösung geleiteten Luftstrom eine unmittelbare Trennung der Xenon- und Krypton-Isotope und damit auch ihrer Zerfallsprodukte erreichten. Dies geschah durch Verwendung hintereinander angebrachter Kohleadsorptionsgefäße, von denen das eine mit fester Kohlensäure + Alkohol, das andere mit flüssiger Luft gekühlt war. Das Xenon wurde schon durch die gekühlte Kohlensäure, das Krypton erst durch die flüssige Luft adsorbiert[3].

Mit der starken Neutronenquelle des Max-Planck-Instituts gelang es in letzter Zeit auch noch, das 7-Min.-Strontium als einen Krypton-Abkömmling festzustellen. Früher war der Nachweis aus »hochemanierendem« Uran nicht gelungen. Vermutlich waren die Ausbeuten an 7-Min.-Strontium im Verhältnis zu den längerlebigen Isotopen auch bei der für eine einwandfreie Messung noch gerade zulässigen kürzesten Bestrahlungszeit zu klein. Wir schließen daraus, daß das zu dem 7-Min.-Strontium führende Krypton-Isotop eine ganz besonders kurze Halbwertszeit hat. In Übereinstimmung mit dem weiter oben beschriebenen Nachweis der Entstehung eines Yttrium-Isotops von ~9 Stunden Halbwertszeit aus dem 7-Min.-Strontium fanden wir dieses neue Yttrium-Isotop auch bei dem »aktiven Niederschlag« aus »hochemanierendem« Uran.

Ob das langlebige Strontium von > 2 Jahren ebenfalls aus einem Krypton entsteht, wurde bisher noch nicht festgestellt.

Als Ergebnis unserer hier geschilderten Analyse der bei der Uranspaltung aufgefundenen Strontium-Isotope können wir für diese, ihre Muttersubstanzen und Folgeprodukte bis jetzt folgendes Schema aufstellen:

$_{36}$Kr		$_{37}$Rb		**$_{38}$Sr**		$_{39}$Y		$_{40}$Zr
?	⟶	?	⟶	**7 Min.**	⟶	9 St.	⟶	?
sehr kurz	⟶	80 Sek.	⟶	**2.7 St.**	⟶	3.5 St.	⟶	stabil
?	⟶	?	⟶	**8.5 St.**	↗ ↘	57 Tage 50 Min.	⟶	?
2.5 Min.	⟶	15.4 Min.	⟶	**55 Tage**	⟶	stabil		
				> 2 Jahre	⟶	60 St.	⟶	stabil

[1] O. Hahn und F. Strassmann, Naturw. **28**, 54, 1940.
[2] H. Götte, l. c. [3] O. Hahn und F. Strassmann, Naturw. **28**, 455, 1940.

Da wir uns in dem hier beschriebenen Fall nur mit der chemischen Entwirrung der Strontium-Isotope, ihrer Herkunft und Umwandlung befaßt haben, wurde auf die Bestimmung der Halbwertszeiten der Krypton- und Rubidium-Isotope und ihrer mutmaßlichen Atomgewichte usw. nicht eingegangen[1]. Eine Diskussion über die Atomgewichte aller Spaltprodukte, soweit sie bisher feststellbar sind, soll an anderer Stelle in Gemeinschaft mit Prof. Mattauch vorgenommen werden.

Physikalische Veränderungen der Arbeitsbedingungen als Hilfsmittel der Untersuchung.

Es ist nicht die Absicht dieser Mitteilung, die anderen bei der Kernspaltung auftretenden Elemente und Elementgruppen in ähnlicher Weise wie das Strontium zu besprechen. Dies würde einer Wiederholung aller auf diesem Gebiete durchgeführten chemischen Arbeiten gleichkommen. Es ist aber vielleicht von Interesse, noch einige Beispiele zu bringen, aus denen die Bedeutung von systematischen Änderungen bei der Art der Bestrahlung des Urans und der Messung der Spaltprodukte für die Aufklärung der Vorgänge hervorgeht.

1. Länge der Bestrahlung.

Ein wichtiger Punkt ist zunächst die Dauer der Bestrahlung. Hat man erst einmal einen gewissen Überblick über die auftretenden Glieder einer Gruppe oder eines Elements bekommen, dann läßt sich durch genaues Abwägen der Bestrahlungsdauer und auch durch Vornahme der einzelnen Trennungen zu verschiedenen Zeiten nach der Bestrahlung das unter Umständen fast hoffnungslos verwickelte Gemisch der verschiedenen Isotope und ihrer Umwandlungsprodukte in übersichtlichere Gruppen zerlegen. Von dieser Art der Arbeitsweise haben wir oben, sowohl bei der Besprechung der Vorversuche wie bei dem ausführlicher besprochenen Strontium schon weitgehend Gebrauch gemacht.

2. Energie der einwirkenden Neutronen.

Die oben als Beispiele gebrachten und auch alle die anderen im Kaiser-Wilhelm-Institut untersuchten Spaltprozesse werden am stärksten mittels verlangsamter Neutronen ausgelöst. Die bis vor kurzem von uns fast ausschließlich als Neutronenquelle verwendeten Radium-Beryllium-Röhrchen waren von Paraffin umgeben, und in einigen Zentimetern Abstand befanden

[1] Weitere Einzelheiten über die Krypton-Strontium-Gruppe siehe unter: W. Seelmann-Eggebert, Naturw. **28**, 451, 1940; H. Götte, Naturw. **28**, 496, 1940; O. Hahn und F. Strassmann, Naturw. **28**, 455, 1940.

sich die zu bestrahlenden Präparate. Hinter den Präparaten waren weiter. dicke Paraffinschichten angebracht. Wird bei sonst gleicher geometrischer Anordnung das Paraffin fortgelassen, dann sind die Ausbeuten an Spalte produkten sehr viel kleiner. Thermische Neutronen sind die wirksamsten. Die chemische Natur der Spaltprodukte war aber, bei verkleinerter Ausbeute, auch bei Verwendung der energiereichsten Neutronen aus den Radium-Beryllium-Präparaten immer die gleiche.

Dies wird ganz anders, wenn die sehr energiereichen, bis zu 17 MeV. betragenden Neutronen der Li-D-Reaktion (Einwirkung von Deuteronen auf Li in Hochspannungsanlagen) zur Bestrahlung Verwendung finden. Wie zuerst japanische Forscher[1] feststellten und amerikanische[2] bestätigten, treten mit diesen sehr energiereichen Neutronen völlig neue Spaltprozesse auf. Es entstehen Isotope der Elemente Ruthenium (44), Rhodium (45), Palladium (46), Silber (47), Cadmium (48) und Indium (49). Die Spaltprozesse verlaufen in diesem Falle also symmetrischer als mit langsamen Neutronen. Zweifellos werden neben diesen symmetrischen Spaltungen auch die bekannten übrigen Spaltungsprozesse ausgelöst, denn in dem Spektrum der Li-D-Neutronen kommen auch langsamere Neutronen in erheblichem Betrage vor. Bei einigen orientierenden Versuchen über das Auftreten der symmetrischen Spaltungen bei Li-D-Bestrahlungen und Abdecken der Neutronen mit Cadmium und Bor fanden wir die Ausbeuten an symmetrischen zu den bisher bekannten Spaltungen wie etwa 1 : 1. Werden also Bestrahlungen mit unverlangsamten Li-D-Neutronen vorgenommen, so muß auf das Auftreten aller Spaltelemente bei der chemischen Analyse Rücksicht genommen werden.

Schließlich kommen bei der Bestrahlung des Urans auch noch sog. Resonanzprozesse vor, bei denen Neutronen einer bestimmten Energie an das Uran angelagert werden (n, γ-Prozeß)[3], oder auch Prozesse, bei denen mit dem ursprünglich eingestrahlten Neutron ein zweites Neutron den Urankern verläßt (n, 2n-Prozeß)[4]. Im ersteren Fall bildet sich das schon vor dem Auffinden der Uranspaltung festgestellte Uran-Isotop von 23 Min. Halbwertszeit[6], im letzteren ein Isotop von 7 Tagen Halbwertszeit[5]. Aus dem 23-Min.-Körper entsteht dann noch ein Isotop des Elements 93 mit einer Halbwerts-

---

[1] T. Yasaki, Sc. Pap. Inst. physic. chem. Res. Japan **37**, 457, 1940. Y. Nishina, T. Yasaki, K. Kimura und M. Ikawa, Phys. Rev. **58**, 660, 1940; **59**, 323, 677, 1941; Nature **146**, 24, 1940.

[2] E. Segrè und G. T. Seaborg, Phys. Rev. **59**, 212, 1941.

[3] L. Meitner, O. Hahn und F. Strassmann, ZS. f. Phys. **106**, 249, 1937.

[4] Y. Nishina, T. Yasaki, K. Kimura und M. Ikawa, Phys. Rev. **57**, 1182, 1940; T. Yasaki, Sci. Pap. l. c.; E. McMillan, Phys. Rev. **58**, 178, 1940.

[5] O. Hahn, L. Meitner, F. Strassmann, Ber. d. Dtsch. Chem. Ges. **69**, 912, 1936.

[6] E. McMillan, Phys. Rev. **58**, 178, 1940.

zeit von 2.3 Tagen[1]. Auf die eventuelle Anwesenheit auch dieser Körper muß man also Rücksicht nehmen, wenn man die einzelnen Spaltprodukte rein gewinnen will.

3. Stärke der Bestrahlung.

Es ist fast trivial, wenn man angibt, daß eine stärkere Bestrahlung des Urans und die damit einhergehende größere Ausbeute an Spaltprodukten Vorteile gegenüber schwächeren Präparaten hat. Es ist aber ganz instruktiv, an einem Beispiel zu zeigen, wie durch die Erhöhung der Intensität der Präparate die Untersuchung so geleitet werden kann, daß man Aussagen machen kann, die man mit schwachen Präparaten nicht machen konnte. Wir wählen als Beispiel das Barium. Hier hatten wir früher drei Isotope sicher nachgewiesen, eines von 14 Min., eines von 86 Min. und eines von ungefähr 300 Stunden Halbwertszeit. Das 14-Min.- und das 300-Stunden-Isotop geben noch aktive Lanthan-Isotope. Für das erste Lanthan schätzten wir die Halbwertszeit zu etwa $2^1/_2$ Stunden, die des letzteren bestimmten wir zu 44 Stunden[2]. Wir vermuteten, daß das 14-Min.-Barium ein primäres Spaltprodukt sei, während für die beiden anderen ihre Entstehung aus Xenon sicher nachgewiesen war[3].

Mit den wesentlich stärkeren Präparaten, die wir jetzt der Hochspannungsanlage des Max-Planck-Instituts verdanken, haben sich unsere Ergebnisse über das 14-Min.-Barium wesentlich geändert. Dieses Produkt ist seinerseits noch komplex und besteht aus zwei Isotopen, die ihrerseits noch zwei aktive Lanthan-Isotope nachbilden. Bei der üblichen Abklingungsmessung läßt sich dies nicht erkennen. Das mit dem sog. 14-Min.-Barium gleichzeitig anwesende 86-Min.-Isotop und das sich aus dem ersteren nachbildende Lanthan machen die Abfallskurve für eine sichere Auswertung zu verwickelt. Bei der starken Neutronenquelle der Hochspannungsanlage gingen wir folgendermaßen vor. Es wurde nur wenige Minuten lang bestrahlt. Dadurch entsteht nur sehr wenig 86-Min.-Barium, weil sich dieses erst aus einem Cäsium-Isotop von 7 Min. und einem Xenon von 45 Sek. Halbwertszeit (siehe Tabelle in Abb. 1) bildet.

Das Uran wurde nun unmittelbar nach seiner Bestrahlung so schnell wie möglich auf Barium verarbeitet. Das Barium wurde gelöst und die Lösung auf ein größeres Volumen aufgefüllt. Von dieser Vorratslösung wurden in Intervallen von je 6 Min. eine gewisse, allmählich gesteigerte Anzahl von Kubikzentimetern mit einigen mg Eisen versetzt und mittels des Eisens das in der Zwischenzeit nachgebildete Lanthan von Barium getrennt. Das letztere wurde quantitativ gefällt und je 2mal 2 Min. gemessen. Man erhält dabei

---

[1] E. McMillan, P. H. Abelson, Phys. Rev. **57**, 1185, 1940.
[2] O. Hahn und F. Strassmann, Naturw. **28**, 543, 1940.
[3] O. Hahn und F. Strassmann, Naturw. **27**, 529, 1939.

jedesmal die Aktivität der jeweils noch vorhandenen Barium-Isotope, frei von dem störenden Lanthan. Durch die systematische Steigerung der gefällten Menge aktiven Bariums aus der Vorratslösung bei jedesmal gleicher Menge an zugesetztem inaktivem Barium als Träger kann die über die 4 Min. gemessene Aktivität immer ungefähr gleich gehalten werden. Die Genauigkeit leidet also nicht durch das dauernd schwächer werdende aktive Barium. Bezieht man jetzt die gemessenen Aktivitäten immer auf das gleiche Volumen von Vorratslösung, dann erhält man die direkte Abklingung der reinen Barium-Isotope, frei von Zerfallsprodukten. Es zeigte sich dabei, daß die (auf die kleine Menge 86-Min.-Barium korrigierte) Abklingung des sog. 14-Min.-Bariums keiner einheitlichen Substanz entsprach. Wir erhielten eine gekrümmte Kurve, deren Auswertung auf die Anwesenheit eines mit knapp 6 Min. und eines mit etwa 18 Min. zerfallenden Bariums schließen läßt[1].

In einer anderen Reihe von Versuchen wurde dann das aus diesen Barium-Isotopen entstehende Lanthan genau untersucht. Man kommt hier zum Ziel, wenn man die Lanthan-Abtrennungen einmal dann vornimmt, wenn noch die Umwandlungsprodukte beider Barium-Isotope anwesend sind, das andere Mal, wenn nach dem Zerfall des 6-Min.-Bariums die Lanthan-Isotope zunächst abgetrennt und dann nach einer gewissen Wartezeit das Lanthan aus dem noch übrigen 18-Min.-Barium hergestellt und gemessen wird. Die Versuche sind noch nicht ganz abgeschlossen. Sicher bilden aber beide kurzlebige Barium-Isotope je ein aktives Lanthan-Isotop nach. Ihre Halbwertszeiten sind ungefähr 70 Min. und 3.5 Stunden[1].

Ein weiteres Ergebnis der Verwendung stärkerer Präparate ist der Nachweis, daß auch die beiden kurzlebigen Barium-Isotope aus Xenon entstehen müssen. Wir fanden beide mit Hilfe des »hochemanierenden« Urans an der negativ geladenen Platte. Daß wir das nunmehr als komplex erkannte 14-Min.-Barium früher nicht als Abkömmling des Xenons auffinden konnten, weist wieder, wie im obenbeschriebenen Fall des 7-Min.-Strontiums, auf kurzlebige Xenon-Isotope hin, von denen nur ein kleiner Teil aus dem Uran herausdiffundiert, bevor es zerfallen ist.

Das hier für die Vorteile stärkerer Strahlenquellen genauer beschriebene Beispiel des nunmehr als komplex nachgewiesenen Bariums von 14 Min. Halbwertszeit wird auch noch auf andere bisher für einheitlich gehaltene Isotope übertragen werden können, und zweifellos werden mit genügender Strahlungsintensität auch noch weitere Spaltprodukte aufgefunden werden. Manche entstehen teilweise nur sozusagen als Nebenreaktionen, wie sicher zwei der von uns aufgefundenen Brom-Isotope[2]. Nichts spricht dagegen,

---

[1] Einzelheiten hierüber folgen in einer demnächst erscheinenden Mitteilung von Hahn und Strassmann.

[2] O. Hahn und F. Strassmann, Naturw. **27**, 529, 1939; Naturw. **28**, 817, 1940.

daß noch andere Reaktionen eintreten, deren Intensität zu klein ist, als daß sie bisher hätten aufgefunden werden können. Für die restlose Aufklärung der Spaltungsvorgänge sind auch derartige Nebenreaktionen sicher von Bedeutung.

4. Härte der zur Untersuchung herangezogenen Strahlung.

Auf einen Punkt soll hier noch hingewiesen werden, der bei der Untersuchung der einzelnen Spaltprodukte von großer Wichtigkeit ist, nämlich einmal die Prüfung der Substanzen mit steigenden Schichten absorbierender Metallfolien und andererseits ihr Vergleich in Zählern normaler und solchen sehr geringer Wandstärke. Durch Zwischenschalten absorbierender Folien werden aus Gemischen verschiedener Atomarten diejenigen bevorzugt gemessen, die die durchdringenderen β-Strahlen aussenden. Es konnten nach dieser Methode Isotope aufgefunden werden, die sich bisher dem Nachweis entzogen hatten. Durch Verwendung von Zählrohren besonders geringer Wandstärke, z. B. von 5 μ statt der üblichen 100 μ Aluminium, werden die absorbierbaren β-Strahlen besonders günstig gemessen, und es gelingt der Nachweis von Isotopen, die im 100 μ Zählrohr nur schwach oder gar nicht in Erscheinung treten.

Für beide Arten der Untersuchung sollen ein paar Beispiele gegeben werden. Aus einem vor einiger Zeit nachgewiesenen, bei der Uranspaltung entstehenden Molybdän-Isotop, dessen Halbwertszeit wir zu 18 Minuten gefunden hatten[2], konnte ein Isotop des Elements 43 als Umwandlungsprodukt mit einer Halbwertszeit von 14 Minuten festgestellt werden. Der Abfall des Molybdäns erfolgte aber geradlinig, unabhängig davon, ob das Element 43 anwesend oder unmittelbar vorher abgetrennt worden war. Dieser Befund ließ sich so erklären, daß das erwähnte Molybdän noch aus 2 Isotopen besteht, deren eines die Muttersubstanz des 14-Minuten-Körpers ist, durch dessen Nachbildung also anfänglich zunimmt, während das andere von vornherein abnimmt und durch seine Abnahme die Zunahme des ersteren gerade kompensiert. Nach einer Anzahl anderer vergeblicher Versuche wurden frisch hergestellte Molybdän-Isotope aus der Uranspaltung durch verschieden dicke Aluminiumfolien hindurch gemessen. Dabei zeigte es sich, daß die gemessenen Halbwertszeiten mit zunehmender Dicke der absorbierenden Schichten von 18 Min. allmählich auf 12 Min. heruntergingen; zusätzliche Folien änderten dann an diesem Wert nichts mehr (Abb. 17). Damit war die Existenz eines neuen Molybdän-Isotops von 12 Min. Halbwertszeit bewiesen. Eine Verwechslung mit dem aus dem Molybdän entstehenden 14-Min.-Isotop des Elements 43 war ausgeschlossen, denn die Nachbildung dieses Folgeproduktes hätte sich in einer Verzögerung, nicht

[2] O. Hahn und F. Strassmann, Naturw. **29**, 369, 1941; ZS. f. Physik **117**, 789, 1941.

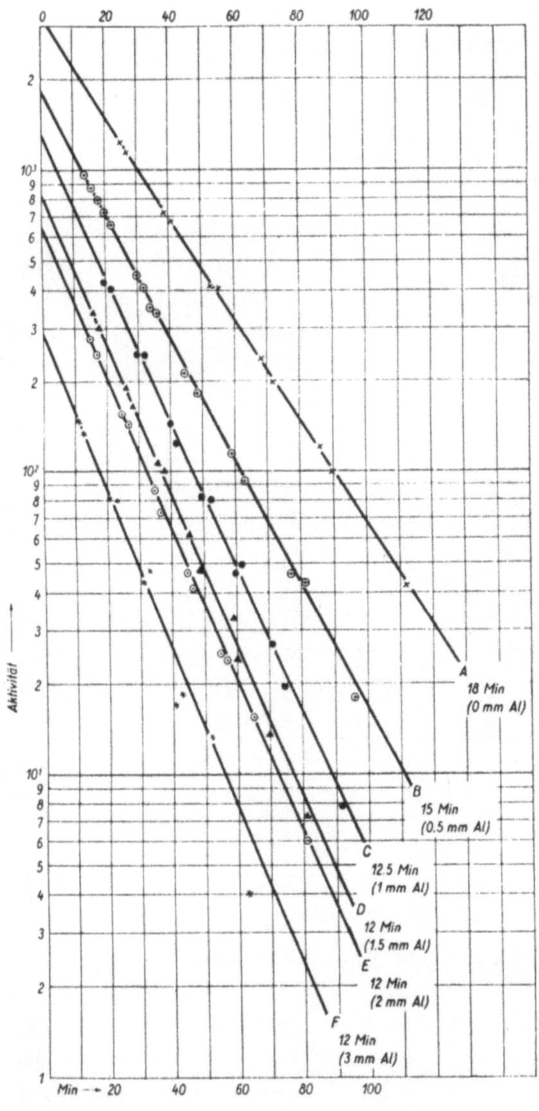

Abb. 17.

Nachweis der komplexen Natur des aktiven Molybdäns.

aber in einer Verringerung der 18-Min.-Abnahme gezeigt[1]. Außerdem werden die β-Strahlen des Elements 43 von 14 Min. Halbwertszeit durch 2—3 mm Aluminium vollständig absorbiert.

Nach diesem Beispiel, bei dem zusätzliche absorbierende Folien zur Auffindung eines neuen, durchdringende β-Strahlen emittierenden Spaltproduktes geführt haben, noch ein paar Beispiele, aus denen sich die Vorteile eines sehr dünnwandigen Zählrohres für die Messung stark absorbierbarer Strahlen ergeben. Weiter oben wurde schon darauf hingewiesen, daß bei der Bestrahlung des Urans mit Neutronen neben der eigentlichen Kernspaltung auch ein Resonanzprozeß und ein (n-2n)-Prozeß auftreten, die zu künstlich aktiven Isotopen des Urans selbst führen. Das eine dieser Isotope ist der schon länger bekannte, nach einem n, γ-Prozeß entstehende mit 23 Minuten Halbwertszeit zerfallende Körper[2]. Bei seiner Umwandlung entsteht, wie amerikanische Forscher nachgewiesen haben, ein aktives Isotop des Elements 93, das mit 2.3 Tagen Halbwertszeit zerfällt[3].

[1] Einzelheiten über die zunächst recht verwickelten Vorgänge beim Molybdän siehe bei W. Maurer und R. Ramm, Naturw. **29**, 368, 1941 und Hahn und Strassmann, l. c. Naturw. und ZS. f. Phys., l. c.

[2] O. Hahn, L. Meitner und F. Strassmann, Ber. d. Dtsch. Chem. Ges., l. c.

[3] McMillan und Abelson, Phys. Rev., l. c.

Das andere Uran-Isotop entsteht, worauf schon hingewiesen wurde, mit sehr schnellen Neutronen nach einem n, 2n-Prozeß. Es wurde zuerst von japanischen Forschern[1] aufgefunden und von amerikanischen bestätigt[2]; es hat eine Halbwertszeit von 7.0 Tagen. Aus den Untersuchungen der genannten Autoren geht hervor, daß sowohl der 2.3-Tage-Körper- wie das Uran-

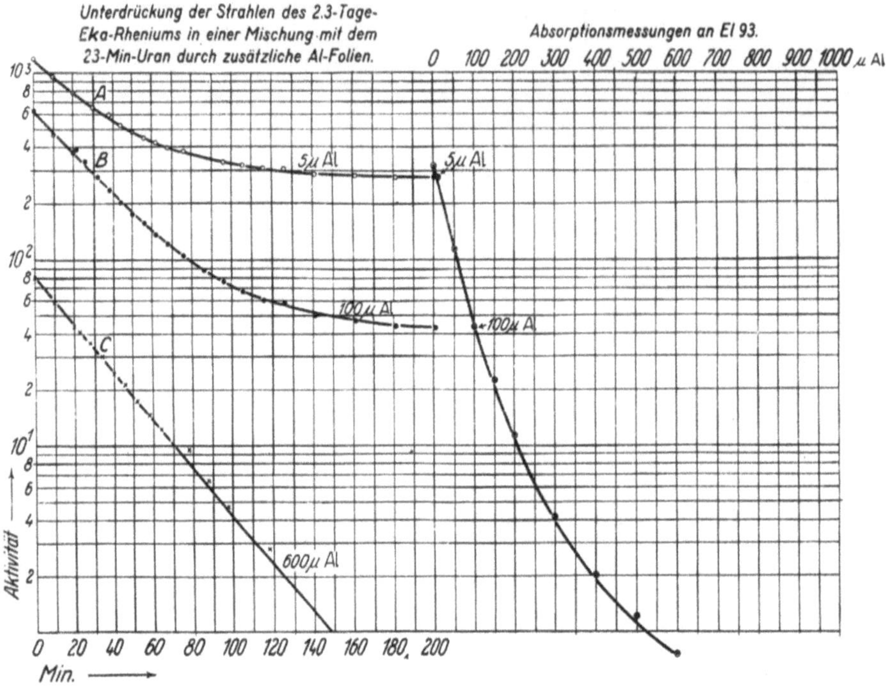

Abb. 18.

Isotop von 7 Tagen Halbwertszeit keine sehr durchdringenden β-Strahlen aussenden. Für den 2.3-Tage-Körper wurde dies auch von Starke festgestellt[3]. Ihr Nachweis ist deshalb in dem normalen 100-μ-Zähler nicht ganz leicht, zum mindesten bedarf es dafür erheblicher Aktivitäten. Hier zeigen sich nun die Vorteile des dünnwandigen Zählrohrs gegenüber dem 100-μ-Zählrohr und noch mehr gegenüber zusätzlich vorgeschaltetem Aluminium. In der Abbildung ist die Abklingung einer Mischung des 23-Min.-Urans mit dem 2.3-Tage-Körper etwa gleicher Strahlenintensität wiedergegeben, wenn in einem 5-μ-, einem 100-μ-Zählrohr und schließlich mit noch

---

[1] Y. Nishina, T. Yasaki, K. Kimura und M. Ikawa, Phys. Rev. 57, 1182, 1940; T. Yasaki, Sci. Pap., l. c.

[2] E. McMillan, Phys. Rev. 58, 178, 1940.

[3] K. Starke, Naturwissensch. 30, 107, 1942.

zusätzlichem 500-μ-Aluminium gemessen wurde. Die für die drei Messungen verwendeten Präparate wurden ein und derselben Vorratslösung entnommen, die naturgemäß etwas gewöhnliches Uran enthielt. Für die Prüfung durch die 100 μ dicke Aluminiumschicht wurde etwa doppelt so viel wie für die Messung im 5-μ-Zähler, für die durch die zusätzlichen 500 μ Aluminium erheblich viel mehr verwendet. Die geringe Aktivität des Urans bzw. des sich nachbildenden Uran X wurde für jede Probe ermittelt und von den experimentellen Werten abgezogen. Für den Vergleich der Strahlenabsorption wurden die Meßergebnisse dann auf gleiche Menge Ausgangssubstanz bezogen (Abb. 18). Die Kurve A der Abbildung (Messung durch 5 μ Aluminium) biegt schon gleich nach Beginn der Messung um, und man sieht deutlich, daß eine Mischung etwa gleicher Teile der beiden Substanzen vorliegt. Bei der Kurve B ist der 23-Minuten-Körper sehr stark bevorzugt. Nach etwa 200 Minuten ist der 23-Minuten-Körper zerfallen, die Aktivitäten der Kurven A und B nach dieser Zeit verhalten sich wie 6 : 1, ein Beweis, daß die Strahlen des 2.3-Tage-Körpers sehr viel absorbierbarer sind als die des 23-Min.-Uran-Isotops. Die Kurve C schließlich läßt praktisch nichts mehr von den weichen β-Strahlen des 2.3-Tage-Körpers erkennen. Man erhält die reine 23-Min.-Abnahme des Uran-Isotops.

Noch absorbierbarer als die Strahlen des 2.3-Tage-Körpers sind die des 7-Tage-Uran-Isotops, das bei der Bestrahlung des Urans mit schnellen Neutronen entsteht. Die β-Strahlen dieser Substanz sind im normalen 100-μ-Zähler praktisch nicht mehr nachweisbar, wenn man nicht sehr hohe Intensitäten zur Verfügung hat. Im 5-μ-Zählrohr läßt sich die Substanz dagegen ohne Schwierigkeit erkennen und ihre Abklingung bestimmen. Da das 7-Tage-Uran gemeinsam mit dem gewöhnlichen Uran ausgefällt wird, gäbe eine über Wochen hinaus durchgeführte direkte Abklingungskurve mit ein und demselben Niederschlag wegen der unvermeidlichen Nachbildung des Urans X nur recht unsichere Werte. Wie in anderen Fällen wurde deshalb auch hier so verfahren, daß aus einer Vorratslösung des 7-Tage-Körpers + dem Uran in regelmäßigen Zwischenräumen ein bestimmter Anteil als Uran-Natriumacetat ausgefällt wurde, wobei das Uran X entfernt wird. Genau gewogene Mengen des Niederschlags, und zwar zur Kontrolle jedesmal vier Proben, wurden dann hintereinander im 5-μ-Zähler gemessen. Die α-Strahlen des Urans wurden dabei noch durch eine zu ihrer Absorption gerade hinreichende Schichtdicke von Cellophan unschädlich gemacht. Die durch die etwas wechselnden Schichten streuenden Werte werden durch die vier Meßpunkte ganz gut ausgeglichen, wenigstens am Anfang der Kurve, wo die Intensität des 7-Tage-Körpers noch einigermaßen stark ist. Die Abbildung gibt das Ergebnis einer solchen Meßreihe (Abb. 19). Die Gerade ist mit einer Halbwertszeit von ~ 7 Tagen durch die Meßpunkte hindurchgelegt. Man sieht, sie schließt sich den gefundenen Aktivitäten in durchaus befriedigender Weise an. Die Angaben der japanischen und amerikanischen Forscher finden damit eine gute Bestätigung.

Obgleich das zuletzt kurz besprochene Uran-Isotop von 7 Tagen und das Element 93 von 2.3 Tagen Halbwertszeit keine Spaltprodukte des Urans

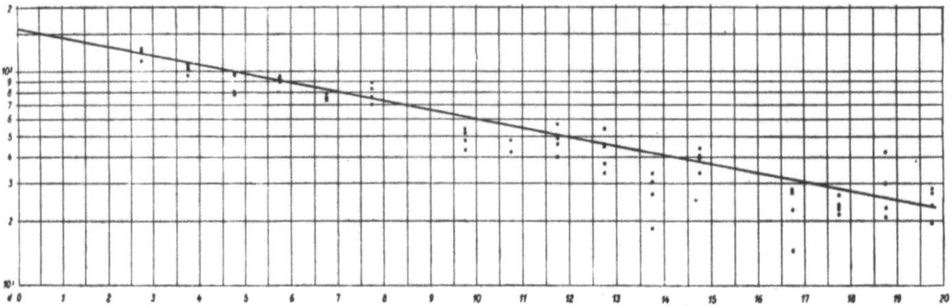

Abb. 19. Das Uran-Isotop von 7 Tagen Halbwertszeit.

sind, wurden sie bei unsern Betrachtungen über die Entwirrung der Spaltprodukte erwähnt, denn es muß ja auch auf diese während der Bestrahlung entstehenden Atomarten bei den einzelnen Trennungen Rücksicht genommen werden.

Schlußbemerkungen.

Die im vorigen unter 1—4 besprochenen physikalischen Veränderungen bei der praktischen Untersuchung der Spaltungsreaktionen können natürlich keinen Anspruch auf Vollständigkeit machen. Sie brachten nur das, was sich bei der chemischen Aufklärung mit unseren Hilfsmitteln als vorteilhaft herausgestellt hat. Für den Physiker bleiben noch die verschiedensten Wege zum genaueren Einblick in die Vorgänge offen. Es sei hier nur hingewiesen auf die Untersuchung der Strahlen nach der Wilsonschen Nebelmethode, wobei man direkte Aussagen über die Energie der untersuchten β-Strahlen und über ihre elektrische Ladung machen kann. Der Ladungssinn, ob positiv oder negativ, läßt sich natürlich auch in Zählern mit vorgeschaltetem Magnetfeld ermitteln. Zur Feststellung, ob ein Spaltprodukt mit einer in der Literatur bereits beschriebenen, auf dem üblichen Wege gewonnenen künstlichen Atomart identisch ist oder nicht, hat sich die Kontrolle des Ladungsvorzeichens schon von Vorteil erwiesen[1].

Zur feineren Untersuchung der einzelnen Strahlengruppen kann dann das β-Strahlenspektrometer herangezogen werden, wobei auf anderem Wege als der direkten Absorptionsmessung die Energieverteilung der von

[1] W. Bothe und A. Flammersfeld, Naturw. **29**, 194 (1941).

den einzelnen Atomarten emittierten β-Strahlen bestimmt werden kann. Hierbei ergibt sich zugleich ein Weg, um festzustellen, ob die gefundenen Elektronen Kern-β-Strahlen sind, also zum Element höherer Ordnungszahl führen oder ob ein angeregtes Atom in den Grundzustand desselben Atoms übergeht und dabei durch sogenannte innere Umwandlung Elektronen diskreter Energien, d. h. also ein Elektronen-Linienspektrum aussendet. Untersucht man noch die bei den Kernvorgängen ausgelöste charakteristische Röntgenstrahlung des Atoms, so kann man die Ordnungszahl des Folgeproduktes feststellen und z. B. auch das Vorliegen eines K-Elektroneneinfangs nachweisen.

Auf diese zuletzt gestreiften physikalischen Untersuchungsmöglichkeiten, die sich an anderen Stellen, vor allem in Amerika mit seinen starken Strahlenquellen, als sehr erfolgreich bewährt haben, brauchte hier nicht eingegangen zu werden, weil hier nur ein Überblick über die Arbeitsweise des Chemikers gegeben werden sollte. Für die restlose Erfassung aller Vorgänge ist natürlich auch hier die Zusammenarbeit von Physik und Chemie unerläßlich. Vor allem ist zu hoffen, daß auch in Deutschland nach Aufstellen von mehr und stärkeren Strahlenquellen, als sie bisher zur Verfügung standen, die Möglichkeiten für die Untersuchung nach allen Richtungen hin ausgenutzt werden.

Anhang III

Die chemische Abscheidung der bei der Spaltung des Urans entstehenden Elemente und Atomarten (Allgemeiner Teil)

Vorbemerkung.

In einer Mitteilung »Einiges über die experimentelle Entwirrung der bei der Spaltung des Urans auftretenden Elemente und Atomarten«[1] wurde an einer Reihe von Beispielen gezeigt, wie man aus den Aktivitätskurven der Präparate Schlüsse ziehen kann auf die Einheitlichkeit oder Vielfalt der in den Präparaten vorliegenden Atomarten; ob es sich um Isotope desselben Elements oder um Umwandlungsfolgen handelt. Vor allem an dem Beispiel der bei der Spaltung auftretenden zahlreichen Strontiumisotope, ihrer Umwandlungsprodukte und ihrer Muttersubstanzen wurde der Weg der Entwirrung systematisch dargelegt und schließlich auch auf die Bedeutung hingewiesen, die den Änderungen der physikalischen Arbeits- und Meßbedingungen für die Interpretation der Vorgänge zukommt.

Die Verfahren zur chemischen Reinherstellung der Elemente wurden dabei nur gelegentlich und nebenbei gestreift.

Nun ist die Aufklärung über die bei der Spaltung auftretenden zahlreichen Atomarten nicht nur als Selbstzweck von Bedeutung, sondern unter den Spaltprodukten befinden sich auch eine ganze Anzahl aktiver Isotope, die für Indikatorenversuche geeignet sind. Ein Teil von ihnen ist nach den üblichen Kernprozessen überhaupt nicht darstellbar oder bisher nicht dargestellt worden. Bei einem anderen Teil bietet die Herstellung aus dem Uran anstatt nach der üblichen Gewinnung aus dem gleichen oder Nachbarelement erhebliche Vorteile. Deshalb scheint es wünschenswert, die chemische Abscheidung der Spaltprodukte einmal im Zusammenhang zu beschreiben, dabei aber auch auf die Methoden der Gewinnung kurzlebiger Isotope näher einzugehen. Denn für das Verständnis der Vorgänge sind gerade die kurzlebigen Körper als vermutliche Anfangsglieder der Umwandlungsreihen von besonderem Interesse; aus diesem Grunde sind aber die hier benutzten Verfahren von den bekannten bewährten analytischen Trennverfahren wegen der Notwendigkeit schnellen Arbeitens in mancher Beziehung verschieden.

Es empfiehlt sich, vor der Besprechung des eigentlichen Themas zunächst etwas über das Arbeiten mit radioaktiven Atomarten überhaupt zu sagen. Im wesentlichen handelt es sich dabei um Erfahrungen, die im Kaiser-Wilhelm-Institut für Chemie im Laufe der Jahre gesammelt worden sind. Es

---

[1] O. Hahn, F. Straßmann u. H. Götte, Abhandl. Preuß. Akad. Wiss., Jg. 1942, Math.-naturw. Kl. Nr. 3.

folgen dann allgemeine Angaben über die Verarbeitung des Urans, die Abscheidung der Edelgase, Hinweise auf den Analysengang mit einigen analytischen Erleichterungen und einiges über die Verarbeitung und Messung der Präparate. Die systematische Beschreibung der Abscheidung der einzelnen Elemente und ihrer Isotope soll dann später in einem »Speziellen« Teil erfolgen.

Unterschied zwischen chemischen und radioaktiven Methoden.

Zwischen den üblichen chemischen und den radioaktiven Untersuchungsmethoden besteht ein prinzipieller Unterschied. Bei den chemischen Reaktionen werden die unveränderlichen, stabilen Elemente zur Untersuchung gebracht. Dazu sind im allgemeinen Trillionen von Atomen oder Molekülen notwendig. Bei den radioaktiven Methoden werden die im Augenblick der Messung sich umwandelnden Atome durch die dabei emittierten Strahlenteilchen gemessen. Die in der Zeiteinheit sich umwandelnden Atome, nicht die Anzahl der vorhandenen, sind also ein Maß für die Nachweisbarkeit. Auf diese Weise gelingt der Nachweis radioaktiver Elemente weit unter der Erkennbarkeit gewöhnlicher chemischer Elemente. Denn die emittierten Strahlenteilchen lassen sich herunter bis zu den einzelnen Atomen, die die Teilchen aussenden, nachweisen. Daß dies möglich ist, rührt von der großen Energie her, mit der die Strahlenteilchen aus den sich umwandelnden Atomen emittiert werden. Die dadurch bewirkte starke Ionisation der von den Teilchen getroffenen Gasmoleküle genügt zum Erkennen des einzelnen Strahlenteilchens in der Wilsonkammer oder einem Zählrohr.

Auch kleinste Substanzmengen behalten ihre spezifischen Eigenschaften.

Wenn nun der Nachweis so empfindlich ist, dann fragen wir uns: bis zu welcher Grenze behalten die Atome der Elemente ihre spezifischen chemischen Eigenschaften? Hören die charakteristischen Reaktionen nicht allmählich auf? Da ist es vielleicht ganz interessant, an die Versuche zu erinnern, die Hahn und Straßmann seinerzeit zur Auffindung der Uranspaltung geführt haben.

Bei der Bestrahlung des Urans mit Neutronen wurden einige künstlich aktive Atomarten gefunden, die man für Isotope des Radiums halten mußte. Es handelte sich damals um wenige tausend Atome, also Gewichtsmengen von etwa trillionstel Grammen. Als Träger für diese winzigen Mengen diente das Barium, das dem Radium ja sehr ähnlich ist. Unsere vermeintlichen Ra-Isotope verhielten sich aber nicht ganz so, wie wir für Ra annehmen mußten. Wir konnten es beim Fraktionieren vom Ba nicht trennen, obgleich wir Wege einschlugen, die sich in vieljähriger Erfahrung für die Trennung des Radiums bzw. seiner Isotope Mesothor und Thor X vom Barium immer wieder bewährt hatten. Um nun zu prüfen, ob die wenigen tausend Atome unserer künstlich aktiven Atomarten sich doch nicht mehr als einwandfreie chemisch charakterisierte Elementvertreter verhielten, stellten wir uns winzig kleine Aktivitätsmengen von natürlichen Ra-Isotopen, Mesothor und Thor X her. Die kleinen Mengen verhielten sich genau so wie sie sollten. Sie ließen sich als Bromide und Chloride anreichern, als Carbonate abreichern.

Dann mischten wir unsere schwachen künstlichen mit den schwachen natürlichen Isotopen, wiederholten die Fraktionierungen mit Barium und sahen, daß das natürliche Ra sich genau so, wie es sollte, allmählich vom Ba trennen ließ, das künstliche nicht. Der Beweis für die Zerspaltung des Urans war damit erbracht.

Durch diese Versuche sehen wir also, daß die chemischen Eigenschaften bis hinab zu den minimalsten Konzentrationen erhalten bleiben.

Scheinbare Ausnahmen bei oberflächenreichen Niederschlägen.

Wenn nun beim Arbeiten mit aktiven Atomarten gelegentlich Ausnahmen gegen die chemische Natur des ihnen zugehörigen Elementes aufzutreten scheinen, dann können wir umgekehrt sagen, daß das inaktive Element sich unter den gegebenen Bedingungen ebenso verhalten würde wie das viel leichter nachweisbare aktive Element.

Solche scheinbaren Ausnahmen trifft man des öfteren an.

Bleisalze fallen bekanntlich mit überschüssiger Natronlauge nicht aus, wohl aber mit Ammoniak. Fällt man aber z. B. kleine Mengen von Eisensalz, die das Blei-Isotop Th B enthalten, mit überschüssiger Natronlauge aus, dann geht das aktive Blei nicht etwa in Lösung, sondern fällt genau so quantitativ mit dem Eisenhydroxyd wie bei der Fällung mit Ammoniak. Die kleinen Mengen von Blei werden von dem oberflächenreichen Eisenhydroxydniederschlag adsorbiert. Gewöhnliches Blei würde genau das gleiche tun. Man kann hier sogar das Adsorptionsvermögen oberflächenreicher Hydroxydniederschläge durch allmähliche Zugabe von inaktivem Blei zum aktiven prüfen.

Auf einem ähnlichen Vorgang beruht ein Trennungsverfahren des Urans vom Uran X. Bei diesem wird das Uran zusammen mit Eisenhydroxyd als Ammonuranat mit Ammoniak gefällt und das Ammonuranat durch Behandeln mit Ammoncarbonat wieder in Lösung gebracht. Zu erwarten wäre, daß das mit dem Eisen ausgefällte Thorisotop Uran X wieder in Lösung geht, da Thoriumhydroxyd in Ammoncarbonat löslich ist. Es bleibt indessen am Niederschlag des Eisens adsorbiert, obwohl wägbare Mengen von Thorhydroxyd auf diese Weise vom Eisen zu trennen wären.

Umgekehrt könnte man sicher unwägbare Mengen eines Uran-Isotops von wägbaren Mengen Thorium auf genau die gleiche Weise trennen: das Uran würde vom Eisenhydroxyd adsorbiert, das Thorium ginge in Lösung.

Bei oberflächenreichen, amorphen oder mikrokristallinen Niederschlägen ist also mit einem Mitreißen von nicht zu den Niederschlägen gehörigen Atomarten immer zu rechnen. Man muß deshalb den Niederschlag durch Umfällen reinigen. Und zwar geschieht dies zweckmäßig in der Weise, daß man das den Niederschlag verunreinigende, fremde Element bei der Umfällung in wägbarer Menge zugibt, wodurch die abzutrennende aktive, mit dem zugegebenen Element isotope Atomart so stark verdünnt wird, daß der bei der Umfällung erneut adsorbierte Anteil radioaktiv nicht mehr oder kaum mehr nachweisbar ist. Nochmaliges Umfällen unter den gleichen Bedingungen macht die Abtrennung auch hartnäckig mitgerissener Atomarten vollständig. Die Menge an zuzugebendem inaktivem Element hängt natürlich davon ab, ob man auch die von dem oberflächenreichen Niederschlag mit dem zugegebenen Element abzutrennende aktive Atomart gewinnen will oder nicht. Will man sie in kleinen Gewichtsmengen abscheiden, dann stören natürlich zu große Zugaben an zugegebenen inaktiven.

Ein Beispiel aus der »Uranspaltung« ist die Gruppentrennung »seltene Erden« von den Erdalkalimetallen. Die Erden werden mit einigen mg Eisen als Träger mit kohlensäurefreiem Ammoniak gefällt. Zur Verhinderung des Mitfällens von aktivem Barium und Strontium gibt man 100 bis 200 mg Barium oder Strontium oder beide Elemente zu. Nach nochmaliger Umfällung ist das Eisen sicher absolut frei von den aktiven Erdalkalimetallen, auch wenn das Ammoniak nicht völlig carbonatfrei war; und jetzt kann man an die Trennung der mit dem Eisen abgeschiedenen Erden usw. voneinander gehen, ohne befürchten zu müssen, daß Yttrium- und Lanthan-Isotope aus Resten von nicht entferntem Strontium oder Barium — den Muttersubstanzen des Yttriums und Lanthans — nachgebildet werden.

Vorteile grob kristallisierter Niederschläge.

Im Gegensatz zu den genannten oberflächenreichen Niederschlägen haben oberflächenarme, kristallisierte Niederschläge nur ein sehr geringes Adsorptionsvermögen für fremde Atomarten. Hier gelingt es oft, durch eine einmalige Fällung das radioaktive Isotop mit dem Salz des inaktiven isotopen Trägerelements aus einer Mischung der verschiedenen aktiven Atomarten rein abzuscheiden.

Gute Beispiele hierfür finden sich bei der Verarbeitung der zahlreichen Isotopenmischungen, die bei der Uranspaltung auftreten. So kann man z. B. die aktiven Barium-Isotope nach Zugabe wägbarer Bariummengen aus der salzsauren Lösung des bestrahlten Urans mittels konzentrierter Salzsäure bei einmaliger Fällung des Bariumchlorids praktisch rein, bei der Umfällung des Bariums sogar absolut frei von allen anderen Spaltprodukten erhalten und auch frei vom Uran und seinem Umwandlungsprodukt U X. Die Bariumausbeute ist dann allerdings nicht ganz quantitativ, sie läßt sich aber durch eine Bariumbestimmung in der üblichen Weise leicht feststellen. Würde man statt des in der starken Salzsäure schwer löslichen Bariumchlorids etwa das zur quantitativen Bariumfällung gewöhnlich verwendete unlösliche Bariumsulfat wählen, dann würden an dem sehr oberflächenreichen Bariumsulfat eine ganze Anzahl anderer künstlich aktiver Atomarten, einschließlich Uran und Uran X, teilweise adsorbiert werden, die Methode würde also nicht zum Ziele führen.

Ähnlich schöne Abscheidungsmethoden wie für das Barium als Bariumchlorid haben wir für das Cäsium im Cäsiumsilicowolframat, für das Uran im Uranylnatriumacetat, für das Zirkon im Zirkonoxychlorid. Im letzteren Falle darf allerdings aktives Barium mit wägbaren Mengen von Barium nicht anwesend sein, weil in der stark salzsauren Lösung, aus der das Oxychlorid gefällt wird, das Ba als Chlorid ja ebenfalls gefällt würde; in dem Niederschlagsgemisch wären also sowohl das aktive Zirkon wie das aktive Barium.

Die Voraussetzung für die günstig verlaufenden, also die reinen Isotope allein liefernden Reaktionen ist die gute Kristallisierbarkeit der Niederschläge. Dabei ist es nicht einmal nötig, daß die auszufällende aktive Atomart isotop mit dem inaktiven Trägermetall ist. Es genügt, wenn die aktive Atomart Mischkristalle mit dem Trägerelement in der zur Fällung verwendeten Verbindung bildet. So fällt das Ba neben dem Sr mit Strontiumnitrat, das Cs neben Rb mit dem Rb-Zinnchlorid usw., das Element 93 im 6wertigen Zustand mit dem Uranylnatriumacetat.

Die Vorbereitung des bestrahlten Urans zur Analyse.

Bei den in Deutschland bisher zur Verfügung stehenden künstlichen Strahlenquellen und vor allem bei der Verwendung von Radium-Beryllium-Präparaten als Neutronenquellen ist zur Gewinnung der einzelnen Spaltprodukte die vollständige Abtrennung vom Uran wegen des daraus entstehenden β-strahlenden Uran X unbedingt erforderlich. 10 g Uran haben nämlich schon eine durch das Uran X verursachte β-Aktivität, die im Geiger-Müller-Zählrohr mehr als 1 Million Teilchen pro Minute ausmacht. Dagegen ist die Ausbeute an den einzelnen Spaltprodukten, bei Verwendung von 1 g Radium + Beryllium als Neutronenquelle, selbst wenn die Neutronen verlangsamt in günstigster Stellung des Präparats wirksam sind, mindestens drei Größenordnungen geringer. Um also die Spaltprodukte in nicht zu geringer Intensität zu erhalten, müssen u. U. größere Uranmengen (bis zu einigen hundert Gramm) bestrahlt werden.

Je nach der Menge des bestrahlten Urans bieten sich nun verschiedene Wege zur Verarbeitung des Urans. Handelt es sich um mehrere hundert Gramm bestrahlten Urans, dann liegt dies zweckmäßig in Form des Nitrats vor, wobei es gleichgültig ist, ob die Bestrahlung des Urans in Lösung oder mit dem festen Salz vorgenommen wird. Wird nun das Urannitrat einige Male fraktioniert kristallisiert, dann enthalten die jeweils ersten Kristallfraktionen des Uranylnitrats praktisch keine Spaltprodukte, und man kann auf diese Weise schon den größten Teil des Urans entfernen. Allerdings verbleibt dabei die Gesamtmenge des Urans X in den Laugen bei den Spaltprodukten und muß später von ihnen abgetrennt werden. Die Weiterverarbeitung kann dann in verschiedener Weise erfolgen, je nachdem, welche Spaltprodukte bevorzugt gewonnen werden sollen (spezieller Teil).

Schneller kommt man zu kleineren Uranmengen mit Hilfe der »Äthermethode«: Das Uran wird als kristallisiertes wasserhaltiges Nitrat bestrahlt und nach der Bestrahlung in einem Schütteltrichter in Äther gelöst. Auf je 10 g Uransalz braucht man dabei etwa 10 ccm Äther. Die dabei entstehende, vom Kristallwasser herrührende wäßrige Phase enthält neben wenig Uranylnitrat praktisch alle Spaltprodukte. Durch nochmaliges Ausziehen der Ätherlösung mit wenig Wasser kann man die Ausbeute an Spaltprodukten noch verbessern, erhöht dabei allerdings auch die später wieder abzutrennende Uranmenge. Immerhin kann man auf diese Weise innerhalb kurzer Zeit — bei nicht allzugroßen Uranmengen in wenigen Minuten — ungefähr 90 % des Urans von den Spaltprodukten abtrennen. Auch hier befindet sich das Uran X noch bei den Spaltprodukten.

Zur Weiterverarbeitung bieten sich drei Wege dar:

1. Die Abscheidung des Urans als Natriumpyrouranat durch Fällen der Uranlösung mit Natronlauge. Hierbei Abtrennung des größten Teils der künstlichen Alkali- und Erdalkalimetalle vom Uran und vom Uran X.

2. Die Auflösung des als Ammonpyrouranat mit Ammoniak gefällten Urans zu Uranammoncarbonat durch Auflösen des Niederschlags in überschüssigem Ammoncarbonat. Hierbei Abtrennung des Urans von den künstlich aktiven Erden, dem Zirkon, Niob usw. Das Uran X bleibt dabei bei den Erden.

3. Die Fällung des Urans als Uranylnatriumacetat, durch Fällen mit Natriumacetat aus essigsaurer Lösung. Hierbei Abtrennung des größten Teils des Urans von allen Spaltprodukten einschließlich Uran X.

Einzelheiten hierüber werden im speziellen Teil besprochen.

Für die Gewinnung einer Reihe von Spaltprodukten ist die vorherige Abtrennung oder Abreicherung des Urans gar nicht nötig, so z. B. für die mit H_2S fällbaren Metalle. Auch die Erdalkalimetalle Barium und Strontium kann man unmittelbar aus dem bestrahlten Uranpräparat gewinnen. Für die Bestrahlung wählt man dabei das Uran in Form des Ammoniumpyrouranats, das man durch Fällen eines Uransalzes mit Ammoniak leicht gewinnen kann. Die Bariumfällung erfolgt dann aus dem in starker Salzsäure gelösten Uranat. Für die Abscheidung des Strontiums (plus Barium) verwendet man das Uranylnitrat, weil diese Fällung aus stark salpetersaurer Lösung vorgenommen wird (Einzelheiten siehe später). Da diese Erdalkalimetalle sehr leicht in reiner Form abgeschieden werden können, hat man hier auch einen sehr bequemen Weg zur Herstellung der aus den Erdalkalimetallen entstehenden Folgeprodukte Lanthan, Cer und Yttrium.

Abscheidung der Edelgase vom Uran.

Eine sehr schöne Methode zur Gewinnung einer ganzen Anzahl von Spaltprodukten bietet sich durch die räumliche Entfernung der bei der Uranspaltung sich bildenden Edelgase Xenon und Krypton. Sie lassen sich mit einem Luftstrom, der durch die Uranlösung geleitet wird, während oder auch nach der Bestrahlung vom Uran trennen und entweder unmittelbar zur Messung bringen oder aber an Adsorptionsmitteln bei tiefer Temperatur abscheiden, wo sie dann ihrerseits ihre Zerfallsprodukte bilden. Durch entsprechende Einstellung der zur Adsorption gewählten Temperatur kann sogar eine praktisch vollständige Trennung des Kryptons vom Xenon und damit des Rubidiums, Strontiums und Yttriums vom Cäsium, Barium und Lanthan erzielt werden. Umwandlungsprodukte sehr kurzer Halbwertszeit können auf diese letztere Weise allerdings nicht gewonnen werden, weil die Verarbeitung des Adsorptionsmittels immerhin einige Minuten Zeit in Anspruch nimmt.

Zur Gewinnung der sehr kurzlebigen Umwandlungsprodukte der Edelgase gibt es aber einen anderen Weg, der sich an frühere Arbeiten aus dem Kaiser Wilhelm-Institut für Chemie über die sog. »Emaniermethode« anschließt. Man stellt sich ein Uranpräparat in so oberflächenreicher Form her, daß es in trockenem Zustande durch ein hohes »Emaniervermögen« ausgezeichnet ist. Die während der Bestrahlung entstehenden Edelgase diffundieren dann zu einem hohen Prozentsatz aus dem oberflächenreichen Salz heraus. Ihre Umwandlungsprodukte werden als unsichtbare »aktive

Niederschläge« an einer negativ geladenen Metallplatte oder -folie abgeschieden und können von dort in wenig Sekunden durch Säure wieder entfernt werden. Ein Cäsium von 40 Sek., ein Rubidium von 80 Sek. H. Z. konnten auf diese Weise aufgefunden werden.

Auf Einzelheiten über die Abscheidung der Edelgase und ihrer Umwandlungsprodukte durch räumliche Trennung der Gase vom Uran soll hier nicht eingegangen werden.

In gewisser Hinsicht der Edelgasabtrennung ganz ähnlich ist die Abscheidung solcher Spaltprodukte, die in elementarer Form oder auch als chemische Verbindung leicht abdestillierbar sind. Hierher gehören das Jod und das Brom und auch gewisse Platinmetalle.

Verschiedener Analysengang für langlebige oder kurzlebige Isotope.

Es wurde schon darauf hingewiesen, daß man bei größeren Mengen von bestrahltem Uran vor der eigentlichen Abtrennung der einzelnen Spaltprodukte zweckmäßigerweise zunächst die Hauptmenge des Urans entfernt, um auf kleinere Arbeitsvolumina zu kommen. Die zur Bestrahlung zu verwendenden Uranmengen hängen dabei außer von der zur Verfügung stehenden Strahlenquelle von dem Arbeitszweck ab. Zum bloßen Nachweis der einzelnen aktiven Spaltprodukte genügen natürlich kleinere Uranmengen als zur Gewinnung schon bekannter Isotope in größerer Intensität, die etwa für Indikatorenversuche verwendet werden sollen. Will man nach einer Bestrahlung zunächst die chemische Natur und die radioaktiven Konstanten einer oder mehrerer aktiver Atomarten feststellen, dann kann man bequem das oder die vermuteten Elemente, denen die künstlichen Atomarten vermutlich zugehören, in wägbarer Menge zusetzen. Handelt es sich dabei um nicht zu kurzlebige Substanzen, dann macht man den üblichen Trennungsgang der analytischen Chemie.

Beim Aufsuchen und der Abscheidung kurzlebiger Spaltprodukte kann man aber nur selten auf die erprobten analytischen Fällungsmethoden zurückgreifen. Stehen nicht extrem starke Strahlenquellen zur Verfügung, so muß man die Abscheidung meist so durchführen, daß vom Ende der Bestrahlung bis zum Beginn der Messung höchstens 4—5 Halbwertszeiten der zu gewinnenden Substanz verstrichen sind; denn nach dieser Zeit sind schon nur noch 6—3 % der ursprünglich vorhandenen Intensität als Anfangsaktivität übrig. Der einzuschlagende Trennungsgang bzw. das Abscheidungsverfahren wird nun bestimmt durch die Bedingungen, daß die Abscheidung möglichst schnell erfolgen muß, daß die Fällung spezifisch sein soll für das betreffende Element und daß der Niederschlag unter den Fällungsbedingungen möglichst unlöslich sein soll. Eine wirklich quantitative

Abscheidung im Sinne der Analyse wird unter diesen Umständen nie ganz zu erreichen sein. Durch Übung in der Durchführung der einzuschlagenden Reaktionen gelang es dabei, Körper mit einer Halbwertszeit von $^1/_2$ bis 1 Minute radioaktiv rein $1^1/_2$ bis 2 Minuten nach Unterbrechung der Bestrahlung zur Messung zu bringen. Es ist klar, daß in diesen Fällen Neutronenquelle, Laboratorium und Meßraum räumlich möglichst nahe beieinander liegen müssen, um keine Zeit mit Wegen zu verlieren.

Sollen Ausbeutebestimmungen für die einzelnen Spaltprozesse durchgeführt werden, dann muß man natürlich wissen, welchen Bruchteil der Spaltprodukte man bei den schnellen Abscheidungsoperationen gewonnen hat. Dies kann unschwer *nach* dem Zerfall der betreffenden Isotope geschehen. Man muß dabei die vor der analytischen Abtrennung zugegebene Menge des dem aktiven Isotop zugehörigen Elements genau kennen und bestimmt dann später nach der Messung in aller Ruhe nach den bewährten Methoden der Analyse die Ausbeute an dem betreffenden Element in dem gemessenen Präparat. Wurde z. B. das Barium aus einer dem bestrahlten Uran zugegebenen bekannten Menge von Barium als Chlorid gefällt und gemessen, dann erfolgt die nachträgliche Ausbeutebestimmung durch Fällung des gemessenen Präparates als Bariumsulfat. In ganz analoger Weise verfährt man bei den anderen Elementen.

Einige analytische Erleichterungen.

Weiter oben wurde schon darauf hingewiesen, daß bei der Abscheidung gut kristallisierter Niederschläge sich nicht nur das in dem Niederschlag befindliche Element mit seinen aktiven Isotopen vorfindet, sondern auch Isotope solcher Elemente, die mit dem niedergeschlagenen Element Mischkristalle bilden. Werden größere Mengen von Strontium als Nitrat gefällt, dann werden die möglicherweise vorhandenen unwägbaren Mengen von aktiven Barium-Isotopen mischkristallartig mitgefällt. Nach der Reinigung des Strontiumniederschlags kann dann das aktive Barium durch minimale Mengen von wägbarem Barium von dem vielen Strontium als Chromat abgetrennt werden. Dieser indirekte Weg der Bariumabscheidung empfiehlt sich, wenn das aktive Barium in hochkonzentrierter Form gewonnen werden soll. Bei der einfacheren unmittelbaren Abscheidung des Bariums als Chlorid würde man wegen der nicht zu vernachlässigenden Löslichkeit des Chlorids auch in starker Salzsäure bei Verwendung nur kleiner Bariummengen zuviel von den gewünschten aktiven Isotopen in Lösung behalten.

Umgekehrt kann man das Strontium in hochkonzentrierter Form gewinnen, wenn man die Nitratfällung mit Barium als Träger vornimmt und dann später nach Zugabe sehr kleiner Mengen von Strontium die Barium-Strontium-Trennung durchführt.

Ein anderes Beispiel über die Heranziehung einer Mischkristallbildung ist die Anreicherung des Elements 93 aus dem ihm chemisch recht ähnlichen Uran. In oxydiertem (6wertigem) Zustand fällt das Element 93 mit dem Uran als Uranylnatriumacetat mischkristallähnlich aus und läßt sich auf diese Weise von den Uranspaltprodukten befreien. Im 4wertigen Zustand, in den das Element 93 leicht übergeht, bildet es mit dem Uranylsalz keine Mischkristalle und läßt sich auf diese Weise dann vom Uran abtrennen.

Man ist bei derartigen Trennungen aber nicht nur auf grobkristalline Niederschläge angewiesen, obgleich diese ja meist sehr schnell reine Präparate liefern. Bei dem wichtigen Problem der Trennung des β-strahlenden Thor-Isotops Uran X von den bei der Uranspaltung entstehenden Erden wäre die Trennung des Thoriums von den Erden durch Zugabe von wägbaren Thoriummengen wegen dessen natürlicher Aktivität natürlich nicht ratsam. Man wählt deshalb statt des Thoriums das ihm in vielen Fällen chemisch ähnliche Zirkon als Träger für das Uran X. Will man, nach der Abtrennung der Erden, dann etwa noch aktive Zirkon-Isotope von dem Uran X trennen, dann verwendet man hierzu eine der Reaktionen, bei denen Thor und Zirkon verschieden sind, wobei man dann etwa eine inaktive Erde als Träger für das Thorium wählen kann.

Ähnliche Fälle gibt es natürlich auch sonst noch, und man wird im allgemeinen unschwer einen Weg finden, ein in kleiner Gewichtsmenge abzuscheidendes Element zunächst mit einer größeren Menge eines sich chemisch ähnlich, aber nicht gleich verhaltenden inaktiven Elements abzuscheiden und dadurch von allen anderen, nicht gewünschten Elementen zu trennen. Zur Gewinnung des aktiven Elements in gewichtsarmer Menge bedarf es dann noch einer Abtrennung des zugegebenen inaktiven Trägers.

Es ist klar, daß unter den zahlreichen Spaltprodukten des Urans manche Elemente leichter, andere aber sehr viel schwerer oder umständlicher radioaktiv rein zu gewinnen sind. Besonders die Abscheidung der seltenen Erden vom Uran X und voneinander erfordert Erfahrung und dauert immer erhebliche Zeit, weil es sich bei ihnen fast immer um oberflächenreiche, also aktive Verunreinigungen stark adsorbierende Niederschläge handelt. Da ist es nun sehr angenehm, daß die Erden Zerfallsprodukte der Erdalkalimetalle sind, die ja in grobkristalliner Form leicht rein zu gewinnen sind. In all den Fällen nun, in denen die Muttersubstanzen, z. B. Barium und Strontium, im Vergleich zu ihren Umwandlungsprodukten keine allzu kurze Halbwertszeit haben, kann man die Tochtersubstanz auf einfachste Weise aus der Muttersubstanz statt aus dem komplizierten Gemisch vieler Spaltprodukte gewinnen. Wichtige Yttrium- und Lanthan-Isotope kann man auf diese Weise aus den Strontium- und Barium-Isotopen abscheiden. Ähnliches gilt für die Abtrennung des Niobs aus Zirkon, des Praseodyms aus Cer, des Jods aus Tellur sowie für einzelne Platinmetalle. Ist die Halbwertszeit der Muttersubstanz sehr viel größer als die der Tochtersubstanz, dann kann man die letzten immer wieder abscheiden wie die Milch aus der zu melkenden Kuh. Die weiter oben erwähnte Abtrennung der Edelgase aus der Uranlösung oder dem »hochemanierenden« Uransalz macht von dem gleichen Vorteil der leichten Abtrennbarkeit von Muttersubstanzen Gebrauch.

Verarbeitung und Messung der Niederschläge.

Die Abtrennung und Reinigung der vielen Niederschläge, die bei der Verarbeitung des bestrahlten Urans anfallen, bedingen natürlich zahlreiche Filtrationen, die häufig sehr schnell erfolgen müssen. Von der Verwendung der üblichen Trichter und doppelt gefalteten Filter wurde deshalb ganz abgegangen. Sehr bewährt haben sich bei den radioaktiven Arbeiten einfache, aus zwei Teilen bestehende Porzellannutschen. In der Abbildung 1 (linker

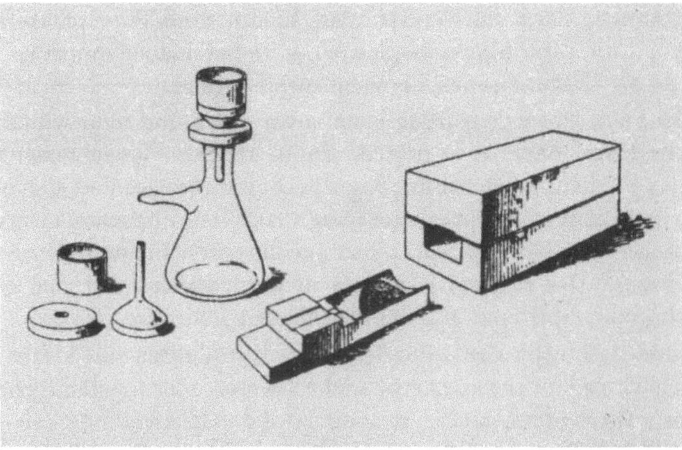

Abb. 1

Teil) ist eine solche Nutsche auf dem Filterstutzen zusammengesetzt und auseinandergelegt wiedergegeben. Die beiden Teile sind gegeneinander abgeschliffen. Als Filter verwenden wir gehärtete Filter von Schleicher & Schüll oder, und zwar in den meisten Fällen, Membranfilter der Membranfiltergesellschaft in Göttingen. Bei den üblichen Abscheidungen aktiver Isotope mit einem zugegebenen Trägerelement ist der Durchmesser der Nutschen 4 cm; für größere Niederschlagsmengen dienen Nutschen von 7 cm Durchmesser. Die Nutschen sind von der Staatlichen Porzellanmanufaktur in Berlin in diesen Größen beziehbar. Ähnliche Nutschen aus Glas können von Schott & Genossen geliefert werden.

Da alle Niederschläge abgesaugt werden, ist ein seitliches Heraustreten von Flüssigkeitstropfen zwischen den durch das Ansaugen fest aufeinander sitzenden Nutschenteilen nicht zu befürchten.

Die Filtration verläuft sehr schnell, ebenso das Auswaschen. Gegen Schluß des Auswaschens nimmt man den oberen Teil der Nutsche ab und wäscht dann noch den Rand des Filters aus. Nach dem Trocknen (bei Membranfilter nicht über 150°!) hat man dann sofort das unmittelbar für die Messung im Zählrohr geeignete glatte Filter. Zweckmäßigerweise bedeckt man das Filter vor der Messung mit einer Folie von sehr dünnem Klebecellophan, das uns die Firma Kalle & Co. in Biebrich a. Rh. in entsprechender Streifenbreite freundlichst zur Verfügung stellte.

Die Aktivitätsmessung geschieht dann in der üblichen Weise im Geiger-Müller-Zählrohr. Zur Abschirmung wenigstens eines Teils der durchdringenden Strahlung (γ-Strahlen und Höhenstrahlen in der Luft) ist das Zählrohr in einem dicken Bleigehäuse eingeschlossen, wie aus der Abbildung (siehe Abb. 1 rechts) zu ersehen ist. Bei Aktivitätsvergleichen und bei über längere Zeit zu wiederholenden Messungen ist regelmäßig mit einer dünnen Schicht von Uranoxyd oder einem Stückchen Uranglas eine Standardmessung vorzunehmen und sind die gefundenen Aktivitäten auf gleichen Standard umzurechnen.

Stehen genügend Zählapparaturen zur Verfügung, dann empfiehlt es sich, neben dem üblichen 100 μ-Zählrohr ein dünnwandiges (5 oder 10 μ) zum Nachweis besonders leicht absorbierbarer β-Strahlen bereit zu haben. Aus der »Weichheit« einer bestimmten Strahlung kann häufig ein Rückschluß auf die Reinheit eines vorliegenden Präparats gezogen werden. Empfehlenswert ist es auch, für lange, sich über Monate oder Jahre erstreckende genaue Abfallsmessungen nicht die gleichen Zählrohre zu verwenden, die man bei den häufigen Kontrollmessungen weiter zu verarbeitender Niederschläge verwendet. Bei den letzteren werden die Apparaturen sehr stark in Anspruch genommen und geben naturgemäß häufiger Ausfälle, als sie bei den nur in bestimmten Zeitintervallen für »quantitative« Zählungen benutzten Apparaten vorkommen.

Die Auswertung der Aktivitätskurven zur Entwirrung der Isotopenmischungen und ihrer Umwandlungsfolgen wurde in dem eingangs erwähnten Bericht[1] schon genauer behandelt, so daß hier nur darauf hingewiesen zu werden braucht.

[1] Preuß. Akad. Wiss., l. c.

Errata

Es muß heißen:

Seite 11, 1. Zeile:
... aus Biebrich am Rhein Professor Zincke.

Seite 27, 4. Absatz, 4. Zeile: Godlewski

Seite 80, 3. Zeile von oben: Gasglühlicht

Seite 84, 4. Zeile von unten:
... gleichzeitig zu einem sehr geringen Prozentsatz ...

Seite 101, 4. Zeile von unten:
... dieses Bariumbromids wurden fraktioniert ...

Seite 102, 3. Zeile:
... gesuchten „Eka-Barium" pro Gramm Ba enthalten ...

Seite 116, 1. Absatz, letzte Zeile:
... des nächstniedrigen Elements 91, des Protactiniums, sei.

Seite 141, 4. Absatz, 2. Zeile:
... bei den aus Strontium entstehenden Yttrium-Isotopen.

MIX
Papier aus verantwortungsvollen Quellen
Paper from responsible sources
FSC® C105338

If you have any concerns about our products,
you can contact us on
ProductSafety@springernature.com

In case Publisher is established outside the EU,
the EU authorized representative is:
Springer Nature Customer Service Center GmbH
Europaplatz 3, 69115 Heidelberg, Germany

Printed by Libri Plureos GmbH
in Hamburg, Germany